KB273653

공부력

초등 영어 솔루션 77

김현지
초중등
영어학원장
박명아
어린이
영어학원장
박신영
초등 교사
엄마표 영어
정정혜
영어교육 전문가
엄마표 영어

공부력 초등 영어 솔루션 77

김현지 · 박명아 · 박신영 · 정정혜 지음

이 책을 보기 전에
영유&학원 보내지 마라!

어느 날 친하게 지내는 영어 선생님들과 카페에 앉아 이야기를 나누다가 문득 이런 생각이 들었어요. '와~ 학부모들의 질문은 다 비슷하구나! 우리 영어 선생님들이 이렇게 솔직하게 터놓고 하는 이야기를 학부모가 들으면 얼마나 후련할까?'

이 책은 바로 그 순간에 만들어졌습니다! 현장 수업 경력이 모두 20년 차 이상이고, 사교육 혹은 공교육에서 아이들을 만나고 있으며, 직접 엄마표로 아이를 키웠거나 키우고 있는 선생님 4명이 모였어요. 누가 질문하면 와르르 수다스럽게 의견을 말하는 4명의 선생님과 함께하는 커피 한 잔, 어떠세요?

"영어학원 상담 때 어떤 질문을 해야 할까요?", "만약 아이를 다시 키우면 선생님은 영어유치원 보내실 거예요?" "아이가 영어 원서를 안 읽어요. 어쩌죠?" 많은 학부모가 궁금해하는, 혹은 궁금한

지도 몰랐는데 읽고 나니 "내가 궁금했구나!"라고 할 수밖에 없는 현실적인 질문들에 대해 모두 답해드립니다.

그리고 영어 선생님들이 서로 털어놓는 고민 이야기도 담았어요. '영어'를 열심히 가르치는 것만으로 영어 실력을 높이는 데에는 한계가 있고, 아이들의 '공부력'을 키워주는 영어 학습 방법이 절실하다는 것에 우리 선생님 모두가 공감했어요. 공부 잘하는 아이가 되게 해주는 공부력을 키우려면 맥락 속에서 영어를 배워야 하고, 그 맥락을 파악할 수 있는 영어 공부 방법이 무엇인지 알려주는 실용적인 책을 쓰려고 노력했어요.

그럼, 이 책을 어떻게 활용하는 것이 좋을까요? 우선 목차를 보고 가장 궁금했던 질문을 찾아 읽어볼 것을 추천합니다. 순서대로 읽어야 하는 책은 아니거든요. 목차를 설명해드릴게요.

첫째 '입문'에는 영어 공부를 시작할 때 알고 싶은, 그리고 알아야 하는 것들에 대해 이야기를 나누고 있습니다.

둘째 '탐색'은 엄마표 영어를 효과적으로 진행하는 비결에 대해 다루고 있어요. 엄마표 영어는 더 이상 부모가 100% 아이의 영어를 책임지는 경우를 일컫는 말이 아니에요. 아이가 영어학원을 다니고 있든 그렇지 않든 부모가 어떤 형태로든 아이의 영어 학습에 도움을 주고 있는 경우라면 넓은 의미에서 엄마표 영어라고 할 수 있을 겁니다.

셋째 '정착'에는 사교육을 현명하게 이용하는 방법, 즉 학원 이용 설명서예요.

넷째 '혼돈'은 아이가 영어를 배우면서 한 단계 한 단계 실력이 늘어갈 때 단계마다 직면하는 여러 위기 상황에 대한 질문과 답변입니다. 이 혼돈의 시기를 잘 극복하면 그 다음 단계로, 그리고 고속 성장으로 갈 수 있는 거죠! 아이마다 영어 학습의 위기가 다 다르게 오는 것 같지만, 큰 틀에서 보면 또 모두 비슷비슷한 고민을 하고 있기도 합니다.

마지막 '안정'은 문법이나 쓰기 등 구체적인 영어 학습법에 관한 내용이에요. 물론 마음 내키는 대로 아무 페이지나 펼쳐서 읽어보아도 좋아요. 궁금한 줄 몰랐던 궁금증이 풀릴 겁니다!

질문 하나에 소란스러운 목소리 네 개가 앞다투어 끼어듭니다. 서로 완전히 다른 의견을 내놓기도 하고, 다들 비슷한 이야기를 하는 경우도 있네요. 우리 4명의 저자들은 '의식적으로' 서로 의견을 맞추지 않고 소신껏 글을 적었습니다. 네 명의 목소리가 똑같다면, 그건 진짜 정답을 제시한 겁니다. 모두 다른 목소리를 낼 때는 우리 아이 혹은 나의 상황에 가장 잘 맞는 답을 골라 참고하면 됩니다. 아이들은 모두 다 다르고, 그래서 해법도 다를 수 있기 때문이지요.

이 책을 읽는 모든 분이 답답하고 초조한 순간에 위로받기를, 한 걸음 물러나 느긋하게 전체를 바라보는 기회를 가지기를, 내가 걷는 이 길을 먼저 걸은 사람들이 있고 그들의 발자국을 잘 따라가면 된다는 사실에 편안해지길 바랍니다.

— 대표 저자 정정혜

머리말
이 책을 보기 전에 영유&학원 보내지 마라! • 4

 유아 영어 ──────────────

그래서! 영어유치원은 보내야 하나요?

독서에 관한 질문

엄마표 영어, 제대로 효과 내는 비결

정착   학원 관련 질문

사교육을 현명하게 이용하는 법

기초 영어에서 내신 영어까지 로드맵

입문

탐색

정착

혼돈

안정

그래서!
영어유치원은
보내야 하나요?

유아 영어

1

파닉스,
언제 시작할까요?

아이가 유달리 문자에 관심을 보인다면 아주 어린 나이라도 괜찮아요. 4세임에도 파닉스를 배우는 것을 정말 즐거워하고, 또 잘하는 아이들도 많아요. 물론 파닉스를 배웠다고 바로 영어책을 줄줄 읽거나, 파닉스 지식이 영어라는 언어 자체에 대한 이해도를 높여주지는 못하지만요. 하지만 지나가면서 보이는 영어 간판을 읽거나 엄마가 읽어주는 영어 그림책에서 아는 단어를 읽어내며 즐거워하고, 주변의 관심과 칭찬이 영어를 배워나가는 데에 긍정적으로 작용하는 사례들은 많지요.

저는 여러 사교육기관에서 3세 혹은 4세 아이들을 대상으로 영어를 가르치는 일을 5년 이상 진행했어요. 1:1 수업도 있고, 엄마와 아이가 함께한 수업도 있었는데 본격적인 파닉스는 아닐지라도 알파벳 음가는 늘 기본으로 알려주었어요. 한 번에 알파벳 한 개씩, 5분 이내의 시간을 들여서 말이죠.

몇 달이 지나면서 많은 아이가 거리에서 만나는 영어에 관심을 보이고, 자주 보는 단어는 통으로 읽어내는 등 자연스럽게 문자를 인식하는 과정을 보여주어 부모와 함께 기뻐했지요. 일반 유치원에서 수업할 때도 파닉스를 가르쳤어요. 일반 유치원에 들어가는 유치원 영어 프로그램에서는 기본적으로 5세 반 아이들에게 알파벳과 알파벳 음가를 가르치게 되어 있습니다. 다수의 아이를 대상으로, 가볍게 진행한 수업이었지만 여전히 알파벳 음가 수업이 가진 긍정적인 효과를 경험할 수 있었어요. 정리하자면, 아주 어린 나이의 아이라 할지라도 알파벳 음가를 알려주는 정도의 파닉스 수업은 괜찮다는 겁니다.

반면 영어 소리를 좋아하고 영어 그림책도 좋아하지만, 문자에 전혀 관심이 없거나, 알파벳은 좋아하지만, 파닉스를 이해하지 못해 파닉스 학습이 의미가 없는 아이들도 많습니다. 이런 경우 굳이 일찍 파닉스 학습을 시작할 필요가 없겠지요? 평소에 영어 그림책을 많이 읽어주고 있고 아이가 자꾸 글을 읽으려고 하거나 알파벳에 관심을 보인다면 나이와 관계없이 파닉스를 가르쳐보아도 좋아요.

그렇다면 파닉스 학습에 반드시 들어가야 하는 시기는 언제일까요? 아이가 싫어해도, 아무 흥미가 없어도 2학년 겨울방학 때는 파닉스 학습에 들어가는 것이 좋답니다. 3학년에 영어 공교육이 시작되고, 교과서로는 파닉스를 배울 수 없기 때문이지요. 다른 것은 일단 차치하고 파닉스만 익혀놓아도 훨씬 수월하게 3학년 영어 수업에 임할 수 있습니다.

잠깐만요. '영어 공부 시작 파닉스'라니요? 영어 배움의 출발을 '파닉스'로 생각하고, 파닉스를 배워야만 영어를 읽을 수 있다고 생각하는 분들이 많지만, 파닉스 학습을 하기 전에 먼저 해야 할 것이 있습니다. 바로 영어 소리를 충분히 듣는 것입니다.

파닉스 학습은 문자가 어떤 소리가 나는지 학습해 낱말을 보고 소리 내어 읽을 수 있도록 하는 것입니다. 즉, 문자를 해독(decoding)하는 것입니다. 영어 소리에 대한 노출이 전혀 없는 아이에게 특정 문자가 어떤 소리를 내고 어떻게 연결해 읽는지 가르쳐준다고 해서 쉽게 읽을 수 없을뿐더러 읽어도 무슨 뜻인지 모릅니다. 파닉스 규칙과 어긋나는 단어도 많지요. 아이는 파닉스도 익혀야 하고 생소한 단어가 무슨 뜻인지도 익혀야 하니 얼마나 힘들까요? 파닉스 학습은 아이가 영어 소리에 충분히 노출되고, 알파벳을 알고 있으며, 소리로 들은 영어 단어가 무슨 뜻인지 인식하고 있을 때, 즉 문자가 낯설지 않을 때 영어 소리를 문자와 연결해 읽을 수 있게 가르치는 것이 효과적입니다.

많은 아이가 책을 읽어주는 과정에서 아이 스스로 들리는 소리와 문자를 연결하며 자연스럽게 파닉스를 터득하기도 합니다. 별도의 파닉스 학습 없이도 엄마가 읽어주는 그림책을 듣다 혼자서 읽는 방법을 깨치게 되는 것입니다. 자음과 모음의 소리를 먼저 배우지 않아도 생활 속에서 한글을 접하다가 어느새 한글을 읽게 되는 경우와 같습니다. 초등학교 1학년에서 한글을 배우는 과정을 보면 처음에는 낱말을 통문자로 배웁니다. 대부분의 아이가 입학 전, 책을 읽으며 이미 많은 낱말, 문장을 접했기 때문에 자음과 모음이 어

공부력, 초등 영어 솔루션 77

떤 소리가 나는지 대강 알고 있어 한글이 낯설지 않은 상태입니다. 우리말은 이미 익숙한 소리이고, 어느 정도의 한글에 대한 인지가 있는 상태에서 자음자와 모음자의 모양과 이름, 그리고 어떤 소리가 나는지 규칙을 배우는 것이지요. 영어 파닉스 학습도 문자를 보면 어떤 소리가 나는지 대충 알고는 있지만, 체계적이지 않은 머릿속 규칙들을 정리해주는 차원의 학습이면 충분합니다. 오랜 시간 동안 배울 내용이 아닙니다.

예외적으로 영어 공부를 늦게 시작한 경우라면 파닉스 학습을 단기간에 하고 시작하는 게 도움이 됩니다. 그리고 낱말을 보면 읽을 수는 있는데 유난히 쓰기를 어려워하는 아이들도 파닉스 학습이 도움이 됩니다.

파닉스 학습이 언제부터 가능한지와 언제 가장 수월하게 배울 수 있는지를 구분해서 이야기해볼게요.

파닉스는 글자와 소리의 관계에 대한 공부입니다. 예를 들어 a의 대표 음가는 [æ], '애'라고 알려주면 학생은 a를 단어 안에서 분해하거나 조합할 수 있어야 합니다. 이런 작업은 논리성이 뒷받침되어야 합니다. 파닉스 공부를 가능하게 하는 논리성은 개인차이가 있지만, 대략 7세 이후부터 정교하게 발달하기 시작합니다.

이때쯤이 파닉스 학습을 소화할 수 있는 시작 연령이라고 할 수 있어요. 하지만, 주위에 이미 7세 이전에 파닉스 학습을 굉장히 열심히 하는 아이들이 많이 있습니다. 저라면 7세 이전의 아이들에게 파닉스 학습을 시키기 위해서 너무 애쓰기보다 소리와 글자 자체에 관심을 많이 갖게 하는 경험과 충분히 이야기를 즐길 수 있는 상상력을 키우게 해주는 데 공을 들이라고 권하고 싶습니다. 그중에서도 영어 그림책을 최대한 많이 읽어주라고 강하게 조언해요. 이렇게 생각하는 근거는 제가 현장에서 만난 많은 아이들입니다.

책 읽는 소리를 많이 경험한 아이들은 이미 소리와 문자에 집중하는 것이 익숙해요. 그러면 본격적인 파닉스 학습을 시작했을 때 굉장히 빠른 속도로 독립 읽기가 가능하고, 심지어 들리는 소리를 글자로 아주 잘 쓰기도 하는 것을 많이 목격했거든요.

파닉스 학습을 어려워하다 영어에 흥미를 잃게 되기 쉬운 미취학 아이들을 위해서는 파닉스 학습보다는 소리를 들려주고 문자로 관심을 유도하는 정도를 권장하고요. 상상력을 마음껏 발휘하며 부모가 읽어주는 재미있는 그림책 읽기에 푹 빠져보는 문맹 시절의 유익함을 마음껏 누리게 해주기를 권합니다.

그런가 하면 초등학교 5학년까지 영어에 흥미를 보이지 않거나, 어릴 적 생긴 영어 거부감 때문에 파닉스 학습조차 하지 않은 아이들도 현장에서 많이 만납니다. 이 친구들은 보통 영어 자신감이 많이 떨어져 있죠. 이럴 땐 아이의 자신감을 회복하는 것이 먼저입니다. 자신감이 있고, 모국어에 대해 충분한 이해가 있으면 파닉스 학습은 수월하게 할 수 있거든요. 초등학교 1학년이 1년 걸릴 내용을 초5는 한두 달 이내로 마칠 수 있습니다. 하지만, 이렇게 한 명의 아이를 위해 자신감을 회복시켜주는 수업을 해줄 수 있는 기관은 거의 없다고 생각하시는 게 좋아요. 가정에서 아이에게 효율적으로 파닉스 수업을 시켜줄 수 없다면 학원과 같은 기관 선택의 폭이 비교적 넓을 때를 놓치지 않고 아이의 흥미를 유도하고 학습에 대한 동기를 독려해서라도 시작하시길 학원 운영자로서 조언해드립니다. 늦어도 초등학교 3학년을 넘기지 말고 아이의 영어 학습 시작을 도와줄 기관을 찾으시는 게 좋아요. 개인 수업이 아닌 이상 주변의 다른 아이들보다 기관의 문을 늦게 두드리면 그룹이 만들어지지 않아서 기관들도 수업을 해주기 힘들거든요. 이건 운영상의 이유로 불가피하게 학생을 받지 못하는 경우이니 참고하시길 바라요. 아이들도 못하는 것은 흥미를 쉽게 잃고, 하기 싫어한다는 점을 기억하시면 좋을 것 같아요.

그래서 저는 결론적으로 초등학교 1~2학년 수준의 인지발달과 그 수준의 모국어 완성도가 있을 때 파닉스를 배우면 큰 무리 없이 1년 후면 혼자 독립 읽기가 가능하게 된다고 봅니다. 그러니 내 아이를 잘 관찰해서 가장 적당한 때를 살피시라! 이것이 제가 드릴 수 있는 최선의 조언이에요.

2

파닉스를 안 배웠는데도
아이가 곧잘 영어책을 읽어요.
그런데도 파닉스를 해야 하나요?

정정혜
영어교육 전문가
엄마표 영어

우선 "파닉스를 안 배웠는데 영어책을 읽어요."라고 할 때 보통 세 경우가 있습니다.

첫째, 정확도는 떨어지지만, 억양은 원어민처럼 자연스러운 경우는 많이 들어서 소리를 흉내 내는 것일 수 있습니다. 소리에 민감한 학습자로 문자에도 관심을 보이니 파닉스 학습에 바로 들어가도 좋습니다. 평소 영어책에 많이 노출되었기 때문에 통문자로 읽을 수 있는 단어가 많을 겁니다. 파닉스 학습도 시리즈로 나온 파닉스 교재보다는 한 권으로 끝나는 교재를 골라 가볍게 진행하는 것을 추천합니다. 한 권으로 끝나는 파닉스 교재로는 《Spotlight On One Phonics》, 《Fast Phonics》 등이 있습니다.

둘째, 약간 더듬거리지만 거의 정확하게 읽는 경우는 파닉스를 따로 가르칠 필요가 없어 보입니다. 다만 통문자, 사이트워드를 따로 익히도록 해서 읽기의 속도감을 키우는 것이 좋겠네요. 그래도 철저하게 한번 짚어주고 싶다면 온라인상에서 그림 카드를 내려받아 차근차근 소리 내어 읽어보아도 좋습니다. (참고 자료 : English-Blends-Digraphs-Flashcards.pdf (heggerty.org))

파닉스는 읽기(How to read)에 초점을 둔 학습법이고 그다음은 쓰기를 위한 철자법 학습 단계(Word study)가 이어집니다. 파닉스를 정리하고 철자법까지 가볍게 배우려면《Spectrum Phonics Grade 2》한 권을 추천합니다. 이 교재는 직수입 도서라 음원이 제공되지 않지만, 파닉스 정리와 철자법을 목적으로 한다면 괜찮은 교재예요.

셋째, 거의 정확하게 읽으며 억양까지 자연스러운 경우는 영어 그림책 등 영어 원서에 많이 노출된 아이들에게서 찾아볼 수 있습니다. 파닉스 스킬에만 의존하지 않고 문맥 안에서 단어를 읽어내는 능력까지 갖춘 아이들이니 마음 편하게 파닉스 단계는 넘어가면 됩니다!

제가 2008년쯤 근무하던 A라는 어학원은 파닉스를 가르치지 않는 곳이었어요. 영어 소리 노출량이 많은 곳이었고 리딩 교재도 모두 원서였습니다. 모든 영어 문장과 영화의 대사 등을 섀도잉하는 프로그램이었어요. 이 학원의 대략 300명이 넘는 아이들이 파닉스 과정 없이 소리 노출과 섀도잉으로 글을 다 읽을 수 있는 아이들로 성장했습니다. 그래서 파닉스 과정이 글을 읽기 위한 필수 관문은 아니라는 현장 경험을 했었죠. 하지만 그 당시에도 파닉스를 가르치지 않고 글을 읽게 하는 경우는 드문 학습 방법이었어요. 그만큼 시간이 걸리고 힘든 방법이죠. 그 이후에는 파닉스를 가르치지 않는 학원은 거의 본 적이 없습니다. 저도 현재 파닉스 과정을 운영하고 있어요. 필수 관문은 아니지만 아이들이 쉽게 읽고 쓸 수 있는 안전장치 같은 역할을 했으면 해서입니다.

아이가 파닉스 과정 없이 글을 읽는다면 구태여 파닉스를 할 필요는 없겠지만, 다만 어휘가 어려워질수록 파닉스 기초가 없는 학생들은 실제 어휘 테스트에서 암기 시간이 더 많이 걸리는 경우가 있습니다.

영어의 인풋이 넘쳐서 자연스럽게 영어 읽기가 됐다면 파닉스 과정은 필수가 아닙니다. 하지만 이중모음 같은 비교적 어려운 모음 규칙은 단어가 나올 때마다 언급하면서 배우고, 길고 어려운 어휘는 음절을 나누어 외우면 더 정확하고 빠르게 외울 수 있습니다.

이런 아이들은 지속적인 영어에 대한 흥미 유지가 관건이에요. 그리고 다음과 같은 것들을 챙겨주면 좋습니다.

우선, 스스로 그 원리를 깨쳐서 모르는 단어가 나와도 자신이 알고 있는 원리를 잘 적용하여 읽는 아이들에게는 처음부터 체계적인 파닉스 학습보다는 아이가 생소할 만한 파닉스 규칙들(예-이중자음, 이중모음 등)을 살펴볼 수 있는 단어를 알려주고, 간략하게 설명을 해줘 조금 더 속도를 낼 수 있게 도와주는 거지요. 주로 파닉스 교재 5권짜리 교재들을 예로 들었을 때, 이런 단어들은 3권~5권까지에 집중적으로 다뤄지고 있으니 참고하면 좋아요.

그러나 통문자로 단어를 소리와 매칭해서 인식하는 아이의 경우는 조금 달라요. 통문자로 단어를 외워 읽는 아이들은 읽는 것은 큰 어려움이 없을 수 있으나, 소리를 듣고 철자를 정확하게 쓰는 것에는 다소 어려움이 있을 수 있어요. 자꾸 철자 오류를 경험하면 쓰기를 싫어하게 될 가능성이 높죠.

그래서 저는 운필력이 있는 초등 저학년 이상의 친구들이 파닉스 학습을 할 때 보통 읽기 연습뿐 아니라 듣는 소리를 글자로 표현하는 쓰기 연습까지 할 수 있게 하는 편이에요.

파닉스 학습은 비단 읽기뿐 아니라 철자와 관련한 쓰기 부분까지를 고려했을 때 체계적인 파닉스 학습이 더 도움이 되는 경우가 많아요. 다만, 아이들마다 저마다의 성향이 다르듯이 학습의 흥미를 유지하는 방식도 모두 다를 수 있어요.

아이들이 영어를 처음 접하는 시기에 보통 자연스럽게 접하게 되는 파닉스 학습은 아이들의 영어 자신감뿐 아니라 흥미를 잘 유지시켜줘야 하는 단계라고 생각해요.

영어의 첫 만남을 파닉스로 하는 친구들의 경우는 더더욱 그렇죠. 현재 우리 아이가 어떤 상태로 글자를 인지하고 책을 읽고 있는지, 소리를 듣고 관련 있는 철자를 쓰고 있는지, 영어에 대한 흥미는 어느 정도나 되는지를 잘 고려해서 필요에 맞춰 파닉스 학습을 진행해 주세요.

아이들이 우리말을 습득하는 과정을 생각해볼까요? 아기는 태어나자마자 주변 사람들의 말소리에 노출됩니다. 하루 종일 의식하지 않아도 들리는 소리가 쌓이고 쌓여 옹알이가 되었다가, 돌 즈음 외마디 말로 터지기 시작합니다. 유아기에는 주변에 보이는 한글에 관심을 보이고 어떻게 읽는지 물어봅니다.

이때 우리는 분절음, 즉 자음과 모음의 조합으로 아이에게 읽는 방법을 설명하지 않습니다. 초등학교에 입학하면 1학년 교육과정에서 자음과 모음의 소리에 대해 배웁니다. 소리와 문자에 어느 정도 익숙해진 후에 파닉스처럼 자음과 모음의 소리 규칙을 배우면 아이들은 큰 어려움 없이 받아들입니다. 학습을 통해 배운 것이 아니라 자연스럽게 익히게 된 것입니다. 물론 1학년인데 읽기가 서툰 아이들에게는 꼭 필요하고 도움이 되는 학습입니다. 그런데 이미 한글을 잘 읽는 아이는 그 시간을 지루해하기도 합니다. 영어도 마찬가지입니다. 영어책을 잘 읽고 있는 아이에게 굳이 '체계적인 파닉스' 교육이 필요할까요? 그래도 한 번은 소리의 원리를 정리해주고 싶은 마음이 든다면 적당한 교재를 선택해 아이와 함께 쭉 훑어보면 됩니다. 장모음, 이중자음, 이중모음은 각 단어의 파닉스 규칙을 모른 채 읽었지만 같은 규칙의 단어들끼리 묶어 읽음으로써 새로운 규칙을 발견한 듯 즐거워할 수도 있습니다. 그렇게 정리해주면 새로운 단어를 만났을 때 스스로 파닉스 규칙을 적용하며 유추해 읽어보려고 할 것입니다. 이미 능숙하게 책을 잘 읽는 아이는 굳이 파닉스를 배우지 않아도 됩니다.

3

파닉스 교재는
어떤 것이 좋을까요?

우리나라 파닉스 교재는 알파벳부터 이중 모음까지 체계적으로 배우도록 만들어져 있는데, 사실 어떤 책을 골라도 다 비슷하고, 모두 좋습니다. 대표 파닉스 책이자 학원에서 많이 사용하는 책으로는 《Smart Phonics》(총 5권), 《Jungle Phonics》(총 4권). 《Phonics Monster》(총 4권) 등이 있습니다. 그런데 이런 파닉스 책들은 파닉스뿐만 아니라 어휘, 사이트워드, 읽기 연습까지 같이 진행할 수 있도록 구성되어 있어 워크시트 양이 많고, 진도가 느리지요.

파닉스 자체에 집중하고 싶다면 다음 책들이 더 좋아요. 유치 단계이나 초등 1~2학년 아이이고 엄마와 부담스럽지 않게 파닉스를 익히고 싶다면 《파닉스 100일의 기적》 책을 추천합니다. 그리고 3학년 이상의 아이들도 파닉스를 한 권으로 빨리 끝내야겠지요? 《Spotlight on One Phonics》, 《Fast Phonics》가 깔끔하게 떨어지는 파닉스 교재입니다.

평균적인 아이들의 인지 발달 정도를 고려했을 때 논리성이 요구되는 학습은 유아 유치 단계의 아이들에게는 어렵거나 학습한다고 해도 초등 저학년과 비교했을 때 굉장히 많은 반복 학습이 필요하다는 거예요. 그래서 지루하지 않은 반복이 아주 정교하게 설계된 수업이 중요하다고 볼 수 있어요.

그래서 저는 아이가 말이 조금 늦은 편이라거나, 영어 소리에 대한 충분한 노출이 이루어지지 않은 유치 단계의 아이들이라면 파닉스를 가르치는 것을 우선시하기보다는 재미있는 그림책과 영상물 노출로 영어라는 언어 자체에 흥미를 갖게 도와주는 게 좋다고 권장합니다. 이렇게 하는 것이 영어를 잘하는 아이로 키우는 데 훨씬 도움이 될 수 있어요.

반면 내 아이가 말도 빠르고 문식력(글을 읽고 쓰는 능력)이 좋은 편의 유치부 아이라면 파닉스를 보통의 초등학교 저학년 아이들만큼 빠르게 잘 배울 수 있을 거예요. 이때 교재를 선택할 때 캐릭터가 귀여워서 아이들의 시선을 잘 잡아둘 수 있거나, 알파벳의 자음소리부터 천천히 반복하며 짚어나갈 수 있는 교재를 선택하는 걸 추천해요.

4

파닉스를 배워도 잘 못 읽는데,
파닉스를 반복할까요?

파닉스를 배워도 잘 못 읽는 경우, 우선 파닉스 학습이 제대로 이루어졌는지 간단하게라도 테스트를 하는 것이 좋습니다.

- 2단계 단어: mad, pet, fig, cob, tub
- 3단계 단어: pane, pine, poke, puke
- 4단계 단어: trunk, church, whip, phone, crib, shrimp
- 5단계 단어: sprout, pray, spear, trail, joy, bow, oil, tea, free

아이에게 읽어보라고 시켰을 때 2단계부터 4단계까지 큰 어려움 없이 읽는다면 다시 파닉스를 배울 필요는 없어요. 5단계 단어는 예외 규칙이 많아 아이가 잘 못 읽는다고 하더라도 파닉스를 다시 배울 필요는 없습니다.

하지만 아이가 절반 정도만 맞춘다면 그동안 배운 내용을 많이 잊어버렸다고 볼 수 있겠네요. 이때는 한 권으로 끝나는 파닉스 교재인 《Spotlight On One Phonics》,《Fast Phonics》 중 한 권을 선택해서 다시 한번 정리해주면 되겠지요.

만약 아이가 2단계의 단어도 못 읽는 등 파닉스에 대해 전혀 감을 못 잡고 있다면 아예 파닉스 학습이 힘든 아이일 수 있어요. 의외로 꽤 많습니다. 이때는 파닉스를 다시 가르치기보다는 통문자(사이트워드)로 고빈도 영어 단어를 사진처럼 외우도록 해주세요. 동시에 흘려듣기, 영상 보기, 집중 듣기를 하며 영어 기초를 다진 후, 1년 정도 시간이 흘렀을 때 다시 파닉스 학습을 시작해보세요.

간단한 문장도 더듬거리면서 읽거나 기초적인 파닉스 규칙 외에는 적용할 줄 모르고 난감해하는 아이라면 저는 무조건 파닉스 리더스와 사이트워드 리더스 같은 아주 쉬운 읽기 연습용 책으로 파닉스에서 배운 규칙을 적용하며 집중해서 읽기 연습을 반복하게 시켜요. 읽기의 유창성 훈련을 시키는 거지요.

파닉스에서 배운 규칙들이 한 권에 잘 정리되어 있고, 읽기 연습을 반복해서 할 수 있는 스토리들이 음원과 많이 탑재되어 있어서 제가 즐겨 사용하는 책은 씨드러닝의 《Top Phonics 6》예요. 이 교재를 통해 파닉스 규칙을 빠르게 복습하고 읽기 및 쓰기 연습을 많이 하면 빠르게 실력이 향상되는 것을 볼 수 있어요.

보통은 충분한 연습 및 훈련 시간을 갖지 못해서 잘 못 읽는 아이들이 대부분이거든요. 파닉스 규칙을 아무리 가르쳐도 아이가 스스로 적용을 해보면서 체화할 시간이 부족하다면 유창하게 책을 읽기는 매우 어려운 일이에요. 우리 아이가 만약 파닉스 수업을 기관에서 받고 있다면 집에서 파닉스 리더스와 사이트워드 리더스를 꼭 소리 내서 읽도록 연습을 시켜주세요. 음원이 있는 책을 고르는 게 좋습니다. 음원을 듣고, 똑같이 읽어보려는 훈련과 조금씩 속도를 자연스럽게 높여보는 훈련이 함께 병행된다면 문장 단위로 읽는 실력이 월등히 좋아질 거예요.

반복해서 읽기 연습을 하는 것이 목적이기 때문에 되도록 아이들이 좋아하는 캐릭터가 주인공인 리더스를 선택하시는 것도 좋고, 스토리가 재미있기는 쉽지 않지만, 그래도 스토리가 흥미로운 걸 선택하시는 게 좋겠지요?

학생들 중어 파닉스 과정을 다 마쳤는데도 잘 읽지 못하는 아이들이 있습니다. 수업 시간에 잘 따라 온 듯 보였지만 과정이 끝나고 보면 파닉스 규칙을 잘 적용하지 못하는 것이죠. 왜 우리 아이가 5~6개월이 지났는데도 파닉스를 규칙대로 못 읽을까 걱정하실 수도 있습니다. 하지만 파닉스를 애초에 몇 권 해서 끝낸다는 표현 자체에 문제가 있습니다. 파닉스를 배우며 알파벳 글자와 소리의 규칙을 알게 되는 과정인데 이것을 통해 바로 글을 잘 읽을 것이라는 기대는 무리가 있습니다. 보통 파닉스를 배우면서 파닉스 리더스들을 병행하는 것이 일반적입니다. 규칙을 배웠어도 많은 시간 리딩을 통해 사이트워드와 파닉스 규칙에 맞는 글자들을 소리와 함께 많이 연습해야 합니다. 모국어도 5~6개월 노출하면 읽을 수 있을까요? 아이가 우리말을 배운 과정을 떠올리면 이해가 쉬울 것입니다.

초3 때 처음 영어 수업을 했던 아이가 있었습니다. 파닉스 과정을 다 지나고도 잘 읽지를 못했습니다. 몇 주 후에 같은 문장을 다시 읽혔을 때 또 읽지를 못하는 모습을 보였습니다. 이 아이는 2년 정도 영어에 노출이 된 후 예전에 읽지 못했던 문장들을 읽기 시작했습니다. 여기서 영어의 노출이란 영어의 4대 영역인 듣기, 읽기, 말하기, 쓰기를 골고루 학습했던 것을 말합니다. 이렇게 2년 정도가 지나고 나니 글을 읽을 수 있는 아이로 발전해갔습니다. 특히나 소리와 글자를 매치하여 따라 하고 녹음하는 과정을 2년 정도 보내면 글을 못 읽는 경우는 거의 없습니다.

파닉스 과정이 지났음에도 읽지 못한다고 하여 같은 과정을 똑같이 반복할 필요는 없다고 생각합니다. 리딩을 통해 얼마든지 영어를 잘 읽을 수 있습니다. 문장 속에서 자연스럽게 파닉스 규칙을 복습할 수 있게 유도할 수 있습니다. 자칫 어린 학생이 파닉스 과정을 여러 번 반복하다가 영어의 흥미를 잃어버릴 수 있다는 것도 기억해야 합니다. 파닉스 과정은 글자와 소리의 규칙에 중점을 둔 방식이라 사실 아이들에게 힘든 수업입니다. 영어의 듣기, 읽기, 말하기, 쓰기의 4가지 영역이 골고루 영어 항아리에 찰 수 있게 기다려 주는 우리의 인내심이 필요합니다. 다만, 아이가 영어책을 읽을 때 소리와 글자를 매치하며 인식하는지 점검할 필요는 있습니다. 의외로 아이들은 눈은 허공을 보고 영어 소리를 입으로만 따라 하는 경우도 있습니다. 혹시나 내 아이가 그런 경우가 아닌지 체크해볼 필요는 있습니다. 책을 읽을 때 손가락으로 소리와 글자를 따라가며 읽는 연습을 하는 것을 가장 추천합니다.

문자는 추상적인 개념입니다. 어른은 오래도록 사용해왔기 때문에 문자와 소리의 연결이 무의식적으로 이루어지지만 문자를 처음 배우는 아이들에게는 매우 낯설고 어색한 과정입니다. 문자와 소리를 연결하는 것은 복잡하고 어려운 사고 과정이므로 개인차가 있지만 어릴수록 받아들이기 어렵습니다.

낱말이나 문자를 제대로 읽기 위해서는 문자와 소리가 결합하는 과정을 반복적으로 경험해야 합니다. 가장 좋은 방법은 아이 수준에 맞는 그림책을 부모가 직접 읽어주는 것입니다. 문자에 관심이 생기면, 처음에는 그림에만 머무르던 아이의 시선이 자연스레 문자로 옮아갑니다. 그러면서 귀로 들리는 소리와 눈으로 보는 문자를 연결합니다. 이 과정을 꾸준히 반복하다 보면 소리와 문자 사이에 연결 고리가 생기고 그 사이의 규칙도 발견하게 됩니다. 파닉스가 모든 낱말에 적용되는 것도 아니고, 파닉스를 배웠다고 갑자기 마법처럼 모든 낱말을 잘 읽을 수는 없습니다. 읽기는 충분한 '듣기'가 바탕이 되어야 가능합니다.

여기서 가장 중요한 것은 부모가 조급해하지 않는 것입니다. 부모의 조급함이 아이에게 전해지면 아이는 영어에 대한 좌절과 부담을 느낄 수 있습니다. 그렇게 되면 제대로 시작해보지도 못하고 영어라면 손사래를 치는 아이를 만나게 될지도 모릅니다. 낱말을 소리 내어 읽는 반복적인 학습보다는 책 읽기를 통해 문자와 소리의 결합이 이루어지는 과정을 '듣는' 경험을 꾸준히 하는 것이 효과적인 방법입니다. 부모가 영어를 못한다고 책 읽어주기를 겁내거나 포기하지 않았으면 좋겠습니다. 요즘은 책 읽어주는 오디오 자료를 구하기 쉬운 세상입니다. 책 부록 CD, 오디오북, 그것도 없다면 유튜브에 책 제목 뒤 'read aloud'만 붙여도 책 읽어주는 채널을 어렵지 않게 찾을 수 있습니다. 조금만 관심을 가지고 찾아보면 책을 들려줄 수 있는 방법은 얼마든지 있습니다. 부모는 아이 곁에서 함께 들어주기만 하면 됩니다. 그거면 충분해요.

5

파닉스를 배웠으니
이제 혼자 리더스를 읽을 수 있겠죠?

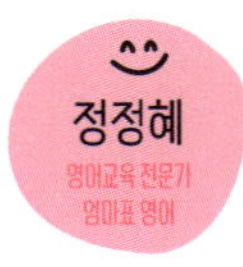

파닉스가 영어책을 읽는 데에 도움이 되는 것은 확실하지만, 파닉스를 배운다고 영어책을 곧바로 유창하게 읽지는 못한답니다.

첫째 영어에는 파닉스 규칙을 따르지 않는 단어(15%~16%)가 많아, 읽기 연습용 리더스가 아니라면 파닉스 학습 후 원서를 바로 읽는 것은 사실상 불가능합니다.

둘째 설혹 정확하게 소리 내 읽는다고 해도 내용을 이해하는 것은 아니에요. 파닉스는 단순화한 읽기 규칙일 뿐 영어 어휘에 대한 지식, 영어 문장에 대한 이해를 바탕으로 문장 안에서 어휘를 유추하는 능력 등이 뒷받침되어야 원서 읽기가 가능합니다.

그럼 기껏 배운 파닉스를 읽기로 잘 연결하려면 어떻게 해야 할까요? 읽기 연습용 리더스인 사이트워드 리더스와 파닉스 리더스로 읽기를 시작하면 되지요! 그런데 이런 종류의 리더스는 읽기 연습을 위한 책이라 대부분 '이야기 라인이 있는' 책은 아닙니다. 그래서 아이들이 재미없어 할 수 있지요. 하지만 '영어책을 읽는' 데에 초점을 두고 칭찬 세례를 퍼부어 아이가 분위기에 휩쓸려 신나게 한 권 한 권 읽어낼 수 있게 잘 유도해보세요. 이렇게 몇 달 지나면 자연스럽게 일반 리더스 읽기에 접어들 겁니다.

이 단계에서 추천하고 싶은 책은 기초 리더스인 《Elephant & Piggie》 시리즈입니다. '코끼리'라는 이름으로 익숙한 분도 많으시죠? 그림으로 모든 상황을 이해할 수 있고, 사이트워드(통문자로 익혀야 하는 고빈도 어휘)가 한가득 나오고, 새로운 단어는 천천히 하나씩 추가되고, 같은 문장이 다른 상황에서 반복되는 특징을 가지고 있답니다. 읽기를 배우고 있는 아이의 책에 수여하는 가이젤상을 일곱 번이나 받을 만합니다!

한글을 아이들이 배워 더듬더듬 읽는다고 이제 읽기 독립이 되겠구나, 알아서 책도 고르고 알아서 책을 읽을 거라고 기대하는 분은 드물 것입니다. 파닉스를 배웠다는 것에 큰 의미를 두는 것은 좋지 않습니다. 글자의 규칙을 책 4~5권으로 한번 배웠을 뿐이지 앞으로 읽기의 유창성을 갖게 되기까지 아이는 수많은 책을 들고 읽어야 합니다. 특히 저학년은 부모가 함께 책을 읽어주고 생각을 물어보고 때로는 설명도 해주고 지식과 경험을 확장하는 다리 역할을 해주셔야 합니다. 하기 싫은 숙제를 빨리 해치우는 게 아니라면 단순히 글자를 조금 읽을 줄 안다고 해서 아이에게 책을 던져주고 손을 떼면 안 됩니다. 글자를 읽을 줄 아는 아이가 책을 읽는 아이가 되려면 아직도 갈 길이 많이 남아 있습니다.

리더스북을 열어보면 영어와 함께 그림들도 여전히 이야깃거리입니다. 파닉스를 공부하는 단계의 저학년은 여전히 부모와 책을 읽으며 많은 대화와 정서적 교감을 나눠야 하는 시기입니다. 책을 읽는 행위를 단순히 글자 연습이라고 생각하지 마시고, 조금만 더 여유를 갖고 아이와 책을 함께 읽어주세요. 생각보다 시간이 빨리 흐릅니다. 어느덧 아이가 독립 읽기가 되고 엄마보다 더 빨리 묵독하는 그런 모습을 보게 될 것입니다.

혼자 리더스를 잘 읽을 수 있게 하려면 파닉스 단계에서부터 단어 읽기뿐 아니라 문장 단위로 읽기를 반복해서 연습해야 해요. 읽기 자동화 과정이 생길 때까지 반복 훈련을 해야 읽기가 수월해지고 유창해집니다. 이 유창성이 아이가 단어뿐 아니라 문장 단위로 내용을 이해하게 만드는 힘을 길러주게 하고요. 문장을 이해해야 아이가 스토리를 즐길 수 있고, 그 즐거움이 바로 스스로 책을 찾아 읽게 만드는 밑거름이 되는 거지요.

그래서 요즘 파닉스 교재는 단어뿐만 아니라 짧은 스토리, 재미있게 리듬을 타며 반복 읽기가 가능한 챈트 등이 거의 매 유닛에 실려 있습니다. 이 부분을 놓치지 않고 열심히 읽기 연습만 충분히 해도 아이들은 쉬운 단계의 리더스를 혼자 읽을 수 있을 거예요. 우리 아이가 파닉스를 배울 때부터 레벨별 리더스를 준비해서 조금씩 노출시켜주거나 교재 안에 있는 스토리를 잘 활용해보는 방법을 추천합니다. 그리고 리더스북의 캐릭터들이 주인공인 애니메이션 DVD 시리즈들을 시청하면서 쌍방향 동기부여 도구로 활용해보는 것도 권장할 만해요. 책으로 큰 흥미를 못 느꼈던 리더스 시리즈를 DVD 영상물 시리즈를 통해서 친숙해진 캐릭터가 선택하고 몰입하게 해주는 역할을 해주기도 하거든요.

파닉스는 모든 단어에 적용되는 마법 같은 규칙이 아닙니다. 파닉스 규칙이 적용되지 않는 수많은 단어가 있습니다. 파닉스를 배웠다고 아이가 혼자서 리더스를 척척 읽어낼 수는 없습니다. 파닉스를 배우면 규칙이 적용되는 낱말을 소리 내어 읽을 수 있지만 낱말을 읽는 것과 문장, 글을 읽는 것은 큰 차이가 있습니다. 글자를 읽을 수 있는 것과 글을 읽는 것은 완전히 다른 것입니다. 글자를 읽는 것은 파닉스 규칙을 적용해 소리 내어 읽는 것(decoding)이고 글을 읽는다는 것(reading)은 책을 읽고 내용을 이해하는 것입니다.

리더스는 어휘의 수준과 어휘량을 제한해 읽기 연습용으로 만들어진 책입니다. 리더스 읽기는 파닉스 규칙을 연습하기 위해 읽는 파닉스 리더스와 목적이 다릅니다. 파닉스 리더스는 소리의 규칙을 적용해 반복적으로 연습하는 책이라 의미 있는 내용이 담겨 있는 책이 아닙니다. 하지만 리더스는 길지 않아도 스토리가 있는 책입니다. 그런 책을 소리 내어 읽을 수는 있지만 읽고 나서 무슨 내용인지 모른다면 읽는 의미가 있을까요? 리더스도 읽기 연습을 하기 위해 필요한 책이지만 파닉스를 배우자마자 혼자 힘으로 읽기는 어렵습니다. 책을 혼자 읽기 전에 부모님이 읽어주거나 오디오를 통해 문장 읽는 소리를 많이 들어야 흉내 내듯 읽기 시작해 혼자 읽을 수 있는 수준에 다다를 수 있습니다. 책을 읽는다는 것은 파닉스 학습, 다음 단계로 리더스북 읽기, 이렇게 순서대로 쉽게 이루어지는 과정이 아닙니다. 파닉스 학습과 별도로 영어 소리에 대한 노출과 누군가 읽어주는 책 듣기 과정이 선행되어야 비로소 '혼자서 책 읽기'를 할 수 있습니다. 파닉스 학습 이전 영어 소리에 대한 노출이 별로 없었다면 부모나 교사의 읽기 또는 오디오를 들으며 눈으로 읽거나 소리 내어 따라 읽는 과정이 필요합니다. 파닉스를 마쳤다고 바로 리더스를 혼자 읽게 하지 말고 부모가 읽어주는 소리나 오디오북을 듣고 따라 읽기 하는 과정을 거친 후 조금씩 아이가 읽는 분량을 늘려가며 혼자 읽을 수 있을 때까지 단계별로 이끌어줘야 아이가 읽는 것에 부담감을 가지지 않고 즐겁게 읽을 수 있습니다. 소리 듣고 따라 읽기, 부모님과 함께 읽기, 한 페이지씩 번갈아 가며 읽기 등 다양한 방법으로 아이의 읽기를 도와주세요. 조급하게 아이 혼자 읽기를 강요하지 말고, 스스로 자신감을 가지고 읽고 싶어 할 때까지 기다리며 더 많이 '읽어주기'를 권하고 싶습니다.

6

단어 스펠링을 잘 못 외워요.
파닉스가 도움이 될까요?

파닉스를 다시 배울 필요는 없습니다. 파닉스 예외 규칙과 묵음, 동음이의어 등 철자 오류를 부르는 그 많은 단어를 파닉스로 설명할 수도 없답니다. 아이가 틀리게 적은 단어는 그때그때 더 꼼꼼하게 짚어주고, 연습을 통해 익히며 넘어가면 됩니다. 파닉스는 물론 중요하지만, 만병통치약은 아니랍니다. 그리고 어쩌면 파닉스가 아니라 아이의 암기력이 문제일 가능성도 있습니다. 파닉스를 무난하게 넘어갔는데 철자 오류가 심하다면 한마디로 스펠링을 잘 못 외우는 아이일 수 있지요. 사실 저는 파닉스를 아무리 가르쳐도 이해하지 못하면서 단어 시험은 늘 100점을 받는 아이와 AR 4점대 수준이지만 유달리 단어 시험을 늘 통과하지 못하는 아이를 만난 적도 있습니다. 이 두 아이는 한마디로 '암기력'이 달랐던 거죠!

초3에 영어를 처음 시작한 줄리아는 수업도 잘 듣고 숙제도 성실하게 하는 학생이었어요. 하지만 유독 스펠링 오류가 심했습니다. 비교적 낮은 단계에서는 큰 문제가 없었는데 레벨이 올라갈수록 파닉스를 배운 아이가 맞는가 싶을 정도로 엉뚱한 소리의 철자를 써 놓았습니다. 줄리아는 그동안 단어를 통글자로 외웠는데 레벨이 올라갈수록 단어 수준이 높아지니까 더 이상 통글자로 외우는 방식이 통하지 않았던 것이죠.

그래서 줄리아에게는 어려운 단어들이 나올 때마다 음절로 나누어지는 부분을 짚어주었어요. 음절을 인식시키고 소리를 반복적으로 지도하니 오류가 줄기 시작했습니다. 이렇게 단어의 스펠링 오류가 많을 때 다시 파닉스를 처음부터 반복하는 것보다는 그때그때 나온 단어들을 가지고 실전에서 음절을 나누어보고, 반드시 소리를 내어 볼 수 있게 지도하는 것이 더 효과가 좋습니다.

여기서 꼭 체크해야 하는 것은 반드시 소리와 함께 스펠링을 연습해야 합니다. 단어의 소리를 듣지 않고 자기 방식대로 읽는 아이들에게서 스펠링 오류가 많습니다.

단순히 철자 오류만을 수정하려고 파닉스를 다시 가르치는 일은 비효율적인 접근이에요. 철자 오류는 꾸준하게 수정 반복하는 과정을 겪으며 자연스럽게 나아지는 경우가 가장 흔하므로 저는 아이들이 틀리는 것을 자연스럽게 받아들이는 훈련을 먼저 하는 게 중요하다고 생각해요.

아이가 철자를 틀리지 않고 다 맞았을 때만 칭찬 또는 보상을 해주는 것은 결국 아이에게 완벽함을 요구하는 격이니 유의하는 게 좋아요. 오히려 열심히 노력해서 이전보다 철자를 틀리지 않고 써낸 단어가 많아졌을 때 함께 기뻐해주세요. 이렇게 실수로부터 배움이 일어난다는 것을 아이가 자연스럽게 받아들이게 하고, 받아쓰기 연습을 꾸준히 하면서 수정과 반복을 할 수 있게 도와주면 좋아요.

또 통문자를 익힌 아이에게서 철자 오류가 빈번하게 나타날 수 있어요.

이럴 때는 차라리 철자 오류가 발생하기 쉬운 단어들을 가지고 한정적인 파닉스 규칙을 설명해주거나 긴 단어들의 음절을 나눠서 단어를 좀 더 쉽게 들여다보는 연습을 시켜주는 것이 좋은 방법이 될 수 있어요.

아이들에게 꼭 다시 한번 짚어주면 좋은 파닉스 규칙들은 장모음, 이중자음, 이중모음 같은 것들이에요. 그리고 묵음이 있는 단어를 많이 헷갈려해요. 이럴 때 미리 가려운 데 긁어주듯 규칙을 설명해주고, 퀴즈처럼 단어 받아쓰기를 해보고 아이에게 자신감을 심어주면서 꼭 손으로 써보는 과정까지 직접 시도하게 해주세요. 종이에 쓰는 걸 너무 싫어하는 아이라면 작은 화이트보드나 드로잉패드 또는 벽에 전지를 붙여서 활용하기 등 최대한 아이가 철자 써보기 과정을 즐기며 반복할 수 있게 해주면 도움이 될 거예요.

초등학교 1학년 1학기 내내 한글을 배웁니다. 그리고 2학기에 그림일기 쓰기를 배우지만 모든 문장을 한글 맞춤법에 맞게 쓰는 친구는 거의 없습니다. 교사도 1학년 아이의 일기를 보며 틀린 낱말의 맞춤법을 모두 고쳐주지 않습니다. 일기를 쓰는 목적이 자신의 경험을 문장으로 표현해보는 것이지 맞춤법에 맞는 문장을 완벽하게 쓰는 것이 아니기 때문입니다. 그리고 부모나 교사가 맞춤법을 모두 고쳐주기 시작하면 아이는 글을 쓰기도 전에 틀리는 것에 대한 두려움이 생겨 글쓰기를 꺼리게 됩니다. 우리 어른들의 한글이나 영어 사용을 생각해보세요. 한글을 배우자마자 모든 맞춤법을 맞게 쓸 수 있었는지, 혹은 지금도 모든 맞춤법을 맞게 쓰고 있는지요?

영어의 모든 낱말에 파닉스 규칙이 적용되는 것이 아니기 때문에 파닉스를 배웠다고 단어의 철자를 기억해서 쓰기는 쉽지 않습니다. 파닉스를 다시 배우거나 파닉스 규칙이 적용된 단어를 반복해서 외우게 하기보다는 다양한 책을 읽으며 눈으로 낱말을 익히는 것이 좋습니다. 많이 접한 단어는 자연스럽게 기억됩니다. 중학년 이상에서는 별도의 어휘 학습이 필요하고 학교 시험 대비 정확한 철자 연습도 해야 하지만 아직은 아닙니다. 지금은 단어 하나하나의 철자를 정확하게 암기하기보다는 많은 책을 읽으며 파닉스 규칙을 이해하고 적용하는 게 효과적인 방법입니다.

7

영어는 책보다
영상물이 더 효과적이지 않나요?
인풋의 양이 다를 텐데요!

김현지
초중등
영어학원장

시간 대비 영어 인풋의 양을 비교하자면 영어 영상이 책보다 훨씬 많은 양의 인풋을 할 수 있습니다. 영상이라는 강력한 매개는 원어의 소리와 영상을 제공하기에 현명하게 활용한다면 내 옆에 원어민 강사를 두는 것과 같은 것입니다.

영상에서 얻을 수 있는 효과는 가장 먼저 영어의 소리입니다. 영상을 통해 영어 소리가 겹겹이 쌓여가고 조금씩 귀가 트일수 있다는 것이 매력적인 것입니다. 미국에 가지 않아도 미국영어를 연습할 수 있고 영국에 가지 않아도 영국영어 소리에 노출된다는 것이죠. 영어 영상을 잘 활용한다면 가성비가 아주 좋은 학습 방법 중의 하나입니다.

영상을 보다가 아이들이 조금씩 대사를 따라 하기도 합니다. 들리는 표현을 재미 삼아 따라 한다면 이것이 바로 영어 새도잉이 되는 것입니다. 좋아하는 캐릭터의 대사들을 따라 하다 보면 자연스럽게 발음이나 억양을 연습하게 되고 원어 표현들도 그대로 흡수되는 것입니다. '이런 상황에서 이런 표정으로 이렇게 대답을 하네'라고 나름 유추하게 되는 것이죠. 상황에 맞는 대사들이 이어 나오기 때문에 어느 정도 어휘의 양이 쌓여가면서 조금씩 이해가 되는 순간이 오는 것입니다.

하지만 영어는 듣기와 말하기만 있는 것이 아닙니다. 읽기 영역과 쓰기 영역도 존재합니다. 문해력도 고려해야 합니다. 잘 듣고 이해한다고만 해서 영어가 완성되는 것이 아니라 이제 제대로 시작해 볼 수 있는 시점에 온 것입니다. 영상물이 효과가 있는 것은 사실이지만 모든 영어의 영역을 영상으로 대체할 수는 없습니다.

시대가 변해도 우리는 여전히 많은 텍스트를 읽고 그것들이 담고 있는 주제를 파악하고 이해하고 추론해야 합니다. 이러한 영역은 영상으로 해결할 수 없는 부분입니다. 수능이 치러지는 11월이면 늘 나오는 이야기입니다. 추론하는 것, 주제, 요지 파악하는 것이 기본기가 되었을 때 빈칸 넣기 등 아이들이 어려워하는 문제들을 연습하는 의미가 있다는 것입니다. 글의 주제도 파악하는 능력이 안 되는데 문제 푸는 요령이 가능하겠습니까? 진짜 문해력은 영상으로는 키우기 어렵습니다.

적절하게 영어 영상을 이용하여 언제 어디서든 원어민을 옆에 둔 듯 활용할 수 있지만 상위의 문해력과 추론 능력 등은 책을 통해서 이루어진다는 것을 기억하길 바랍니다.

엄마표 영어를 하며 영상물 노출이 많은 친구 중에 영어로 중얼대면서 노는 아이들은 흔하게 볼 수 있습니다. 영상물은 책보다 상황을 확실히 빨리 이해할 수 있고, 그 이해 가능한 상황에서 활용하는 문장들을 습득하며 좀 더 자연스러운 영어 발음을 익히는 데 도움이 되는 건 맞아요. 그래서 수개월 이내에 아이가 외국에서 살면서 공부해야 하는 상황이 예정되어 있다면 학원물의 영상들이 아이의 자연스러운 의사소통 능력을 향상시키는 데는 좋은 인풋이 될 수도 있어요. 하지만, 일반적으로 책보다 영상물이 인풋의 양을 늘리는 데 더 효과적이지 않을까 하는 생각에는 동의하지 않아요. 책을 통해 얻을 수 있는 장점들을 결코 무시할 수 없거든요.

책을 통해서 얻을 수 있는 가장 큰 장점은 어휘력 향상이 있어요. 영상물은 아무래도 일상적인 대화 수준을 많이 다루기 때문에 책만큼 많은 주제와 어휘가 사용되지는 않아요. 하지만, 책은 특정 주제의 지식과 관련한 다양한 어휘들이 등장하기 때문에 이를 통해 영상물보다 다양한 어휘 확장의 기회를 얻을 수 있어요. 그리고 요즘처럼 문해력이 대두되는 시대에 결국 읽는 법을 자연스럽게 익힐 수 있는 방법은 '읽어야 한다'겠지요? 다양한 책으로 얻은 독서의 경험은 아이들의 문해력을 기르는 데 큰 도움이 돼요. 그래서 이런 문해력으로 꼭 교과목이 아니더라도 다른 배움을 효과적으로 익힐 수 있는 기초 역량이 탁월해질 수 있는 거지요.

영어와 문해력, 두 마리 토끼를 다 잡기 위해 영어책 읽기는 필수겠지요?

그리고 책 읽기를 많이 경험한 아이들은 그렇지 않은 친구들보다 집중력이 높다고 해요. 글로 표현된 내용을 상상하고 그 의미를 음미하며 따라가기 위해서는 자연스레 능동적 집중이 일어날 수밖에 없어요. 결국 영상물과, 책 둘 다 균형 있게 아이들이 즐길 수 있도록 도와주는 것이 중요해요. 특히 영상물을 시청할 때는 올바른 시청지도가 필수입니다. 자칫 영상물에 과잉 노출된 아이들은 책 읽기를 기피하거나 더 자극적인 영상물을 찾게 될 수도 있거든요. 정해진 시간에 정해진 만큼 부모님과 함께 시청하는 것이 가장 좋아요. 알고리즘이 계속 아이들에게 보고 싶은 영상물을 끌어오지 않을 수 있도록 유튜브 시청보다는 DVD 시청을 권장합니다. 자기 통제력이 많이 부족한 떼쟁이 친구들에게 영상물 시청은 오히려 좋지 않은 인풋이 될 가능성이 높으니, 아이의 성향을 고려해서 아이들의 건강을 위해 균형 잡힌 식단이 필수이듯 영어 인풋도 골고루 다양하게 흥미를 잃지 않을 수 있게 해주세요.

정정혜
영어교육 전문가
엄마표 영어

영어책과 영상물은 모두 인풋이기는 하지만 대체 불가, 상호 보완의 관계지요.

영어책을 통한 학습은 자기만의 속도로 능동적으로 들어오는 인풋으로, 학습자의 '의지'가 큰 원동력입니다. 일단 수준에 맞는 책을 골라야겠지요. 그리고 책을 통해 모르는 어휘를 문맥 안에서 익히고, 읽기의 유창성을 키우며, 책의 내용을 통해 새로운 지식을 얻게 됩니다. 반면에 영상물을 통한 영어 학습은 마구 쏟아져 들어오는 입력을 학습자가 수동적으로 받아들이는 형식이죠. 아이 취향에 맞는 영상을 골라 적절한 환경에서 노출하면 영어책 읽기에 비해 다소 수월하게 진행할 수 있습니다. 이미지와 소리를 통해 자연스럽게 내용을 이해하게 되므로 학습자의 수준보다 어려운 내용도 큰 부담 없이 접할 수 있습니다. 영상을 통해 귀가 트이는 것도 큰 장점입니다. 더불어 영미인의 일상생활과 제스처, 생활 환경을 볼 수 있어 광범위한 문화적 배경지식을 쌓을 수 있습니다.

결론적으로 영어책과 영상 시청은 영어 교육에서 내려놓을 수 없는 두 종류의 인풋이라는 겁니다. 각각의 비중은 아이 성향에 맞추어 조절하고, 한쪽으로 지나치게 치우치지 않도록만 조심하면 됩니다.

엄마표 영어의 가장 중요한 두 축은 영상과 책입니다. 두 매체의 사용 목적은 엄연히 다릅니다. 영어 영상 시청의 목적은 '듣기'입니다. 영어 듣기를 영상을 통해 하는 이유는 상황을 보며 어휘와 문장의 의미를 유추할 수 있기 때문입니다. 최대한 많이 들어 영어를 듣는 귀가 뚫리도록 하려는 것입니다. 책을 읽는 목적은 초반에는 영어 문자에 익숙해지기 위함이고, 궁극적인 목적은 영어책을 읽고 우리말 번역 없이 영어 자체로 내용을 '이해'하기 위함입니다.

요즘은 유튜브나 각종 OTT의 좋은 프로그램, 영화, 다큐멘터리 등 유익한 볼거리가 넘쳐나는 시대입니다. 그래서 영상을 통해 최신 정보와 지식을 책보다 훨씬 빠르게 습득할 수 있다고 생각할 수 있습니다. 책을 통해 얻을 수 없는 영상의 효과적인 면이 분명 있습니다. 하지만 영상을 통한 지식 습득은 매체의 특성상 깊은 사고 과정 없이 수동적으로 받아들이는 과정입니다. 책을 통한 정보와 지식의 습득은 자신의 배경지식을 활용해 책의 내용을 재구성하고 내재화하는 과정입니다. 능동적인 사고 과정이 필요합니다.

사람이 살아가는 데 '읽기 능력'은 필수입니다. 공부를 하기 위해서도, 일상생활에서도 우리는 늘 글을 읽어야 하는 상황을 만납니다. 이때 필요한 것이 문해력입니다. 문해력은 영상 시청으로는 기를 수 없는 능력입니다. 문해력은 책을 읽으며 사고하는 과정을 통해서만 기를 수 있습니다.

현대를 살아가는 아이들에게 영상 매체는 매우 유용하고 편리한 수단이며 잘 활용하면 큰 도움이 됩니다. 하지만 영상이 절대 책의 자리를 대신할 수는 없습니다. 영상과 책, 두 개의 축을 지혜롭게 활용할 수 있는 균형 잡힌 접근이 필요합니다.

8

영어 그림책은
몇 살까지 읽어주나요?
밤마다 목이 아파요.

일단 파닉스를 배웠다고 모두 글을 잘 읽는 것은 아니라는 점을 짚어야겠네요. 설혹 다른 영어 노출 없이 파닉스만 배워 어느 정도 글을 소리 내어 읽는다고 해도 이것은 진정한 읽기가 아닙니다. 머리 좋은 외국인이라면 한국어를 배운 지 며칠 만에 한국어 읽기에 도전하고 어느 정도 성공할 수도 있을 겁니다. 그렇지만 이 외국인이 한글책을 소리 내어 읽었다고 해서 그 내용을 이해하고 있는 것은 아니겠지요? 다만 '소리 내어' 읽었을 뿐이지요.

그래서 아이에게 영어책을 읽어주는 기간은 생각보다 깁니다. 원론적인 답은 '아이가 원한다면 언제까지나!'입니다. "아이와 무엇을 해야 할지 모르겠다면 그림책을 읽어라. 글을 보는 어른과 그림을 보는 어린이가 함께 만나 이야기를 나눌 수 있게 해주는 매개체가 바로 그림책이다." 바로 앤서니 브라운의 말입니다. 이미지로 가득 찬 세상에 살고 있는 우리 아이들과 그림책의 그림으로 이야기를 나누는 것은 사실 즐겁고도 유익한 경험입니다. 고학년을 위한 영어 그림책 작가로 존 셰스카와 앤서니 브라운을 추천해요. 아이와 마주 앉아 함께 책을 읽는 즐거움을 오래도록 누리기를 바랍니다.

이런 고민은 누구에게는 부러움이 될 수도 있습니다. "아이가 목이 아플 정도로 책을 읽어달라고 하는구나! 아! 부럽다. 우리 아이는 유튜브 영상을 계속 보여달라고 하는데…"라고 속으로 생각할 수도 있습니다. 아이가 책을 계속 읽어달라는 행복한 고민이 계속 이어지길 바랍니다.

하지만 물리적으로 너무 목이 아파서 못 하겠다는 생각이 든다면 책의 음원을 틀어 같이 손으로 짚어가며 읽기도 하고 아이와 게임식으로 번갈아 가며 문장을 읽는 것도 좋습니다. 엄마가 영어를 잘 못하는 척하며 아이에게 의지하는 쇼도 해볼 수 있습니다. 아이가 책에 대한 이야기를 할 수 있도록 질문을 던져주며 호기심을 일으키는 것도 좋습니다.

저는 아이가 더 이상 엄마가 읽어주는 걸 거부하지 않는 한 되도록 오랫동안 내 아이와 함께 영어 그림책을 읽는 것을 권하는 사람 중 한 명이에요.

사실 아이가 엄마의 목소리에 귀 기울이며 여전히 함께 읽는 그림책을 좋아한다는 것은 정말 감사할 만한 일이에요. 그림책은 보면서도 즐겁지만, 누군가의 목소리를 통해 전달되는 감성까지 입혀졌을 때 입체적 즐거움이 배가 되는 굉장히 멋진 장르잖아요. 그런 책을 엄마와 아이가 공유할 수 있는 것은 얼마나 멋진 일인가요?

저는 아이의 독립 읽기가 충분히 유창하게 되는 상태에서도 되도록 아이에게 직접 책을 읽어주며 이야기를 공유하는 일이 꾸준히 지속되기를 바라요. 부모가 아이에게 읽어주는 책은 영어 노출 그 이상의 가치를 가지고 있으니까요. 너무 책을 읽어주기 힘든 날에는 아이와 역할을 바꿔 엄마가 아이가 읽어주는 책에 집중하고 반응함으로써 아이에게 신나게 읽을 수 있는 즐거움을 주는 것도 방법이겠지요? 또는 한 페이지씩 아이와 번갈아 읽는 방법도 아주 좋을 거예요. 부모가 나를 위해 읽어주던 이야기의 어느 대목이 아이가 평생 간직하며 힘이 되는 뿌리가 될 수도 있으니 얼마나 소중한 일인가요?

내 아이가 추억 부자로 살 수 있는 기회를 포기하지 마시고, 목에 좋은 차를 드시며 목 관리를 잘해봅시다.

우선 영어 그림책은 문장 수가 적지만 쉬운 책이 아닙니다. 그림책은 한정된 단어와 문장 수준으로 쓴 영어 교재나 리더스와는 달리 문학 작품입니다. 관용적 표현, 축약된 간단한 문장 등 짧은 문장에 함축적인 의미를 담고 있어 만만하고 쉽게 읽을 책이 아닙니다. 같은 영어 그림책이라도 이제 막 영어를 배울 때 읽는 것과 영어적 표현을 이해하고, 영어의 뉘앙스를 알게 된 후 읽는 것은 전혀 다르게 느껴집니다.

52

아이가 글자를 읽을 수 있게 되어 더듬더듬 책을 읽는 것은 글자를 읽어내는 것입니다. 글자를 한 자 한 자 읽느라 책의 내용을 이해하기는 버거울 수 있습니다. 그래서 파닉스를 배우고 난 후 아이가 글자를 잘 읽을 수 있도록 연습하기 위해 스스로 읽어야 하는 책과 부모님이 아이에게 재미있는 이야기를 들려주기 위해 읽어주는 책은 다릅니다. 아이 혼자서 읽어야 하는 책은 파닉스 리더스나 리더스이고, 그림책은 그림도 함께 읽고 아이가 이야기하고 싶어 하는 페이지에 멈춰서 도란도란 이야기를 나누기 위해 부모님이 읽어주는 거예요.

아이의 완벽한 읽기 독립은 13세 정도라는 말이 있어요. 아이들은 내가 읽을 수 있는 책도 누군가가 읽어주는 것을 좋아합니다. 보다 유창하게 읽을 수 있는 사람이 글의 분위기나 느낌을 살려 읽어주면, 이야기에 훨씬 더 몰입할 수 있기 때문입니다. 책 읽기를 싫어하고 독서를 잘 하지 않는 초등학교 6학년 아이도 교사가 책을 읽어주면 이내 집중하며 이야기 속으로 빠져듭니다.

저도 그 시기를 지나왔고 쉽지 않은 일인 줄 잘 알고 있습니다. 지금은 더디게만 느껴지는 그 시간이 이제 와 돌이켜보면 너무 빨리 지나가버렸어요. 무릎에 앉혀놓고, 혹은 나란히 누워 책 읽는 그 시간이 무척이나 그리워질 날이 생각보다 금방 옵니다. 오디오 북도 있고 음원 구하기도 쉬운 세상이라 목이 너무 아프고 힘든 날은 매체를 활용해서 잠시 쉬어갈 수도 있지만, 그래도 엄마가 읽어주는 것을 대신할 수는 없어요. 음원은 기다려주지 않고 글만 읽어주니까요. 하지만 그림책은 그림도 보고 이야기도 나누며 읽는 책이니, 되도록 부모님이 읽어주는 것이 좋아요. 아이가 내 옆에서 책 읽어달라고 조르는 행복을 누릴 수 있을 때, 마음껏 누리세요.

9

6세 아이 엄마예요.
영어 그림책을 매일 읽어주고 있는데,
이런다고 진짜 영어가 되나요?

박명아
어린이
영어학원장

믿음을 가지고 "매일 읽어주세요"입니다. 저뿐만 아니라 많은 전문가들이 입을 모아 이야기하는데요. 내 아이에게 책을 읽어주는 일은 아이의 문해력 향상 그 이상의 가치가 있기 때문이에요. 바로 정서적 소통이 그것이지요.

제가 어릴 적 신데렐라를 읽던 중 저도 모르게 콩쥐가 떠올랐고, 두 이야기의 비슷한 점을 떠올리며 "신데렐라는 미국 콩쥐였어요." 라고 퇴근하신 아버지 앞에서 한껏 흥분해서 재잘대던 기억이 나요. 그렇게 책을 매개로 어릴 적 아버지와 나눴던 그 시간은 제가 꾸준히 책을 즐겁게 읽는 사람으로 자라게 만들어주었어요. 저는 현장에서 수업을 하며 저와 비슷한 경험을 가진 수많은 아이를 만나왔고, 그 아이들이 어떻게 책을 좋아하고 즐기게 되었는지 너무 잘 알아요. 단순히 영어를 잘하는 아이를 목표로 한 영어 그림책 읽어주기가 아닌, 내 아이와의 정서적 소통과 좋은 독서 경험 설계를 목표로 하신다면 오래오래 아이에게 기억될 만한 좋은 추억의 시간들이 쌓이게 될 거라 확신해요. 책에 대한 정서가 좋은 아이들은 확실히 수업에 집중력도 높고, 스토리 센스가 있어서 요지 파악과 내용 이해를 무척 잘해요. 우리 아이의 영어 성장이 너무 느린 것 같고, 나는 목이 아프고 피곤해서 영어 그림책을 읽어주려는 의지가 살짝 흔들리고 또 포기하고 싶어질 수도 있어요. 그럴 때는 아이에게도 읽어달라고 해보시고, 그냥 같이 그림만 보기도 하면서 좀 더 편안한 시도로 가볍게 시간을 보내보세요. 그렇게 아이가 부모와 함께 영어 그림책을 읽으며 보낸 시간은 아이의 직접적인 영어 성장 외에도 정서적으로 좋은 점이 확실히 많으니까요.

엄마표 영어 진행자는 물론이고 영어 강사로 첫발을 내디딘 모든 강사가 하는 생각일 겁니다. 아이들에게 영어를 가르치고 돌아서며, 그동안 아이들이 얼마만큼 배웠냐를 짚으며 '과연 이렇게 하는 것이 맞나? 이렇게 해서 언제 영어를 배우지?' 생각하곤 했지요. 결론부터 말씀드리면, 네 맞습니다. 이대로 쭉 가는 것이 정답입니다.

영어 그림책을 읽어주는 것은 내리는지도 모를 만큼 살짝 내리는 가랑비에 젖어드는 것과 같아요. 어느 순간 옷이 젖어 있는 것을 발견하게 되지요. 영어 그림 사전을 외우거나, 사이트워드 315개를 익히는 것처럼 한눈에 결과가 보이는 것이 아니라서 순간순간 마음이 초조해질 겁니다. 하지만, 우리 아이들이 한국어를 습득하는 과정을 생각해보세요. 무수히 많은 시도 끝에 하나씩 의미를 익혀가던 한국어가 어느 순간 폭발적으로 터져 나오던 그 순간을 기억한 다면, 조금 더 인내할 수 있을 겁니다. 영어 그림책을 읽는다는 것은 그림이 나타내는 어떤 상황 안에서 언어적 표현을 익힐 수 있다는 의미이지요. 우리가 한국어를 익혔던 것처럼 생생하게 살아 있는 언어를 접할 기회이자, 엄마와 살을 맞대고 이야기를 나누는 경험 그 자체만으로도 가치가 있는 시간이랍니다. 조금 더 직접적으로 기운이 나는 이야기를 하자면, 어릴 때 부모가 그림책을 많이 읽어 준 아이와 그런 경험 없이 바로 영어학원에 온 아이들은 학습 진도 에 큰 차이가 있습니다. 당장 테스트로 드러나는 것은 아닐지라도 마치 빙하의 아랫면처럼 서서히 진가가 드러난다는 것을 꼭 알고 계시길요!

그런데 여기서 주의할 점 한 가지!

저는 '5년 동안 매일 밤 영어 그림책을 3권 이상씩 읽어주었는데 도 영어에 전혀 흥미가 없고 영어를 잘하지도 못하는 아이' 때문에 고민인 어머니를 만난 적이 있습니다. 긴 시간 상담을 진행하면서 이 분이 정말 중요한 포인트를 놓쳤다는 것을 알게 되었어요. 바로 '아이의 자발성'입니다. 영어 강사인 이 어머니는 모든 상황을 주도 적으로 뚝심 있게 밀어붙이는 스타일인 데 반해 아이는 얌전하고 순종적인 스타일이었어요. 매일 '엄마'가 적절한 그림책을 골라 오 면 아이는 그냥 침대에 누워 '잘' 들었지요. 정말 잘 들었을까요? 정 말 좋아서 잘 들었다면 이런 결과가 나올 수는 없지요. 너무 개인적 인 사례라 더 상세한 상황을 설명할 수 없어 안타깝지만, 아무튼 아 이가 영어 그림책이나 영어 영상을 고를 때 까다롭게 굴수록 고맙 게 생각하시길 바랍니다. 정말 원하는 것을 보고 읽을 때 진정한 배움이 일어나니까요!

5세부터 주중에 매일 영어 그림책을 한두 권씩 읽은 아이가 있었습니다. 특별히 한국어로 해석을 하거나 단어를 따로 정리해 암기하거나 테스트하는 과정 없이 순수하게 영어 그림책만 꾸준하게 읽어도 생각보다 아이들은 많은 것을 머릿속에 담습니다. 아이들은 재미있고 흥미가 높은 책이라면 수없이 반복해서 보고 싶어 하죠. 무엇을 외우거나 체크하는 과정 없이 영어 그림책만 읽었는데 1~2년 후에 이해하는 어휘량도 상당히 많아집니다.

다만 아이가 아직 읽거나 쓰지 못하지만 그래도 책을 읽으며 자연스럽게 노출되었던 그림과 매치된 소리와 어휘들, 그 문장 속에 포함되었던 문법적인 요소들, 작가마다 개성 있고 상상력이 더해지는 그림들, 마음 따뜻해지는 스토리들, 또는 다른 나라의 문화들, 이런 종합적인 영역에서 그림책은 읽기만 해도 효과가 있다고 생각합니다.

양육자가 아이가 빨리 영어책을 혼자 읽었으면 좋겠고, 단어도 척척 쓰고 무슨 말인지 정확하게 이해하기를 꿈꾼다면 아마도 엄마표 영어의 인풋 시간을 견디지 못할 가능성이 높습니다. 아이와 영어 그림책을 읽는다는 것은 아이와 잊지 못할 추억을 쌓는 시간이라고 조금 여유 있게 생각하면 어떨까요? 조급함 때문에 영어가 순항하지 못하고 바다에서 폭풍우를 만난 배처럼 뒤집혀버릴 수도 있습니다.

장기적인 안목으로 영어 소리의 노출과 함께 다양한 책을 엄마와 함께 읽는다면 엄청난 영어의 인풋이 쌓여가고 있을 것입니다. 엄마표 영어에서도 왜 개인차가 없겠습니까? 내 아이의 영어 속도를 인정할 줄 알고 꾸준하게 이어가다 보면 이런 걱정에서 벗어나는 날이 올 것입니다. 이 모든 걱정을 이겨낼 수 있는 마법은 "꾸준함"입니다.

저의 대답은 "네!"입니다. 아이가 그림책을 즐겁게 잘 듣고 있다면 매일 꾸준히 읽어주세요. 아이에게 그림책을 읽어줄 때 엄마의 머릿속에는 많은 생각이 오갈 거예요. 알아듣고 있는 걸까, 이렇게 해서 영어가 늘긴 느는 걸까. 그 대답은 아이에게 있습니다. 아이가 읽어주는 그림책을 가만히 앉아 듣고 있다는 건, 알아듣고 있고 재미있다는 뜻입니다. 재미없고 못 알아듣는데 앉아서 들을 6세 아이가 있을까요? 책 읽기 하나만으로 영어가 완성되는 건 아니지만 그 무엇보다 중요한 것이 책 읽기입니다. 생각보다 많은 듣기와 읽기가 바탕이 되어야 말도 하고 쓰기도 합니다. 6세 아이라면 아무 생각 말고, 바라는 것 없이 무조건 읽어주세요. 불안해하거나, 조급해하지 말고, 묵묵히 꾸준히 읽어주세요. 싫다고 도망가지 않고 들어주는 아이에게 고마워하면서요. 콩나물 시루에 물을 주면 바로 물이 빠져나가 아무 일도 일어날 것 같지 않지만 매일 물을 주는 행위가 결국 콩나물을 키웁니다. 지금은 매일 읽어주는 책 한 권으로 아무 일도 일어날 것 같지 않지만, 어느 날 쑥 자라 있는 아이의 영어를 만나게 될 거예요.

공부력, 초등 영어 솔루션 77

10

영어책을 읽어줄 때
한국말로 해석해줘야 할까요?

아이가 '원한다면' 언제든지 한글로 해석해주세요. 하지만 부모가 자꾸 무슨 뜻인지 물어보거나, 아이가 궁금해하지 않는데도 알아서 한글로 해석해주는 것은 좋은 방법이 아닙니다. 아이가 원하는 대로 싫은 내색 없이 담담하게 해석을 해주면 나중에는 그 횟수가 줄어든답니다. 내가 궁금해하면 언제나 한글로 답을 알려준다는 사실이 안도감을 주고, 내가 마음속으로 생각한 내용이 대체로 맞는다는 것을 알게 되면 아이가 조금씩 느긋해집니다. 물론 우리가 글과 그림이 잘 일치하는, 아이 수준에 맞는 쉬운 책을 골라서 읽는다면 말이지요. 이런 성향의 아이들에게는 자기 수준과 비슷하거나 낮은 수준의 책으로 편안함과 자신감을 심어주는 것이 중요 포인트입니다.

그럼 모르는 것 같은데 술술 넘어가는 아이는 어떨까요? 전형적으로 '나무가 아니라 숲을 보는 아이'의 특징입니다. 언어를 배울 때

유리한 아이지요. 지나치게 높은 수준의 책을 고르는 것이 아니라면 굳이 해석해줄 필요 없이 책 그 자체를 즐기도록 환경을 만들어주는 것만으로 충분합니다. 그리고 아이에게 영어책을 읽어줄 때는 엄마가 꼭 미리 한 번 읽어보기 바랍니다. 아이와 내가 이 영어책을 동시에 처음 접한다면? 아무리 전문가라도, 처음 보는 영어책을 전달력 있고 재미있게 읽어낼 수는 없답니다. 미리 한 번 읽어본 후, 내용을 이해하는 데에 영향을 미치는 중요한 단어라면 책을 읽기 전에 한글로 그 뜻을 알려주는 것도 좋습니다.

아이가 영어책을 보며 자연스럽게 내용 이해가 되면 묻지 않고도 책을 잘 읽습니다. 앞뒤 상황을 유추하기도 하고 또는 그림을 통해 알기도 합니다. 이런 경우는 일부러 한국어로 해석해 줄 필요가 없습니다. 아이는 영어를 그 자체로 이해하고 놀랍게도 한국어로 번역하는 과정을 거치지 않습니다.

그러나 어떤 아이들은 책을 읽으며 계속 우리말 해석을 물어보는 아이도 있습니다. 책을 읽을 때마다 계속 한국말로 해석을 원한다면, 아이에게 너무 어려운 레벨의 책은 아닌지 체크해야 합니다.

어떤 때는 문화적인 경험이나 차이 때문에 아무리 영어책을 읽어도 이해하지 못하는 내용들도 있습니다. 모국어를 완전히 배제하고 설명할 수 없는 부분들도 있습니다. 우리말을 이용해서 이해를 돕는 것이 문제될 것은 없습니다.

엄마가 답안 자판기처럼 뜻을 해석해주는 것이 아니라 아이가 궁금해하는 내용이나 어휘 등 역질문을 통해서 스스로 알아낼 기회를 먼저 주고 기다려주는 시간이 필요합니다. 그랬을 때 아이들이 한 번 더 생각하고 이해하게 됩니다. 이런 시간이 쌓이면 어휘력도, 내용을 유추하는 능력도 높아질 수 있습니다. 어느 순간 아이가 막힘 없이 영어를 읽어나가는 대가 올 것입니다.

영어책을 읽을 때, 특정 한 가지 방법이 최고라고 말할 수는 없습니다. 아이마다 성향이 다르기 때문에 완전히 모든 콘텐츠를 영어로만 이해해야 한다고 고집할 필요도 없습니다. 다만 엄마가 바느질 하듯 한땀 한땀 해석하고 주입시키려는 의도라면 다시 생각해봐야 합니다. 아이의 상상력을 저해하는 것은 아닌지, 아이의 어휘력이 증폭되는 시점을 막고 있는 건 아닌지, 아이의 유추 능력이 성장하지 못하도록 모든 것을 엄마가 주도하고 있는 건 아닌지 생각해봐야 합니다. 우리말 동화책도 아이들이 단번에 모든 페이지의 내용을 100퍼센트 알고 읽지 않는다는 것을 기억하세요.

현장에 있는 저 역시도 아이들이 영어를 잘 알아듣지 못해서 이해를 못 하는 것 같다고 판단이 되면 자꾸 한국말로 설명을 해주고 싶어지는 마음이 올라오기도 해요. 하지만, 꼭 그렇게 설명해줘야만 아이들이 내용을 이해하고 즐기는 것은 아니라는 것을, 경험을 통해 알게 되었어요.

우선, 읽어주는 그림책에는 그림이라고 하는 중요한 힌트가 있어서 제가 손가락으로 그림을 짚어가면서 책을 읽어주면 아이가 내용을 충분히 상상하고 이해하고 있다는 느낌이 들게 할 수 있어요.

혹시 아이가 중요한 내용을 놓치거나 그림으로 얻을 수 없는 정보
가 텍스트에만 있다면 이런 부분들은 아이가 이해할 수 있는 쉬운
문장으로 다시 말해주거나 가끔 한국말로 맥락 이해에 도움이 되는
정도로 설명을 해주는 것은 도움이 될 수 있어요.

영어로 읽어주는 것을 너무 거부하는 아이라면, 본격적으로 책
을 읽어주기 전에 그림만 보면서 아이와 한국말로 어떤 내용들이
이 책에서 나올 것 같은지 미리 물어보며 그림도 자세히 살펴보는
단계를 거친 후 정말 그런 내용들이 맞는지 한번 읽어보자며 영어
로 빠르게 읽어줍니다. 정말 그런 내용들이 나오면 그림만 보고도
내용을 맞힌 아이가 대단하다면서 많이 칭찬해줘요. 이때 아이는
영어를 몰라도 그림을 잘 보면 내용을 이해할 수 있구나라는 자신
감을 얻게 돼요.

미리 내 아이가 앞에 있다고 생각하고 여러 번 반복해서 소리 내
서 읽는 연습을 마친 책들을 읽어줄 때 아이가 훨씬 더 잘 집중할
수 있다는 점과 한국말은 최대한 적게 사용하며 읽어주는 것이 아
이의 영어 감각 키우기에 도움이 된다는 것을 기억해주세요.

영어책을 읽는 이유는 영어를 자연스럽게 습득하
도록 하기 위함입니다. 우리말을 거쳐 영어를 익히는
것이 아니라 영어 그 자체로 익히기 위해 영어책을 읽
는 것입니다. 언어는 다른 언어로 완벽하게 해석하거나 번역할 수
없는 각 언어만의 뉘앙스가 있습니다. 영어의 뉘앙스와 번역할 수
없는 의성어, 라임에서 오는 리듬감, 그 미세한 느낌을 우리말로 그

대로 옮길 수는 없습니다. 영어책을 읽어줄 때 아이가 못 알아들어 안 읽으려고 할까 봐, 혹은 잘못 이해할까 봐 걱정돼 어른이 우리말로 해석해주며 읽으면 아이는 영어를 귀 기울여 듣지 않습니다. 가만히 있으면 금방 너무나도 익숙하고 편한 우리말로 들려줄 테니까요.

언어 사용은 자동화되어야 합니다. 우리말로 글을 읽고, 말을 하는 과정을 생각해보세요. 읽는 즉시 이해하고, 생각함과 동시에 바로 말합니다. 그런데, 영어책을 읽을 때 시간이 오래 걸리고, 말할 때 한참을 생각하며 더듬더듬 말하는 이유는 자동화가 되지 못했기 때문입니다. 책은 우리말을 거쳐 해석한 후 이해하고, 우리말로 떠올린 말을 영어로 번역해서 말하기 때문입니다. 언어의 자유로운 사용은 자동화가 되어야 가능합니다. 그것이 가능해지려면 우리말의 간섭, 도움 없이 영어를 영어 자체로 사용할 수 있어야 합니다.

쉬운 그림책부터 꾸준히 읽다 보면 아이는 영어를 있는 그대로 하나의 새로운 언어로 받아들입니다. 책을 읽어주며 아이가 궁금해하는 말이 있을 때 우리말로 설명해주는 것은 괜찮지만 모든 문장을 우리말로 해석해주는 것은 아이에게 스며들 영어를 차단하는 일입니다. 그림책의 단어와 문장을 알아들을 수 있도록 도와주는 것은 그림이지 엄마의 친절한 해석이 아닙니다. 그림책을 읽으며 영어에 대한 감각을 충분히 습득한 아이는 그림의 도움이 덜한 리더스와 챕터북으로 자연스럽게 넘어갈 수 있습니다. 리더스와 챕터북을 읽을 때 역시 모르는 낱말을, 문맥을 통해 유추하며 읽어야 합니다.

우리말 책을 읽을 때는 우리말로 사고하고, 영어책을 읽을 때는 영어로 사고하는 힘을 길러주려면 우리말의 해석 없이 영어 자체로 읽어야 합니다.

11

5세 아이인데 원서와 번역본을
동시에 읽어주고 있어요.
괜찮죠?

책을 읽어주는 목적에 따라 쌍둥이 책 읽기는 장점이 될 수도 혹은 단점이 될 수도 있어요. 우선 아이가 좋은 책을 접하는 기회를 주는 차원에서의 목적이라면 한글책 또는 원서의 읽기 순서에는 큰 의미를 두지 않고 읽어주면 됩니다. 영어 공부를 위해서라면 영어 원서를 먼저 접하게 해주는 걸 추천해요. 이미 한글책으로 내용을 충분히 다 이해한 후에는 영어 소리를 집중해서 듣지 않거든요. 또 번역으로 살리기 힘든 원서에서의 말맛을 아이가 많이 느낄 수 있었으면 좋겠어요.

잘못하고 있는 겁니다. 언어를 배운다는 것은 모호함 속에서 그 의미를 완성해나가는 과정이지요. 우리 아이가 "물 주세요."라는 말을 배우는 과정을 생각해보세요. "물"이라는 단어 하나를 뱉을 때까지 우리가 얼마나 여러 번 "물"이라는 단어를 말했을까요? 아이가 "물"이라고 말했을 때 "물 주세요."라고 문장을 완성해준 적은 또 몇 번이었을까요? 영어 원서와 한글책을 동시에 두고 본다면 의미는 시원하게 전달되겠지만, 동시에 한국어의 틀 속으로 그 의미가 들어갑니다.

원서 《Mr. Tiger Goes Wild》를 한국어로 번역하면 어떻게 될까요? 번역본의 제목은 《호랑이씨 숲으로 가다》입니다. 이 그림책에서 goes wild의 의미는 '틀에서 벗어나 거친 행동을 한다'와 '야생으로 돌아간다'라는 두 개의 의미를 다 가지고 있는 표현입니다. 한국어로 번역한 순간 하나의 의미만 남았지요. 또 다른 예로 원서 《The Bad Seed》는 《나쁜 씨앗》이라는 제목으로 출간되었습니다. 떨어져서 깨지는 바람에 상태가 나빠졌고(bad), 어차피 안 좋은 상태가 되었으니, 앞으로 못된(bad) 씨앗이 되겠다고 결심하는 씨앗 이야기입니다. bad라는 단어 안에 '상태가 나쁜'이라는 뜻과 '못된'이라는 뜻이 있다는 것뿐만 아니라 bad seed는 태생적으로 악하다는 의미도 있어 이 그림책을 통해 'bad'라는 단어의 여러 가지 의미를 전체 이야기 안에서 익힐 수 있습니다.

이렇게 한 단어가 여러 개의 의미를 지닌 경우는 물론이고, 문장의 의미를 한국어로 번역하기 모호한 경우도 많습니다. 무엇보다 라임이나 두운이 살아 있는 책의 경우, 한국어로 번역하는 순간 영어 소리의 특성이 다 사라진 밋밋한 책이 만들어진답니다.

쌍둥이 책이 무조건 적절하지 않은 것은 아닙니다. 루이스 앤헐트의 《Planting a Rainbow》처럼 꽃 이름 많이 나와 계속 사전을 뒤적거리며 읽어야 하는 경우는 쌍둥이 책을 읽는 것이 낫습니다.

하지만 이런 특별한 경우를 제외하고 원서는 원서 그 자체로 읽는 것을 추천합니다. 만약 아이가 책의 내용을 이해하기 힘들어한다면 쌍둥이 책을 읽기보다 아이 수준에 맞는 쉬운 책을 고르거나, 그림으로 그 내용을 상당 부분 전달할 수 있는 책을 고르는 것을 추천합니다.

한글책과 영어책을 쌍둥이 책으로 흥미롭게 읽는다면 좋은 방법입니다. 아이가 원서와 우리말 책을 둘 다 읽는 것은 모국어와 영어를 넓혀나가는 부분에서도 좋다고 생각합니다. 예를 들어 비빔밥에 관한 영어 그림책을 읽는다고 생각했을 때 우리말에서 이렇게 표현된 것들이 영어에서는 이렇게 표현하는구나 하고 재미있게 느끼기도 합니다. "비빔밥이 영어로도 Bibimbap이네?"라고 신기해하기도 합니다.

이러한 작은 요소들이 아이들에겐 책에 대한 다른 흥미를 유발할 수 있는 계기가 되기도 합니다. 실제로 아이들은 우리말로 먼저 읽었던 그림책들이 영어로도 있다고 하면 영어로도 읽고 싶어 합니다. 이미 내용을 알기에 어려움 없이 책을 읽습니다. 유아들은 특히나 같은 책을 여러 번 읽는 경우가 많기 때문에 내용을 미리 알아도 크게 상관이 없습니다.

그러나 영어책과 우리말로 번역된 쌍둥이 책을 필수적으로 읽혀야지 하는 강박적인 계획을 세울 필요는 없습니다. 아이가 혹시나 책의 내용을 이해하지 못할까 봐 한글 해설판을 읽어주고 싶은 불안한 마음도 가질 필요 없습니다. 5세 아이가 보는 영어 그림책은

66

그림으로도 충분히 내용을 이해할 수 있도록 대부분의 책들이 만들어지니까 걱정하지 마세요.

원서와 한글판 두 책을 동시에 읽어주는 이유는 책의 내용을 정확하게 이해하도록 도와주기 위함이겠지요? 쌍둥이 책을 동시에 읽으면 영어 영상을 볼 때 한글 자막을 보는 셈입니다. 아이는 이해하기 편한 우리말에 의존하여 책을 듣게 됩니다.

특히 아이가 챕터북이나 소설을 읽기 시작하는 때, 아직 긴 글을 읽기 부담스러워하거나 어려워한다면 번역본을 활용하는 것도 하나의 방법입니다. 읽기 부담을 덜 수 있어서 아이가 마음 편하게 원서를 접할 수 있습니다. 다만 쌍둥이 책은 동시에 읽지 않고 두 책 사이에 시간의 간격을 두는 것이 좋습니다. 번역본을 읽고 시간이 흐른 뒤에 원서를 읽으면 아이는 번역본을 읽어 대강의 스토리를 알기 때문에 원서를 수월하게 읽을 수 있습니다. 쌍둥이 책을 시간 간격을 두고 적절히 활용하면 영어책을 읽을 때의 부담을 덜어 줍니다.

하지만 영어책으로 영어를 배울 때는 모르는 낱말이나 문장의 의미를 유추하기 위해 노력을 하는 그 자체가 공부가 됩니다. 부모가 영어책을 읽어줄 때, 단어를 읽으며 그림을 짚기도 하고, 글의 분위기에 알맞은 톤과 목소리 강약을 조절하며 읽어줍니다. 좀 더 쉽게 의미를 짐작하라고 도와주는 것이지요. 그동안 아이는 새로운 낱말, 문장의 의미를 유추하며 듣게 됩니다. 영어 그림책은 같은 단어가 들어가는 문장을 나열해 리듬감을 살리거나, 라임을 맞춘 문장으로 이루어진 경우가 많은데, 우리말로 번역하면 그 느낌을 살리기 어렵습니다. 이런 이유로 영어 그림책, 초반에 읽는 쉬운 영어책은 되도록 원서로 읽는 것이 좋습니다. 그래야 영어의 언어적 특성에 따른 재미(라임에 의한 리듬감), 영어 뉘앙스에 대한 감각을 기를 수 있습니다.

12

아이가 기관에서 잘 따라가면
학교 가기 전까지는
그냥 두어도 괜찮겠죠?

기관 진도와 함께 예습과 복습을 해주는 것은 기본 중의 기본입니다. 우리 선생님들이 열이면 열 하는 말은 "집에서 도와준 아이는 다르다."입니다.

아이가 경쟁심이 강하다면 예습을, 덜렁덜렁 대충하는 성격이라면 복습을 해주는 것이 좋습니다. 수업 전 10~20분이라도 엄마가 짚어주면 그렇지 않은 아이와 확실하게 차이가 납니다. 부모가 이렇게 수업 진도를 짚으면서 아이가 무엇을 배우는지 관심을 기울이고 과제를 챙겨주는 것은 선택이 아니라 필수입니다.

조금 더 적극적으로 도와주는 방법은 온라인 영어 학습 사이트를 활용하는 것입니다. 아이가 초등학생이라면 온라인 독서 프로그램을 꾸준히 진행하면 영어 수업을 한 번 더 받는 것 이상의 효과를 볼 수 있어요. 정독에 포커스가 있는 〈리딩게이트〉, 다독에 포커스가 있는 〈아이들이북〉, 엄마표 학습에 가장 적합하다는 〈리딩앤〉,

말하기 연습에 도움이 되는 게임 기반 온라인 학습 사이트 호두, 영상 기반 온라인 학습 사이트 〈리틀팍스〉 모두 유익한 온라인 영어 학습 사이트입니다. 레벨 테스트를 받고 정해진 레벨에 맞게 쭉 진행해나가면 되니 '꾸준함'만 장착하면 어렵지 않게 아이를 도와줄 수 있습니다.

마지막으로 엄마표 영어에 두 발을 푹 담그고 도와주는 방법입니다. 초등학생을 기준으로 영상 시청, 오디오북 틀어놓고 눈으로 책을 읽는 집중 듣기, 평소에 영어를 배경음악으로 깔아놓는 흘려 듣기, 아이 수준에 맞는 원서를 골라 꾸준히 읽게 하기 등이 여기에 해당합니다. 기관에서 받는 영어 수업은 언어 학습에 초점을 둔 정독 수업이라 이를 통해서는 영어 입력의 절대량을 채울 수가 없습니다. 그러니 입력 위주의 엄마표 영어는 언어 학습의 정독 수업에서 부족하기 마련인 유창성, 문맥 안에서 어휘 익히기, 귀가 트이는 영어 소리 듣기에 큰 도움이 됩니다.

A라는 남매를 가르친 경험인데요, 이 학부모는 가게를 하기에 퇴근도 늦고 주말에도 근무하는 경우도 많았습니다. 신기하게도 엄마가 아이들 학업에 크게 관심을 두지 않았습니다. 그런데 이 두 아이는 학교나 학원에서 진행되는 숙제를 너무나도 잘 해오고 학업을 잘 이어갔습니다. 부모가 이렇게 관심이 없는데도 아이들이 스스로 잘해나가는 모습이 기특하고 신기하기도 했습니다. 자기 주도적으로 무엇이든 하는 남매였습니다. 어느 날 이 학생이 그러더군요.

"선생님, 저는 초1 때 혼자 버스를 타고 엄마 가게를 찾아갔어요. 엄마가 혼자 타고 찾아오라고 해서요. 그런데 그때 길을 잃을까 봐 무섭고 가슴이 콩닥콩닥 뛰었어요. 그런데 혼자 버스 타고 엄마 가게 찾는 걸 성공했어요." 이 남매는 아주 어렸을 때부터 독립적이고 스스로 해내야 하는 상황에서 자랐기 때문에 엄마가 기관에 맡겨만 놓아도 큰 문제가 없다는 것을 알게 되었습니다. 하지만 이렇게 자기 주도적으로 모든 것을 하는 아이들은 많지 않습니다. 저 자신도 초1 아이를 혼자 버스에 태워 보낼 자신이 없으니까요.

아이를 이 세상에서 제일 잘 아는 사람은 부모입니다. 아이가 힘들어하지는 않는지 도움이 될 만한 경험이 무엇이 있을지 지켜보고 필요한 부분이 있다면 도와야 합니다. 여기서 도움이라 함은 선생님과 학부모의 솔직한 소통 기반이 갖추어져야 한다는 것입니다. 아이에 대해 솔직하게 상담하고 아이에 대해 걱정하는 부분을 오픈 해야 그에 맞는 상담과 방향도 의논이 되는 것입니다.

박명아 어린이 영어학원장

다양한 영어 학습기관을 이용하는 아이 중 좋은 성과를 갖는 아이들의 공통점은 무엇일까요?

저는 무엇보다 학원과 궁합이 잘 맞는 학부모와 아이들의 성과가 눈에 띄게 탁월하다는 것을 늘 느껴왔어요. 그래서 등록할 때부터 학부모와 기관이 추구하는 교육 철학과 방향성이 잘 맞는지 충분히 탐색해보라고 권유해요. 아이의 수업은 학원에 대한 학부모와 아이의 깊은 신뢰와 지지를 기반으로 성실하게 진행될 때 좋은 성과가 나와요.

그래서 우선은 믿고 맡길 수 있는 기관을 선택하는 데 최선을 다하시고, 일단 선택하면 전적으로 믿고 지지해야 한다는 거예요.

학원에 등원해서 공부하는 그 시간이 아이들이 영어에 노출되고 학습하는 유일한 시간이라면 사실 이것만으로는 만족할만한 실력 향상을 기대하기는 어려워요. 그래서 하원 이후 가정에서까지 적당한 양의 훈련과 학습이 이루어질 수 있도록 과제가 주어집니다. 이 과제를 아이가 성실하게 마칠 수 있게 가정에서 과제 여부를 확인해주는게 중요해요. 그런데 아이가 이 과제를 해결할 때 은근히 학부모의 개입이 많아지게 되는 경우도 있는데, 이로 인한 스트레스가 아이뿐 아니라 학부모에게도 과중하게 느껴져서 힘들 때도 있어요. '내가 이러려고 학원을 보냈나? 비싼 학원비 내면서 스트레스만 늘고 아이랑 사이만 나빠지는 거 같은데, 학원에서 이런 거 다 해결해줘야 하는 거 아니야?' 원망까지 든다는 학부모도 만나봤어요.

하지만, 그런데도 제가 강조하고 싶은 이야기는 학부모는 아이를 가르치는 것이 아니라 정말 과제를 할 수 있도록 알람을 주고, 정해진 시간에 규칙적으로 과제를 해결하고 학습하는 습관을 가질 수 있게 애써줘야 한다는 거예요.

기대하는 성과에 못 미치더라도 우리 아이가 학원에 다니기 싫다는 말 없이 잘 다니는 것만으로도 정말 만족할 수 있나요?

성과는 그냥 만들어지는 게 아닙니다. 결국 성실하고 꾸준한 노력의 누적으로 빚어내는 결과이므로 아이의 진짜 공부력을 키울 수 있게 과제 수행에 대한 철저함과 민감함을 키워주는 데 학원과 한 팀이 되어주세요.

아이를 기관에 맡기는 이유는 영어 실력을 갖춘 전문가에게 영어를 배우도록 하기 위함입니다. 그런데 놓치면 안 되는 중요한 사실이 한 가지 있습니다. 바로 아이들이 기관에 머무는 시간입니다. 1:1 과외가 아니므로 기관에 머무는 시간을 오롯이 영어 노출 시간이라고 착각하면 안 됩니다. 영어가 모국어가 아닌 상황에서 아이들이 공부가 아닌 습득의 방법으로 영어를 배우게 하고 싶다면 최대한 모국어 상황과 비슷한 환경을 만들어줘야 합니다. 기관에서 배우는 시간만으로는 아이가 영어를 습득하기에 턱없이 부족합니다. 기관이 아닌 가정에서 책 읽기와 영상 보는 시간을 확보하는 것이 반드시 필요합니다. 기관과 별도로 가정에서 매일 꾸준히 책 읽기와 영상 보기를 병행해야 효과적인 영어 습득을 기대할 수 있습니다.

우수한 기관에 맡기면 특별한 커리큘럼으로 뛰어난 선생님께 영어를 배울 수 있다는 생각에, 안심하고 기관에만 의지해서는 안 됩니다. 내 아이의 수준에 맞는지, 아이는 어려움 없이 잘 따라가는지, 시간이 흐름에 따라 원하는 성장이 이루어지고 있는지 커리큘럼과 과제, 진도를 면밀히 살펴볼 필요가 있습니다.

그리고 실력 향상보다 중요한 것은 아이를 관찰하며 정서 상태를 상시 확인해야 한다는 것입니다. 영어에 대한 부담감을 느끼지는 않는지, 즐거운 마음으로 배우고 있는지 꼭 살펴보세요.

13

유치원에서 아이가
영어 시간을 너무 좋아한대요.
집에서 뭘 해줘야 할까요?

우선 일반 유치원에서 영어를 어디까지 가르치는지 볼까요? 유치원마다 어떤 영어를 사용하는지에 따라 약간의 차이는 있겠지만, 대부분 책 수업과 함께 파닉스를 가르칩니다. 5세는 알파벳과 음가, 6세는 단모음까지, 7세는 장모음까지 가르치는 것이 일반적이에요. 그러니 알파벳 대소문자와 음가 정도는 집에서 복습으로 짚어주는 것이 좋아요. 음가까지 정확하게 알면 파닉스 때문에 크게 곤란할 일은 없을 것이고, 아이의 자신감을 올려주는 데에 큰 도움이 됩니다.

유치원에서 사용하는 교재를 일주일에 한 번만 시간을 내어 복습을 해주세요. 일주일에 30분만 봐주어도 아이가 영어 수업 시간을 휘저을 겁니다! 이 시기는 "나는 영어를 잘한다. 영어는 진짜 재미있다."라는 생각만 심어주어도 충분합니다. 알파벳 음가와 적절한 복습만으로 충분히 이 목표를 달성할 수 있어요. 그리고 조금만 더 욕심을 내자면, 물 들어왔을 때 노 저으라고 영어 노래, 영어 그림책 그리고 영어 영상 보기에 도전해보세요! 영어 노래는 유튜브에서 〈정정혜 마더구스〉, 〈핑크퐁〉, 〈Mother Goose Club〉, 〈Supersimplesongs〉 사이트를 추천해요.

아이가 흥미를 잃지 않을 수 있도록 집에서 함께 고른 그림책을 읽으며 책을 좋아하는 아이가 될 수 있게 도와주는 게 제일 좋은 방법이에요. 아이와 함께 영어 노래를 부르면서 신체 활동을 하거나 영어 영상물을 일정한 시간 동안 즐기는 것도 좋은 방법이에요. 특히 라임이 있어서 아이들 귀에 리듬감 있게 들리는 마더구스를 활용해보시는 걸 권장해요. 어릴 적 마더구스에 노출이 된 아이들은 영어책 읽기를 할 때 문화적 배경에 대한 이해가 수월하거든요. 아이가 영어에 흥미를 보인다고 너무 성급하게 학습의 느낌이 강한 영어 노출보다는 놀이나 활동 중심의 영어 노출 환경을 만들어줄 수 있도록 노력해보시길 바라요. 아이가 영어에 대한 흥미와 동기를 오래 유지하게 하는 게 당장의 학습적 성과보다는 장기적으로 훨씬 효과적이니까요.

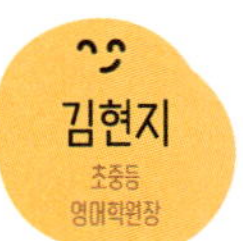

위에 형제자매가 있는 경우, 동생은 알게 모르게 가정에서 영어에 노출되는 경우가 많다 보니 영어에 관심이 많습니다. 유치원에서도 영어 선생님 오시는 날을 너무 좋아하죠. 또 영어에 유난히 흥미를 보이는 아이들이 있

습니다. 유치원에서 조금씩 배운 영어 노래도 다 외워 부르고 배웠던 영어 단어도 곧잘 기억하는 모습에 놀라기도 합니다.

이럴 때 자연스럽게 가정에서 영어를 함께 노출시켜주세요. 어린이집이나 유치원에서 배운 영어 노래를 아이가 흥얼거리면 영어 노래를 검색해서 엄마도 함께 부르면 더욱 재미있어하겠죠. 이 시기는 엄마와 함께 무엇이든 하는 것을 재미있어하니까요. 가장 먼저는 다양한 영어 노래를 함께 부르며 영어 소리에 더 많이 노출시키는 게 좋습니다. 유튜브에는 정말 다양한 영어 노래 사이트들이 있습니다. 마더구스를 검색하면 아이와 함께 부르고 활동할 수 있는 다양한 책과 액티비티가 있습니다.

영어에 흥미가 보일 때 무엇이 먼저인지 아는 게 중요합니다. 아이들에 따라 그림 그리기, 글자 쓰기 등의 활동을 좋아하는 아이도 있습니다. 손으로 영어 단어 쓰기를 재미있어하는 아이도 있고 연필 잡고 쓰자 하면 공부를 시키는 줄 알고 흥미가 뚝 떨어지는 아이도 있습니다.

유아 시기에 아이가 영어에 흥미를 보인다고 한다면 일단 영어의 소리 노출이 가장 중요한 시기입니다. 특히 유아는 어느 연령대의 학습자보다 스펀지처럼 소리를 흡수할 가능성이 높아서 발음, 억양 등 영어를 온몸으로 체화시킬 가능성이 높습니다. 하루에 30분 정도 영어 영상도 함께 보고 이야기하고 엄마와 영어 노래도 부르고 관심 있는 영어 그림책도 보며 이야기하는 시간으로 만들면 좋습니다. 이 시기는 영어 소리의 노출의 시기이지 무엇인가 암기하고 아웃풋을 내는 시기가 아닙니다. 하루 일정 시간 동안 영어에 노출될 수 있도록 도와주는 것이 가장 좋습니다.

14

엄마표 영어를 하면서
제가 자꾸 화를 냅니다.
역효과를 내는 것 같아요.

맞아요. 영어를 할 때는 아이 비위를 잘 맞춰줬는데, 그때 쌓인 스트레스가 다른 일상에서 폭발하는 느낌이에요. 엄마표 영어를 처음 시작할 때는 잘 참았다가 점점 화가 쌓인다면, 잠시 멈추고 되돌아보는 시간을 가져보세요.

우선 상황을 잘 파악해야 합니다. 억지로 엄마의 힘만으로 끌고 가는 경우라면 차라리 손을 놓는 것이 낫습니다. 영어를 완전히 거부하게 되면 손쓸 방법이 없기 때문이지요.

영어가 중요하지만, 나와 아이의 관계보다 중요한 것은 아니잖아요? 어떻게 해도 아이가 영어를 거부한다면, 그동안 배운 것이 아깝지만 잠시 내려놓고 시간을 가져보세요. 아이들은 빨리 자라고, 그만큼 빨리 변한답니다. 영어를 배운다는 것이 무슨 의미인지 천천히 스며드는 시간을 주는 거죠. 주변을 둘러보니 친구들이 모두 영어를 배우고 있고, 학교에서도 영어를 가르치고, 전 세계가 영어를 사용하니까 영어를 배운다는 사실을 받아들이는 시간이지요.

하지만 아이가 소극적으로라도 엄마표 영어를 따라 오고 있다면 두 가지 해결책이 있습니다. 아이가 좋아하는 방식으로 엄마표를 진행해서 점차 아이가 자발적으로 영어를 익힐 수 있는 구조를 만들어나가거나, 외부의 도움으로 영어 학습을 진행하고 엄마는 보조적으로 도와주는 역할을 하는 거지요. 엄마표 영어가 반드시 100% 엄마가 영어를 책임지는 방식으로 이루어질 필요는 없다고 생각해요. 온라인 학습, 방문 수업, 영어학원 등 어떤 형태든 외부의 도움을 받으면서 엄마표 영어를 진행한다면, 훨씬 부담이 줄어들기 때문에 스트레스를 덜 받으며 아이의 영어 학습에 도움을 줄 수 있답니다.

저는 100% 엄마표로 아이를 키운 사람이지만, 솔직히 말해서 정말로 힘듭니다. 저는 직업상 엄마표 영어 진행자와 성공자들을 많이 만났는데 100% 엄마표 영어로 진행하는 사람들은 보통 사람이 아닙니다! 제 직업이 영어 강사이고, 어떤 부분에서는 굉장히 까다로워 다른 사람 손에 아이를 못 맡기는 성질 때문에 끝까지 밀고 갔다고 할 수 있죠.

아이를 엄마표로 무엇인가 진행한다는 것이 얼마나 어려운 일인지 깊은 공감이 되는 질문입니다. 결론은 간단합니다.

첫째, 아이가 엄마와 하길 원하지 않는다면 억지로 할 수 없는 방법이 엄마표 영어입니다. 엄마는 아이와 영어책을 읽고 영어 관련 액티비티 등을 함께하며 영어뿐 아니라 집중력, 수업 태도, 자세 등등 종합적으로 보며 잔소리할 가능성이 높습니다. 어느덧 아이는 엄마와의 영어 시간이 혼나는 시간으로 변질되며 영어의 거부감이 들 가능성이 있습니다.

둘째, 어머니의 입장에서 생각해보면 아이의 온갖 비위를 맞춰 가며 영어책을 읽어줍니다. 하루에 일정한 양의 영어책, 영어 영상 등 해야 할 것들을 스케줄에 맞춰서 하려 하는데 점점 어려움을 느 낍니다. 이렇게까지 해야 하나 싶은 생각이 들고 가끔 목구멍까지 차오르는 화를 삭이기도 합니다.

집에서 하는 영어가 너무 스트레스라면 전문적인 선생님께 아이 를 인계해야 합니다. 아이를 학원에 보내는 것이 엄마표 영어의 실 패인가요? 전혀 그렇지 않습니다. 제2의 영어 전환기가 온 것이지 여기에서 엄마표 영어의 손을 탁 놓아버리는 것이 아닙니다. 엄마 가 아이의 첫 영어의 길잡이 역할을 했듯이 이제는 아이가 학원에 서 영어를 잘 배워가는지 가정에서 어떤 도움이 필요한지 차분히 살펴가면서 아이와 동행해야 합니다. 영어라는 긴 마라톤의 시작을 엄마와 함께한 것이지 아직 종착점에 도착한 것이 아닙니다.

엄마표 영어를 진행하면서 본인의 감정 조절이 가 장 힘들다고 하시는 분들을 자주 만나게 돼요. "아이 에게 너무 화를 내니까 스스로가 정말 나쁜 엄마가 되 는 것 같고, 오히려 아이가 영어를 싫어하게 만드는 것 같아 죄책감 이 든다"라는 말을 가장 많이 하세요.

이럴 때는 한 번쯤 점검을 해보세요.

첫째, 내가 우리 아이에게 집중해서 우리 아이가 좋아할 만한 것을 찾아서 시도하기보다는 다른 아이들이 하고 있다니까, 그게 좋다니까 우리 아이에게도 시킨 것은 아니었는지 돌이켜 생각해보면 좋습니다.

둘째, 내가 너무 피곤하고 힘든 날에도 무리하게 강행하는 강박적 시도는 아니었는지 점검해보는 것도 화를 다스리는 데 도움이 될 거예요. 아이에게만 맞추지 마시고, 함께 실행하고 도전하는 부모의 그날 신체적 정서적 상태에 대한 관심과 관리도 중요해요.

영어교육 전문가로서 아이들을 만나지만, 저 역시 늘 컨디션이 최상일 수는 없습니다. 그럴 때 저는 저의 신에게 "사랑을 주세요"라는 기도를 수십 번 한답니다. 아이들에 대한 사랑이 커져야 '그럼에도 불구하고'라는 마음으로 아이를 포용하고 수용해줄 수 있으니까요. 내 아이와의 첫 만남을 떠올리며 오늘도 내 아이를 위한 사랑을 주세요. 사랑을 주세요. 사랑을 주세요. 화보다는 사랑의 마음이 여러분의 마음에 가득 차길 바랍니다.

엄마표 영어를 하면서 화가 나는 원인을 먼저 찾아야 합니다.

아이가 집중을 못 해서 화가 난다면 현재 아이와 하는 활동의 가짓수가 너무 많거나, 읽는 책의 수준이 높은 건 아닌지 살펴보세요. 생각만큼 진도가 나가지 않아서 답답함에 화가 난다면 아이와 어떻게 해왔는지 지난 시간을 한 번 점검해보세요. 엄마의 산술적인 계산으로 시간이 흐른 만큼 그 시간에 비례해 실력이 향상되어야 한다는 기대가 있지는 않은지, 그래서 아이의 현재 수준에 대한 점검 없이 높은 수준의 책이나 활동으로 진도만 나가고 있는 건 아닌지 살펴보세요. 혹은 반대로 오랜 시간 비슷한 수준의 독서를 하고, 같은 것만 반복하고 있어서 아이가 지루해하고 있을지도 몰라요. 아이가 읽고 있는 책 수준에서 좋다는 책은 웬만하면 다 읽었으면 좋겠고, 실력을 충분히 다지고 넘어가야 한다고 생각해서, 현재 아이의 수준보다 낮은 책과 영상을 보고 있지는 않은지 점검해보세요. 엄마가 너무 서둘러 아이 마음이 조급해져도 안 되지만, 반대로 너무 느슨하게 쳐져도 안 됩니다. 그러려면 장기적인 계획을 세우고, 시기별로 어떤 책과 영상을 보도록 할 것인지, 구체적 실천 방법을 마련해야 합니다.

또는 엄마표 영어이지만 듣고 읽기 활동 중심이 아니라 지나치게 학습적으로 치우친 방식은 아닌지 점검해보세요. 독해 문제집이나, 어휘 학습서, 글쓰기 학습서 등 시기에 따라 학습서를 활용하는 것이 필요하지만 아직 영어 초기 단계이거나 어린 나이에 주된 활동이 학습서 위주라면 아이는 영어에 흥미를 잃어 하기 싫어하고, 그것을 지켜보는 엄마는 답답해서 화가 나겠지요.

엄마표 영어는 엄마가 직접 아이를 가르치는 방식이 아닙니다. 모국어 환경과 비슷한 조건을 만들어 학습이 아닌 습득의 방법으로 영어를 구사할 수 있게 하는 것입니다. 아이는 영어책을 읽고 영어 영상을 보는 것이 자연스러운 일상이 되어야 합니다.

아이가 집중할 수 있는 시간에 좋아하는 주제, 그리고 수준에 맞는 책으로 영어를 즐겁게 접할 수 있도록 엄마가 미리 준비해야 합니다. 엄마 욕심에 한꺼번에 너무 많은 것을 하려고 해도 아이는 지칠 수 있습니다. 단순한 계획이 실천하기 쉽습니다. 시기별로 계획을 세워 몇 가지 활동만 꾸준히 해야 지치지 않습니다. 계획이 있으면 그대로 실행하고 변수가 생기면 수정을 할 수 있기 때문에 엄마도 아이도 스트레스를 덜 받습니다. 이렇게 하면 화내지 않고 아이와 즐겁게 엄마표 영어를 해나갈 수 있을 것입니다.

15

선생님 아이라면
영어유치원 보내실 거예요?

이런 허를 찌르는 질문이라니요! 네, 저라면 영어유치원 보냅니다. 저는 영어 강사로서 영어유치원 커리큘럼에 익숙하므로 우리 아이가 영어유치원을 200% 활용할 수 있게 도와줄 수 있습니다. 제가 학부모라는 가정하에 이야기를 해보겠습니다.

영어유치원은 커리큘럼과 운영 방식, 선생님의 자질 등이 모두 제각각인데, 우리 아이의 성향에 맞는 곳을 고르는 것이 첫 번째로 할 일입니다. 쓰기 등 겉으로 드러나는 성과 위주 커리큘럼, 유치원생에게 미국 교과서 초등 2학년 과정을 가르치며 선행학습에 포커스를 둔 영어유치원 등은 피할 겁니다. 너무 많은 것을 가르치는 커리큘럼보다는 즐겁고 자연스럽게 영어를 배울 수 있는 곳을 고를 겁니다.

그리고 경쟁심이 많은 내 아이의 성격을 고려해서 복습보다는 예습에 포커스를 두고 진도를 잘 따라갈 수 있도록 도움을 주는 것이 두 번째로 중요한 일입니다. 의사소통에 별다른 어려움을 겪지 않고, 수업을 잘 따라가면 조금 더 수월하게 유치원 생활을 할 수 있겠지요?

마지막으로 영어유치원을 일반 유치원과 비교하면 기본 생활습관을 잘 잡아주지 못하므로 집에서 세심하게 잘 챙기고, 언어 혼동이 오지는 않는지 잘 살펴 적절한 순간에 도움을 줄 겁니다.

만약 한국어 구사 능력이 또래보다 떨어지거나 새로운 것을 익히는 데 시간이 오래 걸리는 아이라면 일반 유치원에 보내서 초등학교 대비를 해야죠.

보내요. 제가 제 아이를 영어유치원에 보내고 싶은 이유는 다양한 경험의 기회와 아이가 영어를 모국어 습득 방식으로 자연스럽게 접하면서 듣기와 말하기를 자유롭게 할 수 있게 해주고 싶기 때문이에요.

하지만 아이들의 인지, 신체 발달에 대한 전문적인 이해가 있는 강사진으로 구성된 곳을 꼭 찾을 것 같아요. 동종 업계에 종사하지만, 정말 "저런 원어민 강사들을 고용해서 우리 아이들의 수업을 맡길 수 있다고?" 할 정도로 운영자가 무책임해서 화가 나는 경우도 있거든요. 그래서 좋은 기관을 찾기 위해 최선을 다할 거예요.

생각보다 우리나라 일반 유치원에서 아이들은 그 기간 동안 건강한 사회생활을 위한 기본적인 소양 교육을 많이 받아요. 제가 유치원 누리과정 기반의 3년 차 교육을 위한 전문 교재 개발팀으로 참

84

여하면서 크게 배우게 된 점은 '아이들이 정말 유치원에서 많은 걸 배우고 익히며 사회화 과정을 겪는구나'였어요.

그래서 저는 영어유치원이라고 해도 우리나라 아이들이 일반 유치원에서 기본적으로 배우는 누리과정이 커리큘럼에 잘 녹여져 있는 기관이면 좋겠다고 생각해요.

교육의 방향은 학원장이 정하게 되는데, 바람직한 방향의 교육 목표를 제시하는 학원이라도 가끔은 학부모들의 요구를 운영상의 이유로 들어줄 수밖에 없고, 그런 식의 수용으로 결국에는 학원장이 최초로 지향하는 방향과는 아주 멀어진 기관도 저는 숱하게 봤어요. 그래서 저는 그 기관에 보내는 학부모들의 성향도 중요하게 볼 것 같아요. 유치원 아이들의 쓰기와 말하기 같은 생산적인 영역의 아웃풋에 지나치게 집착하고 경쟁적인 학부모들이 많이 보이는 곳은 교사들도 아이가 이런 부분에서 실력이 향상되는 것에 많은 신경을 쓰느라 정작 그 아이들의 연령에서 중요한 경험과 놀이의 즐거움이 줄어들 수밖에 없고, 인지 발달이 더딘 아이들은 스트레스와 학습 트라우마와 같은 부정적인 경험을 하게 될 확률이 높으니까요. 저는 그래서 제 나름의 기준으로 이런 유치원은 거를 것 같아요. 원어민 교사들의 학위 등을 투명하게 공개하고, 다양한 문화적 경험 및 놀이와 수업으로 아이들이 모국어 습득 방식으로 영어 말하기와 듣기 실력이 좋아지는 곳, 기본적으로 우리나라 누리 과정에 대한 이해가 있는 학원장이 있는 곳, 무엇보다 비용 대비 아웃풋에 집착하는 학부모보다는 내 아이의 긍정적인 정서 및 문화적인 상호이해를 중요하게 생각하는 학부모들이 있는 곳이라면 무조건 보낼 거예요.

그동안 많은 아이들을 가르치면서 영어유치원에 대한 수많은 이슈와 질문들을 접했고, 수많은 영어유치원의 성공 사례와 실패 사례를 봐왔습니다. 3년 동안 영어유치원을 다녀서 초1 때 초6의 레벨이 나오는 아이도 봤고 원어민 선생님과 막힘 없는 영어를 구사하는 아이도 봤습니다. 이렇게 영어유치원에서 좋은 결과를 보이는 아이들의 공통점은 보통 에너지 넘치고 적극성이 있는 아이들이었습니다. 영어뿐 아니라 다른 영역에서도 참여도가 높고 새로운 환경이나 배움을 낯설어하지 않는 아이들이었죠. 이런 경우 기회가 된다면 영어유치원을 보내라고 말씀드립니다.

반면 아이가 새로운 환경에 적응하기 힘들어하고 소극적인 성향이 강하다면 말이 통하지 않는 원어민을 볼 때마다 주저앉아 울어버리는 아이들도 있습니다. 영어유치원을 가는 것 자체가 이런 성향의 아이에게는 심한 스트레스를 주기도 합니다.

A는 4세까지 어린이집을 다니다가 5세 때 영어유치원을 갔습니다. 어느 날 갑자기 말이 안 통하는 외국 사람을 본 것입니다. 한국말도 하면 안 된다고 하니 아이가 그 당시에 너무 심한 스트레스를 받았던 것 같습니다. 영어유치원에서 계속 바지에 소변을 보기도 했습니다. 처음에는 아이가 화장실에 가고 싶다는 영어 표현을 몰라서 그렇다고 생각했습니다. 나중에 알고 보니 이 아이는 원어민 선생님을 극도로 거부했던 것입니다. 아침 등원 길에 셔틀버스에 올라타서부터 입을 딱 닫아버리고 간단한 아침 인사조차도 하지 않았다고 했습니다. 이런 경우는 오히려 영어유치원을 잘못 보내서 영어 거부증까지 생기게 된 사례입니다. 영어유치원을 보내려면 엄

마가 아이의 성향을 잘 파악한 후에 보내야 한다고 생각합니다.

영어유치원에서 가장 아쉬운 점은 또래끼리 얼마나 상호작용이 일어날까 하는 점입니다. 조잘조잘 친구들과 모여 상호작용이 왕성하게 일어나야 하는 시기에 영어로만 이야기해야 하는 환경에서는 한계점이 많아 보입니다. 사회성도 키워지고, 모국어 발달도 아직 완전하지 않은 상태인데 영어로만 이야기해야 하는 환경이 과연 유아에게 맞는 것일까 하는 의구심이 듭니다. 저는 개인적으로 제 아이들을 영어유치원에 보내지 않았습니다. 특히 둘째의 경우는 모국어가 느리게 발달하고 있다는 것을 알아차리고 유아기에 더욱 우리말에 모든 시간을 다 쏟았습니다. 현재는 초등 저학년인데요, 이제부터 영어를 시작해도 늦지 않는다는 것을 알고 있기에 마음이 여유롭습니다.

흔히 유아나 초등학생 수준의 교육은 내용이 쉬워 누구나 가르칠 수 있다고 생각하지만, 그것은 잘못된 생각입니다. 3~5세의 유아 시기는 학습보다는 신체, 인지, 언어, 사회성, 정서 등 전인적 교육이 필요한 시기이므로 유아를 가르치는 교사는 인지발달 이론과 다양한 교육 이론 등 전문적인 지식이 필요합니다.

영어유치원은 어학원이지 유아 전문 교육기관이 아닙니다. 유아교육과 영어를 모두 전공한 교사들로만 이루어진 영어유치원이라면 고민하지 않아도 되겠지만, 영어만을 위해 유아교육에 관한 전문적 지식이 없는 사람들에게 아이를 맡겨도 괜찮을까요? 물론 유아교육 전공자 모두가 아이에게 반드시 좋은 교사라고 할 수 없고, 유아 교육을 전공하지 않은 영어유치원 교사도 얼마든지 좋은 교사일 수 있습니다. 교사 개개인의 인성이나 자질을 배제하고 객관적인 조건으로만 상황을 봐주세요.

또한, 과연 비싼 교육비만큼의 효과가 있을지도 생각해보아야 합니다. 영어유치원은 일반 유치원과 운영 시간을 맞추기 위해 영어 교습 외에도 음악·미술·체육 등 방과 후 과정을 운영하고 급식비, 교통비까지 더해져 교육비가 비싼 경우가 많습니다. 영어유치원이라 하더라도 언어로 배우기에는 영어 노출 시간이 턱없이 부족한 것은 마찬가지입니다.

그리고 영어유치원의 인기가 높아져 학급당 인원수가 적지 않은 곳이 많습니다. 그러면 기관에 있는 동안 아이가 원어민 교사와 얼마나 많은 대화를 할 수 있을까요? 영어유치원에서의 영어 노출 시간으로는 턱없이 부족합니다.

3~5세 또래가 나눌 수 있는 영어 대화의 수준은 그 나이의 사고 수준을 넘어설 수 없습니다. 원어민 교사가 하는 말을 듣고, 몇 마디 대화를 나누고 또래와 대화를 주고받는다고 해서 아이의 영어가 쉽게 늘지 않습니다. 유아기는 영어 아웃풋이 아닌 인풋을 차고 넘치게 해야 하는 시기입니다. 유치원에 머무는 시간이 길다고 아이가 듣는 영어 소리의 양이 충분하다고 생각하면 안 됩니다. 자칫 그런 착각으로 인해 가정에서는 영어 소리 노출을 하지 않는다면, 너무 안타까운 일입니다.

집에서 영어 노출을 충분히 하고 아이가 즐겁게 다닐 수 있는 기관을 잘 선택했으며, 영어유치원 비용이 부담되지 않는 가정이라면 보내도 됩니다. 하지만 영어유치원을 보내서 내 아이의 영어 실력이 눈에 띄게 향상되리라는 기대감에 원비가 부담스럽지만, 영어유치원 선택을 고민하고 있다면 굳이 영어유치원을 선택하지 않아도 됩니다. 요즘 유치원과 어린이집도 대부분 주 1~2회 정도의 영어 수업이 있습니다. 유아기 교육기관에서의 영어는 그 정도로도 충분합니다.

진정한 영어 노출은 내 아이의 취향과 수준에 맞춰 가정에서 하는 것입니다. 그리고 유아기에는 영어보다 우리말 익히기에 더욱 신경 써야 합니다. 우리말이 폭발적으로 성장해야 하는 시기에 또래와도 영어로만 대화해야 한다면 아이가 의사 표현을 제대로 할 수 있을까요? 또래와 편안하게 우리말로 대화하고 자기 생각과 의견을 분명하게 말하는 것이 훨씬 중요합니다. 말이 편하고 즐거워야 정서적으로도 안정감 있게 성장할 수 있으니까요.

영어유치원에 다니지 않아도 엄마표 영어로 단단한 영어 실력을 쌓아가는 친구들이 있습니다. 특별한 아이들만 가능한 방법이 아닙니다. 누구든지 할 수 있는 방법입니다. 그러니 영어유치원에 대한 로망이나 미련을 갖지 않아도 됩니다.

16

영어유치원에 다니는
우리 아이를 잘 도와줄 수 있는
방법이 있나요?

영어유치원에 아이를 보낸다면 정말 세심하게 아이를 살피고 도와줘야 합니다. 영어 학습 진도는 물론이고 감성적인 부분에도 주의를 기울여야겠지요. 아이의 정서적 발달과 영어 학습 사이에서 선택해야 하는 순간이 온다면 당연히 아이의 정서적 발달을 선택하기 바랍니다. 영어는 나중에도 배울 수 있지만, 유아기가 다시 오는 것은 아니기 때문이지요.

보통 영유 첫 학기에는 아이들을 배려해서 쉽고 재미있게 수업이 진행되는데, 이때를 놓치지 말고 열심히 예습과 복습을 해주어야 합니다. 두 번째 학기부터는 모국어 사용을 금지하는 등 영어 스트레스가 늘어나는 경우가 많으니 졸업할 때까지 커리큘럼도 잘 살펴보고 담임선생님의 조언도 받으며 지속해서 학습에 도움을 주는 것이 좋습니다.

영어유치원을 계속 다녔음에도 영어 실력이 늘지 않는 아이들도 많습니다. 아이들은 친구가 좋으면 계속 다니겠다고 하기도 하니, 부모 입장에서 아이가 좋아하니 괜찮다고 생각하기도 합니다. 하지만 기왕 영어유치원을 보냈으면 영어 학습에 도움이 되도록 좀 더 적극적으로 부모님이 도와주면 좋겠습니다.

영미권에서 귀국한 리터니들만 다닌다는 모 영어유치원 원생인 한국 토박이 6세 C양과 D 군을 개인적으로 지도한 적이 있었어요. 영유를 1년 반 정도 다닌 상태였는데, 영어로 대화를 주고받는 데에 아무런 어려움이 없었을 뿐만 아니라 영어에 대한 자신감도 대단해서 아주 적극적으로 수업에 임했습니다. 늘 어머니들이 아이들과 함께 왔는데 아주 적극적으로 무엇이 더 필요한지 어떻게 도와주어야 하는지 물어보고 또 그대로 실천하던 모습이 아주 인상적이었습니다. 1년 정도 이 아이들을 지켜보았는데 영유에서 끌어주고 엄마표로 밀어줘서 놀랄 만큼 빠르게 영어 실력이 늘었답니다. 영유 이외에 다른 학원도 다녀야 한다는 말이 아니라, 영유만 믿고 있으면 안 된다는 말하고 싶어요. 내 아이에게 부족한 부분을 찾아서 엄마표로 보충하며 영유를 다닌다면 원하는 것 이상의 결과를 끌어낼 수 있다는 것, 기억하시길요!

영어유치원에 보낼 때 가장 많이 신경을 써야 하는 상황은 아이가 수업을 잘 따라가고 소화하고 있는가 하는 점입니다.

아이가 잘 못 따라가는 경우, 담임선생님이 '이러이러한 부분을 어려워하고 수업에 참여를 잘 못한다'라고 피드백을 줄 수 있습니다. 일대 다수의 수업은 정해진 진도를 계획대로 나갈 수밖에 없습니다. 내 아이가 소화하지 못했다고 해도 진도는 계속 앞으로 나갑니다. 이럴 때 가정에서 아이가 어려워하는 부분을 부모가 돕지 않는다면 결국 영어가 어렵고 "나는 영어를 못해, 나는 영어가 싫어"라고 거부하는 상황이 올 수도 있습니다.

"비싼 교육비 내고 영어유치원을 보낸 이유가 가정에서 덜 신경 쓰려고 보낸 건데 아이가 못하는 걸 가정에서 시켜야 하나요?"라고 불만을 가질 수 있습니다. 하지만 기억해야 할 것은 일대일 수업이 아닌 일대 다수의 수업의 형태에서는 아이들의 실력이 똑같이 향상되지 못한다는 점입니다. 그 그룹 안에서 리더처럼 앞으로 치고 나가는 아이들이 있고 평균 실력인 아이도 있고 이해력이나 수행 능력이 느린 친구들도 있다는 것은 현실이고 부정할 수가 없습니다.

내 아이를 가장 잘 아는 선생님에게 도움이 필요하다면 어떻게 도울지 질문하길 바랍니다. 여기서 내 아이에게 집중하는 것이 필요합니다. 다른 아이와 비교하는 것은 아무런 도움이 되지 않습니다.

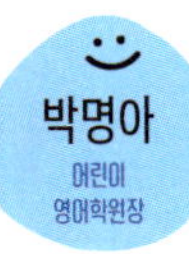

아이가 원에서의 생활에 잘 적응하고 또 즐겁고 건강하게 지내는지 관심을 가지고 지켜봐주고 아이가 영어유치원에서뿐 아니라 가정에서도 자연스럽게 영어를 활용하는 기회를 줄 수 있도록 노력해주시면 좋아요. 특히 일상적인 표현 같은 것들은 되도록 영어로 해주시면 아이가 유치원에서도 자연스럽게 익힌 표현을 연습해볼 수 있어서 도움이 될 거예요. 또 유치원에서 하는 각종 행사에 적극적으로 참여하며 문화적인 부분을 체험하거나 즐길 수 있는 기회를 주는 것은 아주 중요해요. 아이들은 이런 행사를 통해서 영어뿐 아니라 영미 문화에 대한 이해까지 함께할 수 있거든요.

그리고, 영어유치원에 다니게 되면 우리 아이들이 놓치기 쉬운 부분이 누리 교육 과정인데요, 아이가 국내 초등학교에 진학 예정이라면 특히 유치부 교육 과정인 누리과정의 내용을 가정에서라도 접할 수 있게 해주시거나, 영어유치원에 개설된 오후반 특강이 누리 교육과정 프로그램이라면 등록을 권장합니다. 이는 아이들의 정서뿐 아니라 전반적으로 사회생활을 하는 데 필요한 기본적인 소양을 아이들 눈높이에 맞춰서 배울 수 있는 중요한 교육이거든요.

영어유치원을 보내면서 원에서 나가는 교재들의 진도에 치우쳐서 아이에게 책을 읽어주거나 함께 책을 읽는 일이 소홀해지기 쉽습니다. 아이가 영어에 익숙해져 있는 이 시기에 많은 그림책을 읽어주고, 이에 관련한 이야기 및 활동 등을 해보는 것은 문해력 향상에 매우 긍정적인 영향을 미치니 책 읽어주기를 우선순위에 두고 계속 시도해보세요.

또, 아이가 영어를 익히는 데 부정적인 정서가 생기지 않도록 지나치게 영어가 학습 위주로 치우치지 않게 선을 지키는 것도 중요해요. 단어 받아쓰기나 문장 쓰기와 같은 부분이 이에 해당합니다. 아직 운필력이 좋지 않은 아이의 경우에는 큰 스트레스와 좌절감을 느낄 수 있으니 배려해주세요. 길게 멀리 보고 우리 아이의 모국어 독서와 영어 독서에 오히려 시간을 할애해서 함께하는 게 진짜 도움이 될 겁니다. 영어에 대한 긍정적 정서를 심어주는 데 아이와 함께 읽는 책 읽기가 유용하다는 것은 두말하면 잔소리겠지요?

17

초등 3학년,
이제야 영어 공부를 시작해서
마음이 급하고 불안해요.
진도를 빨리 나가고 싶어요.

우선 아직 늦지 않았다고 말씀드리고 싶어요. 3학년은 공교육에서 영어 수업이 시작되는 시기이므로, 아이가 친구들의 영어 실력에 놀라 자신감과 흥미를 몽땅 잃어버리는 상황을 우선 피하는 것이 중요합니다. 일단 '영어기 살리기 3단계 플랜'부터 가동합니다.

1단계는 '파닉스 학습'입니다. 영어학원이든, 인터넷 강의든 관계없이 '파닉스 수업에 바로 들어갑니다. 그래야 학교 교과서를 읽는 척이라도 할 수 있거든요.

2단계는 '돌치(Dolch) 박사의 사이트워드 315개 최대한 빨리 익히기'입니다. 사이트워드 학습을 집에서 엄마가 열심히 해준다면, 파닉스 학습과 시너지 효과가 생겨 쉬운 문장을 읽는 데에 큰 도움이 됩니다.

3단계는 기본 영단어를 익힐 수 있는 '그림 사전 익히기'입니다.

 공부력, 초등 영어 솔루션 77

옥스퍼드, 롱맨, DK 등에서 나온 1,000단어 이하의 그림 사전을 여러 번 읽으며 외우는 과정을 반복합니다. 처음에는 모르는 단어가 많아 반도 외우기 힘들지만, 두 번 세 번 다시 볼 때면 자연스럽게 아는 단어가 많아집니다.

이렇게 파닉스, 사이트워드, 영어 그림 사전을 동시에 진행하면서 쉬운 리더스를 함께 읽으며 1년을 보낸다면 일단 '비빌 언덕'은 만들어준 겁니다. 영어 공부에 왕도는 없습니다만, '영어 기 살리기 3단계 플랜'만 잘 따라 해도 좌절하지 않고 나아갈 힘이 생깁니다.

초등 3학년이면 학교에서 영어 교과가 시작되기 때문에 급한 마음이 들 것 같습니다. 이때가 비학군지의 경우 가장 급하게 학원을 알아보는 시기이기도 합니다. 제일 먼저 권유받는 과정이 파닉스 과정입니다. 당장 학교 교과서에 나오는 영어를 읽지 못하면 아이가 수업 자체를 어렵게 생각할 수 있기 때문입니다. 내 아이만 까막눈이 되어 수업에 동떨어지는 모습을 상상한다면 더욱 불안감이 밀려옵니다. 일반적으로 공립초등 학교는 영어 수업도 레벨별로 분반되어 있지 않기 때문에 아주 잘하는 아이들과 영어가 처음인 아이들이 함께 수업한다는 사실도 알아야 합니다.

초등 3학년이면 파닉스 과정을 배움과 동시에 리딩 과정을 진행하는 것을 추천합니다. 파닉스 레벨에 맞는 쉬운 파닉스 리더스와 병행하여 영어의 소리에 익숙하게 접근시켜주면 좋습니다. 파닉스 규칙만 강조하면 효과가 없습니다. 적은 글밥의 책들로 노출이 일어나야 합니다. 여기서 파닉스 리더스를 정확하게 못 읽는다고 가슴을 치고 답답해하는 일은 없어야 합니다. 아이들이 무엇을 알고 읽는 단계가 아닙니다. 우리말 동화책도 아이들이 다 알고 읽는 게 아닙니다. 몰라도 쓱 넘어가기도 하고 간략한 내용만 알아도 충분한 단계입니다.

영어 배우기에 지름길은 없습니다. 어느 시점에 시작하던 그만큼의 시간이 필요하고 충분한 인풋의 양이 있어야 합니다. 짧은 시간에 정확하게 읽어야 한다는 강박과 많은 어휘를 외워서 따라잡아야지 하는 조급함이 잘 통하지 않습니다.

영어를 초3부터 차근차근하면 중학교 입학 때까지 아직 4년이라는 시간이 남아 있습니다. 조급한 마음보다는 "오늘부터 꾸준하게"라는 생각을 마음에 새기고 한다면 큰 어려움 없이 영어의 여정이 시작되는 것입니다.

일단, 초등학교 3학년은 아직 늦은 시작이 아니니 조급해하지 마세요. 더 어릴 때 영어를 시작한 아이에 비해 영어의 감각 부분에서는 아쉬울 수밖에 없지만, 발달된 인지력과 모국어 학습을 통해서 충분히 탁월해진 학습력은 영어를 빨리 익히는 데 큰 도움이 되지요.

저는 초등 3학년 또는 4학년에 영어를 시작한 아이들은 영어 노출과 학습의 비중을 더 어릴 때 시작하는 아이와는 다르게 조정해서 진행합니다. 노출 20 학습 80의 비중으로요. 고품질 인풋으로 영어책 읽기만큼 좋은 것은 없다는 것은 모두 다 알지만, 영어 실력 때문에 아이의 인지발달 수준과 차이가 나는 유치 단계 아이용 영어책만 읽어야 한다면 아이는 재미없어하겠지요?

이럴 때는 아이들이 빠르게 자신의 인지 발달 수준에 맞는 영어책들을 읽을 수 있게 만드는, 기본적인 영어 실력 및 영어 어휘를 채워주는 학습 부분을 보조해주어야 합니다.

저는 쉬운 영어 리더스북을 읽으면서도, 학습서로 다양한 분야의 배경지식에서 활용되는 어휘를 단계적으로 익히기를 제안해요. 리딩 학습서들은 레벨링이 정교하게 되어 있고, 또 아이들이 영어책을 읽을 때 필요한 다양한 교과 중심의 배경지식들이 잘 녹여져 있어서 다양한 학술 단어도 익힐 수 있거든요. 시중의 다양한 리딩 학습서들을 활용해서 아이가 매 유닛을 음원을 듣고 유창하게 따라 읽을 수 있도록 훈련시키는 것도 아주 중요해요. 비교적 기초적인 리딩 학습서들은 본문이 짧기 때문에 같은 문장을 여러 번 반복해서 연습하기 좋습니다. 그래서 쉽고 효율적으로 유창하게 읽는 수준으로 이를 수 있기 때문에 아이가 자신감을 갖게 하는 데 큰 도움이 되기도 해요. 그리고 새롭게 배우는 중요한 단어들을 단어로만 외우게 하지 않고 문장으로 통암기 하게 하는 게 좋아요. 이런 방법은 문장의 구조를 빨리 깨우쳐서 읽은 문장의 내용을 이해하기 쉽게 만들어줘요. 예를 들어 wood(목재)라는 단어를 익힐 때 "You can build a house for people with wood."라는 문장으로 아이가 의미와 함께 통암기 하게 하고 같은 패턴의 다른 문장으로 써보게 하는 활동을 함께 하는데, 처음에는 어려워하던 아이들도 반복 연습을 통해서 수월하게 잘 해내는 모습을 볼 수 있습니다. 처음에는 3문장 정도부터 시작했던 받아쓰기를 10문장까지 늘려도 거뜬하게 잘 써

내는 아이들의 발전 모습을 뿌듯하게 확인할 수 있을 거예요. 쓸 수 있는 문장을 읽었을 때는 의미 파악이 굉장히 즉각적이어서 읽기와 쓰기의 균형적인 학습을 이루는 데 도움이 되는 방법이니 꼭 시도해보시길 권해요. 아이가 정량적으로 자신이 학습한 부분들을 어느 정도 확인하면서 학습서 한 권을 마치고, 단계가 높아질 때마다 성취감을 느낄 수 있으니, 이것도 리딩 학습서 활용의 장점이 될 수 있답니다.

그리고 집중 듣기뿐 아니라 영어 섀도잉 학습은 아이가 영어를 의미 덩어리로 익히면서 듣기뿐 아니라 읽기의 유창성 등을 높여주는 데 큰 도움이 되는 훈련이니 시간을 정해두고 매일 시켜주면 좋아요. 아이가 좋아할 만한 생활 밀착형 주제의 애니메이션을 선택하면 상황에 맞는 문장 등을 장기 기억하는 데도 큰 도움이 되니 기왕이면 이런 부분을 고려해서 콘텐츠를 선택하면 좋아요. 꾸준한 반복이 핵심이니 하루 15~30분 정도의 훈련이 적당한 것 같습니다.

조급함을 버리고, 효율적으로 학습을 하며 아이의 읽기 유창성 확보를 위해 집중 듣기와 섀도잉 훈련을 매일 실천해보세요. 그리고 무엇보다 아이 스스로가 늦었다고 포기하거나 나는 영어를 못하는 아이라는 패배감을 시작도 하기 전에 느끼지 않을 수 있게 감정과 정서적인 부분에 대한 케어를 잘 해주는 것도 중요합니다.

늦었다는 생각에 부모는 불안한 마음이 들 수 있지만, 그 마음부터 가다듬는 것이 첫 시작입니다. 엄마가 불안하면 아이는 더 불안합니다. 3학년 때 영어를 시작하는 것이 빠르다고 할 수는 없지만 늦지도 않았습니다. 초등학교 교육과정의 영어 교과도 3학년에 시작합니다. 국가 교육과정이 3학년에 영어를 시작한다는 것은 그때가 외국어를 배우기에 적정한 때라고 생각하기 때문입니다. 어릴 때 영어를 시작한 친구들보다 우리말 실력이 탄탄하고 이해력이 높은 수준에서 시작하기 때문에 동일한 양을 단기간에 받아들일 수 있어요.

언제 영어 공부를 시작했든 영상 보기와 책 읽기가 기본이 되어야 해요. 어려서부터 영어 소리에 노출된 아이들은 파닉스를 배우지 않고도 자연스럽게 소리의 규칙을 파악하기도 하지만 3학년에 시작했다면 먼저 파닉스 규칙을 짧은 기간에 배우도록 해주세요. 3학년이라 금방 배울 수 있어요. 파닉스를 배우고 나면 리더스 읽기를 시작하기 수월할 거예요. 처음엔 혼자 읽기 어려울 수 있으니 오디오를 들으며 책을 눈으로 따라 읽다가 어느 정도 읽을 수 있게 되면 소리 내어 읽어보는 것도 좋습니다. 부모님께서 좋은 그림책 하루에 한 권 읽어주기도 함께 해주세요. 책 읽기에서 한 가지 조언을 드리자면 먼저 시작한 친구들보다 속도를 내야 해요. 첫 단계부터 좋다는 책을 모두 다 읽으려 하지 말고 리더스 읽기 연습을 단기간에 하고 쉬운 챕터북으로 넘어가면 좋습니다. 3학년은 짧고 시시한 이야기에 흥미를 느끼기 어려워요. 3학년 인지 수준에 맞는 스토리가 있어야 영어책도 재미있게 읽을 수 있습니다. 리더스와 비슷한 수준의 재미있는 얼리챕터북을 골라 청독(오디오 들으며 눈으로 따라 읽기)을 하면 이야기가 재미있어 책 읽는 즐거움을 느낄 수 있습니다.

그리고 아이가 관심을 가지고 있는 주제의 영어 영상을 골라 꾸준히 보도록 해주세요. 처음이라고 유아 수준의 만화를 보여주면 시시해서 안 보겠다고 할지도 몰라요. 영상의 수준도 책과 마찬가지로 3학년 아이 수준에 알맞은 것으로 보여주셔야 합니다. 많이 알아듣지 못해도 일단 관심이 있는 주제라면 이미 가지고 있는 배경지식을 활용하여 내용을 어느 정도 짐작하며 들을 수 있어요. 못 알아듣는다고 한글 자막을 띄워주면 안 됩니다. 온전히 영어 소리로만 듣게 해주세요. 아이가 좋아하는 시리즈를 하나 찾으면 충분히 반복해서 봐도 됩니다. 그동안 양육자는 또 다른 영상 시리즈를 열심히 골라두세요. 아이가 보던 시리즈가 끝날 때쯤 틈이 생기지 않도록 계속 이어볼 수 있는 영상을 미리 준비해주세요.

유아기에는 책 읽기와 영상 보기만으로도 충분하지만, 3학년에 시작했다면 조금 다른 방법으로 접근해야 합니다. 듣기와 읽기뿐 아니라 말하기와 쓰기도 병행하는 것이 좋습니다. 3학년에 영어 교과가 시작하므로 초등 영어 교육과정의 필수 어휘를 함께 공부하는 것이 좋습니다. 필수 어휘를 익히고 초등 교과서에 나온 문장을 읽고 쓰는 공부도 함께 하면 학교 영어 수업과 수행 평가도 두려움 없이 할 수 있습니다.

3학년의 영어 시작, 늦었다고 생각할 수 있지만 절대 늦지 않았습니다. 다른 친구와 비교만 하지 않으면 됩니다. 내 아이는 내 아이의 속도로, 부지런히 간다는 것만 꼭 기억하세요.

18

초등 6학년인데
아직 영어를 못 읽어요.
이미 늦었죠?

초등 6학년인 제임스는 큰 어학원을 3년이나 다니다 왔는데도 읽기가 거의 안 되어 있었어요. 조금 과장해서 말한다면 파닉스 초성조차도 불완전했습니다. 인원수가 많은 반이다 보니 제임스의 상태 파악을 선생님이 미처 못했나 봅니다. 당장 6학년 아들이 간단한 문장도 잘 읽지 못하는 모습을 보고 제임스의 어머니는 큰 충격을 받았습니다. 늦었지만 그렇다고 영어를 포기할 수는 없었죠. 이런 경우에는 중학교 입학 전에 어떻게 공부해야 할지를 이야기해보겠습니다.

첫째, 이런 학생들은 당연히 파닉스 체계가 엉망일 것입니다. 완전히 백지상태는 아니지만 영어 단어 딕테이션을 시켜보면 말도 안 되는 방식으로 써놓습니다. 특히나 장모음부터 체계가 없습니다. 이렇게 영어학원에 다녔던 경험이 있는 아이들은 파닉스 책을 다시 공부하는 것보다는 초등 쉬운 리딩북을 가지고 읽기 연습을 하면 좋습니다. 반드시 음원을 들으며 단어와 소리를 손으로 짚어가며 따라 읽고 녹음하는 과정을 최소 1년 정도 거쳐야 합니다.

둘째, 리딩북에 나오는 중요 단어를 체크하는 과정에서, 단어 하나하나를 소리 내어 읽게 해보고 음절을 나누어 외우는 방식을 가르쳐줘야 합니다. 참고로 음절은 모음의 개수입니다. 중학교 입학 전에 초등 필수 단어를 위의 방식으로 연습하면 좋겠습니다.

셋째, 리딩도 엄두가 안 난다고 하면 쉬운 리스닝북으로 시작하는 것도 방법입니다. 리스닝북에는 스크립트가 있고 초등 수준의 리스닝은 생활영어가 주 내용이므로 독해력이 필요 없습니다. 스크립트 음원을 듣고 소리 내어 따라 읽기를 합니다. 리스닝 스크립트는 대부분 5~6줄 정도의 짧고 직관적인 내용들이므로 해석에서도 자신감을 가질 수 있을 것입니다.

영어를 못 읽는 6학년은 학원에 들어가기도 힘들기 때문에 지금은 영어에 전력투구해야 할 때입니다. 가랑비에 옷 젖듯이 영어에 노출하는 것이 아니라 소나기를 맞듯이 전방위로 영어 학습을 시작해야겠지요. 제일 먼저 파닉스! 6학년이라면 한두 달 안에 파닉스를 뗄 수 있어요. 파닉스와 함께 돌치 사이트워드 315개를 동시에 통문자로 익힙니다. 돌치 사이트워드는 검색을 통해 쉽게 다운로드 받을 수 있어요. 파닉스는 아이 혼자 학습할 수 없으므로 EBS 혹은 엘리하이 파닉스 강의를 활용하거나 1:1 영어 과외 수업을 추천해요. 사이트워드는 아이 혼자, 혹은 부모의 도움으로 익힐 수 있어요.

다음은 어휘! 첫 추천 교재는 《초등 영단어, 단어가 읽기다 Starter 1~2》예요. 파닉스 복습, 기본 문장을 통한 사이트워드 익히기, 기초 어휘 학습 등의 효과를 볼 수 있어요. 어휘 수는 적지만 부담없이 어휘를 익히기에 좋은 교재예요. '부담 없이'는 이 단계에서 아주 중요한 키워드예요. 단어장 외우는 거, 진짜 지루하고 힘들어요. 경제적으로 생각해서 모르는 단어가 많이 들어 있는 영단어 책을 고르지 말고, 아는 단어가 많은 책을 골라 부담 없이 진도를 나갈 수 있게 해주세요. 영단어 외우기는 집에서 부모와 함께 진행해도 됩니다. 음원을 잘 활용하는 것도 잊지 말고요!

파닉스와 사이트워드 315개, 기본 영단어 책 두 권을 끝냈다면 한숨 돌리셔도 됩니다. 이제부터는 영어학원을 알아보는 것도 좋아요. 만약 집에서 영어 수업을 진행한다면 리딩이나 영문법, 중학 대비 영어 수업 등은 EBS나 엘리하이의 수업을 활용하세요. 어휘는 《어휘끝 중학 필수》,《중학 영단어 단어가 읽기다 기본편》 등으로 아이 혼자 학습을 이어가는 것을 추천해요.

입문

탐색

정착

혼돈

안정

엄마표 영어, 제대로 효과 내는 비결

독서에 관한 질문

19

엄마표 영어를 하려면
제일 기본 규칙이 뭐예요?

저는 '꾸준히 나아가자'와 '맞추어주자', 이 두 단어로 엄마표 영어 기본 원칙을 정리하고 싶어요. 영어를 배운다는 것은 오랜 시간이 걸리는 아주 더딘 과정입니다. 성격 급한 한국인인 우리에게는 정말 힘든 일이지만, 아이 진도에 일희일비하지 말고, 길게 봐야 합니다. 영어는 계단식으로 늡니다. 우리 아이가 어느 단계에 아주 오래 머무르더라도 기다려주는 마음이 필요합니다. 평소에 책 읽기와 영상 시청에 오랜 시간을 투자했다면 한 단계에서 머무르는 시간이 상대적으로 짧아진다는 점을 명심하고, 당장 눈에 드러나는 효과가 없어도 흘려듣기, 영어 영상 보기 등을 꾸준히 해야 합니다. 그러니 다른 아이와 비교하는 조급한 마음을 버려야 합니다. 파닉스를 배우고 단어를 열심히 외우면 결과가 바로 눈에 보이기 때문에 학원에 다니는 옆집 아이를 보면 마음이 급해집니다. 영어 그림책을 읽어주고 있는 스스로

가 어느 순간 우둔하게 느껴지기도 하지요. 하지만 언어를 배우는 과정에 왕도는 없답니다. 누구라도 일정 이상의 시간과 노력을 들여야 하므로 초반에 빨리 달리면 정체기가 길게 온다는 사실을 잊지 마시길요!

그리고 아이의 학습 스타일에 대해 고민해볼 필요가 있습니다. 첫째 아이를 엄마표 영어로 성공적으로 키워내고, 둘째도 같은 방법을 사용했음에도 성공하지 못한 경우도 많습니다. 어떤 아이는 소리에 민감하고, 어떤 아이는 문자에 민감합니다. 어떤 아이는 암기에 뛰어나고 어떤 아이는 아무리 노력해도 영어 단어를 잘 외우지 못합니다. 어떤 아이는 하나라도 모르는 단어가 있으면 한글로 꼭 해석해달라고 하고, 어떤 아이는 무슨 뜻인지 모르는 것 같은데 대충 재미있다며 넘어가려고 합니다. 그래서 영어 학습 초기에는 아이의 학습 스타일에 맞추어 진행해야 합니다. 그로 인해 생기는 구멍은 일단 시동을 건 후에 최대한 메우려고 노력해야지요. 무엇보다 중요한 것은 부모의 학습 스타일이 아이와 다를 수 있으며 내 기준으로 아이의 학습 방향을 잡으면 안 된다는 겁니다. 만약 엄마인 나와 아이의 학습 스타일이 완전히 다르고, 아이의 학습 스타일에 맞추기가 힘들다면 서로를 괴롭히지 말고 외부의 도움을 받는 것을 추천합니다.

엄마표 영어를 수년간 해오는 어머님 중에 이렇게 말씀하시는 분이 있습니다.

"아이가 이제 저랑 영어 하기가 싫대요."

아이가 엄마랑 영어 하기가 싫다면 엄마표 영어가 아니라 엄마표 학원이 된 것은 아닌지 생각해봐야 합니다. 처음에 아이는 편안한 집에서 나를 제일 잘 아는 엄마가 이끄는 대로 순항하였을 것입니다. 재미있는 너서리라임부터 영어 그림책, 리더스를 함께 읽고 나름 차근차근 아이를 도와 잘 이어왔을 것입니다. 학원에서 줄 수 없는 편한 분위기로 학습적인 접근보다 언어적인 접근으로 엄마표를 진행하다 서서히 불안감이 오기 시작합니다. 바로 다른 아이와 비교를 할 때입니다. 학원을 3~4년 다닌 내 아이보다 리딩 레벨도 높고 그래머나 어휘를 외우는 것을 보면 뭔가 어려운 과정을 시작한 것 같아 순간 내가 하는 방식이 맞나 불안감이 느껴집니다.

이런 시기에 엄마는 아이가 부족하다고 생각하는 어휘나 그래머 문제집을 사다 풀리기 시작할 수 있습니다. 이렇게 재미있는 영어와 학습적인 느낌의 영어가 충돌하면서 엄마표 영어는 길을 잃게 될 수 있습니다. 엄마표 영어도 아니고 학원에서 배우는 영어도 아닌 엄마표 학원 같은 느낌이 들기 시작합니다. 훈련이 안 된 아이는 잘 외우지도, 테스트에 익숙하지도 않습니다. 점점 영어가 부담스럽고 특히나 편안했던 엄마와의 영어 시간이 불편하고 아이 스스로도 답답함을 느낄 수 있습니다.

엄마표 영어에서 영어의 주도권을 계속 엄마가 갖고 가면 침묵하던 내 아이가 어느 날 거부감을 확 드러내고 영어의 마침표를 급하게 찍어버릴 수도 있습니다. 엄마표 영어의 적은 나 자신입니다. 내 아이를 끊임없이 비교하는 마음, 조급한 마음, 과한 욕심, 꾸준함이 없는 영어, 이런 것들이 엄마표 영어의 방해꾼들임을 기억하길 바랍니다.

강의장에서 제가 엄마표 영어를 진행하고 계시는 수강생분들에게 빠뜨리지 않고 드리는 당부 중 가장 힘주어서 하는 말은 너무 비장하게 시작하지 말라는 이야기예요.

각오가 비장할수록 아이의 반응과 성장이 기대와 다를 때 더 좌절할 수 있습니다.

엄마표 영어는 꾸준한 실행이 사실 성공 비결의 반이고, 아이 주도적 학습의 힘 기르기가 최종 목표이기도 해요. 나 스스로 완벽한 인간이 아님을 인정하고 꾸준히 가볍게 실천할 수 있는 것부터 차근차근 아이와 마라톤하는 각오로 사흘에 한 번 작심삼일 하는 패턴을 갖는 것이 좋은 출발이라고 생각해요. 그리고, 아이와 좋은 습관을 만들기로 작정한 것이라면 아이만 좋은 습관을 갖게 할 것이 아니라 결국 엄마에게도 좋은 습관이 만들어지는 쪽으로 좀 더 긍정적이고 건강한 방향으로 생각하는 훈련이 필요한 것 같아요.

예를 들면 아이에게 책을 읽어주는 것이 아이에게 유익할 것이라는 관점에서 더 확장해서 나도 아이 덕분에 이렇게 좋은 책들을 많이 접하고 위안이 되는 그림책들을 접할 수 있어서 정말 좋다고 여기는 관점 같은 거 말이에요. 아이만 즐거운 영어 말고 엄마도 함께 즐거울 수 있는 영어가 되길 응원합니다.

그리고, 절대 엄마 선생님이 되려고 하지 마세요. 기관에서 다수의 학생들을 대상으로 강의하는 강사들이 하는 수업과 똑같이 하는 것은 의미 없습니다. 기관에서는 절대 해줄 수 없는 대체 불가능한 정서적 케어를 해주세요. 아이의 자기 주도적 학습 습관 만들기 프로젝트를 목표로 아이와의 좋은 관계를 유지하려는 노력을 절대 소

홀히 하지 않는 현명하고 지혜로운 엄마표 영어 여정이 되시길 응
원해요.

엄마표 영어의 시작부터 지금까지를 돌아보니 이
것만은 꼭 지켰으면 좋겠다 싶은 것들이 있습니다. 스
스로 잘했다 싶은 것도 있고, 아쉬움이 남는 부분도
있습니다.

첫째, 엄마표 영어를 처음 시작할 때, 관련된 책을 찾아 읽어보세
요. 같은 엄마표 영어이지만, 방향성과 구체적인 방법은 경험한 사
람마다 다릅니다. 여러 사람의 경험과 제안을 읽어보며 나만의 방향
과 방법을 찾아야 합니다. 그리고 엄마표 영어에 관한 책뿐 아니라
언어교육에 관련된 전문가의 책도 함께 읽어보기를 권합니다. 너무
전문적이라 어려울 것 같고 구체적인 방법을 제안하는 책이 실질적
인 도움이 될 것 같지만 사실 언어에 대한 기본적인 이해 없이 방법
론만을 택하는 것은 근시안적인 방법입니다. 엄마표 영어를 본격적
으로 시작하기 전에 관련 도서를 먼저 읽고 내 아이의 영어 교육을
어떻게 할 것인지 큰 그림을 그리는 것부터 시작해야 합니다.

둘째, 목표와 장기적인 계획, 단기적인 계획을 함께 세워야 합니
다. 저는 엄마표 영어 초반에는 지금 당장 내 아이에게 해당하는 부
분에만 관심이 있었습니다. 그래서 책을 읽어도 전체적으로 일독은
했지만 주로 엄마표 영어의 초반에 관련된 부분만 집중해서 반복적
으로 읽었습니다. 그러다 아이의 영어가 성장해 한 걸음 나아가야
할 때 부랴부랴 그 시기에 해당하는 부분을 다시 찾아 읽고, 자료도

찾으려니 마음이 조급했습니다. 현재만 바라보지 말고, 내 아이의 영어를 어느 시점까지 어떤 수준으로 만들 것인지 로드맵을 그리는 것이 중요합니다. 어떤 이는 이 길에 끝이 어디 있냐고 말합니다. 저도 처음에는 그렇게 생각했습니다. 하지만 영어는 오래도록 길게 하는 것이라는 막연한 생각으로 계획 없이 뛰어들면 앞으로 나아갈 동력이 없어 지지부진하게 머물러 있을 수 있습니다. 그 과정에서 엄마도 아이도 지치고 이 길은 아닌가 싶어 사교육에 아이를 온전히 맡겨버리게 될 수 있습니다.

엄마표 영어가 사교육을 절대 하지 않는 방법이라고 생각하지 않습니다. 내 아이에게 적절한 시기에, 적절한 사교육을 활용하는 것이 똑똑한 엄마표 영어라고 생각합니다. 하지만 온전히 사교육에만 아이를 맡겨서는 안 됩니다. 사교육을 활용하더라도 가정에서 하는 영어에 대한 계획과 실천은 계속 함께해야 합니다. 그래서 아이가 영어로 된 책과 정보를 자유롭게 읽고, 자기 생각을 영어로 말하고 쓸 수 있을 때까지의 계획을 세워 꾸준히 실천해야 합니다. 단기적인 계획은 언제든 수정 가능합니다. 진행하다 보면 수정할 수밖에 없어요. 아이가 영어를 자유롭게 구사하는 수준에 다다르고 난 후, 아카데믹한 영어는 스스로 쌓아가는 것이라고 생각합니다. 그래서 엄마표 영어라 부르는 길에는 끝이 있다고 생각해요. 엄마표 영어의 끝이 어디인지, 그 과정을 무엇으로 어떻게 채워나갈지 꼭 계획을 세워 진행하기를 바랍니다.

셋째, 계획을 매일 꾸준히 실천하기입니다. 이것이 엄마표 영어에서 가장 어려운 일이라고 생각합니다. 계획된 활동과 시간을 지키도록 굳게 마음먹어야 합니다. 1년 중 특별한 가족 행사가 있거나 아이가 아픈 날도 있겠지요. 그런 경우를 제외하고는 매일 실천해야 합니다.

넷째, 조급해지지 않도록 '마음 다잡기'입니다. 초반에 사교육의 도움 없이 엄마표 영어를 하다 보면 때때로 불안함이 찾아옵니다. 이 길이 맞는지, 내가 맞게 하고 있는지, 그런 불안함이 주기적으로 찾아옵니다. 주변에서 엄마표 영어를 1~2년 했는데 왜 아직 영어로 말을 못하나, 단어 스펠링을 모르거나 틀리나, 하는 고민을 하는 경우를 봅니다. 영어의 말하기, 쓰기(output)는 차고 넘치게 듣고, 읽어야(input) 가능한 일입니다. 아이가 스스로 말하고 쓰고 싶어 할 때까지 절대 강요하거나 재촉하면 안 됩니다. 그렇다고 아웃풋에 관련된 활동을 전혀 하지 말라는 뜻은 아닙니다. 아이가 지루해하거나 아이 수준보다 어려운 무리한 활동이 아닌 말하기나 쓰기 활동을 적절히 하는 것은 당연히 도움이 되고 필요합니다. 자유롭게 말하고 쓰는 것은 오랜 시간에 걸쳐 이뤄낼 수 있는 결과이므로 천천히 차곡차곡 듣고 읽는 것에 집중해 주세요.

엄마표 영어를 이제 막 시작하려고 한다면 기본 규칙을 생각하며 엄마가 미리 준비해 아이가 재미있게 영어를 시작할 수 있도록 이끌어 주고, 이미 이 길에 들어서서 가고 있다면 혹시나 놓친 게 있는지 생각해보면 좋겠습니다. 장기적인 로드맵을 계획하고 단기적인 실천 계획(구체적인 영상과 책 목록 필요한 학습서 등)을 준비해서 진행하다 시행착오가 생기면 수정해가며 엄마표 영어의 종착지를 향해 끈기 있게 나아가기를 바랍니다.

공부력, 초등 영어 솔루션 77

20

흘려듣기와 집중 듣기
용어 설명 좀 해주세요.

흘려듣기는 아이의 일상을 영어 소리로 가득 채워 자연스럽게 영어에 노출되는 시간을 늘리는 학습 방법입니다. 마치 배경음악처럼 영어를 틀어놓는데, 외국어 환경에서 언어를 배울 때 가장 부족한 영어 노출 시간을 늘리는 데에 그 목적이 있습니다. 영어 그림책 읽어주는 소리, 오디오북 소리, 영상을 보면서 듣는 소리, 마더구스 같은 영어 노랫 소리 등 모든 영어 소리가 여기에 해당돼요. 흘려듣기만으로 영어 실력이 확실하게 늘어난다고 말하기는 어렵겠지만, 다른 영어 학습과 병행했을 때 상당한 시너지 효과를 기대할 수 있어요. 많이 들을수록 좋으니 여건이 허락한다면 온종일도 괜찮습니다. 흘려듣기의 효과는 금방 드러나는 것은 아니지만 빙산의 아랫부분처럼 내재되어 예상치 못한 순간에 힘을 발휘합니다.

집중 듣기는 오디오북을 들으면서 눈으로 책을 읽는 것을 말합니다. 집중 듣기(Reading while listening)와 묵독(Silent Reading)를 비교하면서 더 상세하게 설명해보겠습니다. 다수의 논문에 의하면 집중 듣기와 묵독은 모두 유용한 영어 학습법이라고 해요. 묵독은 독자가 스스로 속도 조절을 하며 주체적으로 읽을 수 있고, 글자를 읽는 연습을 하며 유창하게 읽는 연습을 할 수 있어요. 하지만 외국인으로서 정확한 영어 발음을 익히기 쉽지 않고, 끊어 읽기나 감정을 넣어 유창하게 읽는 예를 접하지 못하는 단점이 있습니다. 이에 반해 집중 듣기는 학습자가 영어의 소리에 민감해지고, 유창한 읽기의 예를 직접 접할 수 있다는 장점이 있죠. 전문 성우가 읽어주기 때문에 혼자 읽기보다 훨씬 쉽고 재미있게 책의 내용을 이해할 수 있으며, 적극적으로 책을 읽지 않는 아이들이 수월하게 책을 접할 수 있도록 도와주는 것도 장점이지요. 하지만 수동적으로 책을 읽게 되고, 책을 읽는 중에 사고를 확장하거나 그림을 들여다보는 등의 시간을 가지기 힘든 단점이 있습니다.

그렇다면 집중 듣기가 가능한 영어책의 수준은 어떠할까요? 그림책부터 노블까지 모두 그 대상이 됩니다. 하지만 책의 수준과 오디오북의 속도에 따라 집중 듣기의 효과가 달라진다는 것을 한번 짚고 갈게요. 사람은 1분당 120단어부터 180단어 사이의 속도로 말을 해요. 만약 오디오북이 정상인이 말하는 정도의 속도를 가지고 있고, 꾸준하게 이 속도의 오디오북을 듣는다면 소위 말하는 귀가 트이는 경험을 하게 되겠지요? 그런데 오디오북의 속도가 이것보다 느리다면 소리와 글자를 매칭하면서 읽기를 연습하고, 감정을 넣어 재미있게 읽어주는 소리를 들으며 즐거움을 느끼고, 정확한 발음을 익히는 데에 초점을 두고 오디오북을 활용하게 될 겁니다.

114

집중 듣기와 다독을 한번 비교해볼까요? 다독은 1분당 150단어 이상의 속도로 책을 읽는 것을 말합니다. 그런데 오디오북의 속도가 1분당 100단어라면 아주 느리게 모든 단어를 천천히 읽어주는 수준이기 때문에 아직 읽기가 익숙하지 않은 학습자의 읽기 연습에는 도움이 되겠지만 읽는 데에 문제가 없는 학습자에게는 비효율적일 겁니다. 그래서 집중 듣기를 통해 다독의 효과를 보려면 일반인의 정상적인 말하기 속도인 분당 단어 수 120에서 180 사이의 속도로 읽어주는 오디오북을 들으며 책을 눈으로 읽는 것이 좋아요. 이 경우 책의 수준은 자연스럽게 올라가서 얼리챕터북 정도에서 시작하게 된답니다.

21

집중 듣기(청독)와 흘려듣기는
언제부터 얼마만큼 해야 할까요?

흘려듣기는 지금 바로 시작하면 되고, 많이 할수록 좋습니다. 영유아기부터 시작해도 되고 온종일 해도 괜찮습니다. 아이가 커갈수록 흘려듣기를 할 수 있는 시간이 줄어들기 때문에 지금, 이 순간이 가장 좋은 시기라고 생각하면 됩니다. 흘려듣기는 영어 그림책 음원, 마더구스, 영어 동요, 영화음성 녹음본, 리더스나 챕터북의 오디오북 등 다양한 영어 원음을 그대로 활용하면 됩니다.

집중 듣기는 언제부터 시작할까요? 유치 단계부터 시작할 수 있어요. 다만 아이 수준에 맞는 책으로 시작해서 시간을 점차 늘려가고, 아이가 초등 3학년 이상이라면 아이의 영어 실력보다 책의 수준이 다소 높아도 괜찮습니다. 전문 성우가 감정을 넣어 의미 단위로 끊어서 읽어주기 때문에 혼자서 읽는 것보다 훨씬 쉽게 이해할 수 있습니다.

집중 듣기는 얼마만큼 해야 할까요? 우선 엄마가 제대로 집중 듣기를 한번 해본 다음에 아이에게 권하면 좋겠어요. 집에 있는 챕터북을 한 권 골라서 오디오를 들으며 30분간 집중 듣기를 해보세요. 온몸이 꼬이고 졸음이 쏟아질 겁니다. 우선 하루에 10분 또는 15분 동안, 아이 수준에 맞는 책으로 오디오북을 듣는 것으로 집중 듣기를 시작할 것을 권장합니다. 이후 하루 30분까지 듣도록 양을 늘려가는 방식이 무난해요.

제 딸아이는 초등 6학년 1학기까지 '매일 집중 듣기 30분'이라는 원칙으로 영어를 배웠습니다. 한번에 30분을 들은 적이 거의 없답니다. 우리의 루틴은 이랬습니다. 아침에 일어나서 약간 무기력하고 기운 없을 때 '얼른' 식탁에 앉혀서 10분을 듣게 합니다. 오후에 집에 왔을 때, 간식 시간이거나 아이가 나갔다가 들어와서 어수선할 때 또 10분을 듣게 합니다. 마지막으로 저녁에 잘 준비를 마치고 꼼짝도 하기 싫어 도망가기도 귀찮아할 때 또 '얼른' 책과 오디오를 딱 들이밉니다. 글을 적다 보니 눈물이 앞을 가리는군요. 딸아, 엄마가 고생 많이 했다!

집중 듣기 오디오북은 그림책부터 노블까지 다 괜찮습니다. 오디오북은 〈StorylineOnline〉(유명인들이 사명감을 가지고 책을 읽어주는 유튜브 채널), 〈스토리텔〉(월 11,900원 이용료), 〈Audible〉(아마존 오디오북 사이트로 기본 제공 오디오북 이외에 개별 결제로 구매하는 시스템)에서 구하면 됩니다. 유튜브에서 책 제목을 검색하면 전 세계인의 발음으로 오디오북을 찾을 수 있으니 그 점도 참고하세요.

집중 듣기를 할 때 주의해야 할 점도 알려드릴게요. 오디오북을 들으면서 손으로 책의 내용을 짚는 것이 이상적인데 가끔 거부하는 아이들이 있어요. 너무 강압적으로 할 수는 없으니 중간중간 어디 읽고 있는지 짚어보게 하는 정도로 유연하게 대처해도 괜찮아요. 제대로 못 짚어내면 "처음부터 다시!"라는 벌칙을 주는 것으로 아이와 미리 합의하고 말이지요.

22

사이트워드가 뭔지 궁금해요.
효율적인 학습법이 있나요?

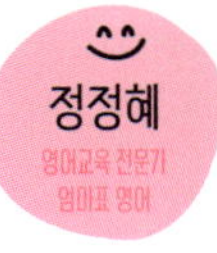

영어에서 가장 중요한 단어는? 바로 가장 많이 사용되는 단어지요! a, i, the 등과 같이 책을 읽을 때 가장 자주 나오는 단어, 그래서 가장 중요한 단어, 보는 순간 해독하지 않고 바로 읽어내서 읽기의 속도감을 높여주는 단어가 바로 사이트워드입니다. 사이트워드는 그 기준이 '자주 만나는' 단어라는 데에 있으므로 파닉스 규칙과는 아무 상관이 없습니다. and처럼 파닉스 규칙에 꼭 맞을 수도 있고, have처럼 파닉스 규칙에 맞지 않을 수도 있지요. 사이트워드 목록은 쉽게 구할 수 있는데, 돌치(Dolch) 박사의 315개 목록이나 프라이(Fry) 박사의 1,000개 목록이 대표적이에요. 사이트워드 학습은 한글 통문자 학습처럼 단어 카드를 자주 보여줘서 사진처럼 외워버리는 방법, 워크북 형태의 책을 사서 보고 읽고 쓰면서 익히는 방법, 문장 패턴이 반복되는 사이트워드 리더스를 읽으며 문장 안에서 반복적으로 보고 읽는 방법이 있습니다. 앱이나 게임으로 좀 더 재미있게 접근하는 방법도 있는데, 저는 100개의 단어를 익힐 수 있는 팝콘 게임 교구를 아주 즐겁게 사용했답니다. 집에서 쉽게 할 수 있는 활동으로는 사이트워드 카드를 쌓아놓고 다 읽는 데에 몇 초가 걸리는지 체크해서 자기 자신의 기록을 매일매일 경신하는 방법이 있습니다. 스톱워치를 켜고 초침과 함께 카드를 읽어내려 가다 보면 은근히 스릴이 있어 아이들이 좋아한답니다.

사이트워드 워크북은 스콜래스틱에서 나온 《100 Write-And-Learn Sight Word Practice Pages》, 사이트워드 리더스는 《Sight Word Readers》, 《Nonfiction Sight Word Readers》, 《First Little Readers》 등을 추천합니다.

사이트워드 카드는 아래 사이트에서 내려받을 수 있어요.

● Sight Words Flash Cards — Sight Words
: Teach Your Child to Read

그리고 2인부터 4~5인까지 즐길 수 있는 사이트워드 게임인 팝콘 게임도 초기 학습자에게는 추천해요.

사이트워드를 익히고 조금 긴 문장을 읽기 시작하면 의미 단위로 끊어 읽는 것(phrasing)과 읽기 속도에 신경이 쓰일 겁니다. 이때는 프라이 박사가 선정한 고빈도 구(Fry's Sight Word Phrases) 600개로 읽기 연습을 꾸준히 하는 것이 좋습니다. 프라이 박사의 고빈도 구는 사이트워드로 이루어진 구 혹은 짧은 문장을 말합니다. 예를 들면, 영어에서 가장 자주 볼 수 있는 첫 100단어를 사용해서 만든 고빈

공부력, 초등 영어 솔루션 77

도 구로는 'Two of us', 'Did you see it?', 'The first word' 등이 있습니다. 사이트워드를 꾸준히 익히면서 프라이 박사의 고빈도 구를 소리 내어 읽는 연습을 한다면 읽기의 유창성에 한 발 더 다가설 수 있답니다.

● Dolch sight words flashcards

사이트워드를 가장 효과적이고 오래 기억하는 방법은 문장 속에서 단어들을 많이 마주치게 해주는 것입니다. 특히 the, a, and, to, is, have, of, on, about 등의 단어는 구체적인 대상이 있는 단어들이 아니기 때문에 문맥을 통해 쓰임을 알고 연습할 수 있게 해주는 것이 좋습니다. 사이트워드가 너무 공부가 되어버리는 것보다는 플래쉬 카드로, 게임식으로 연습을 해보면 좋습니다. 영어책을 읽다 보면 어떻게든 노출되는 것이 사이트워드입니다. 파닉스를 가르치는 문장 속에도 사이트워드들이 조금씩 녹아 있기 때문에 인위적으로 암기하지 않아도 습득할 수 있습니다.

사이트워드를 보자마자 별다른 노력 없이도 아이가 소리 내서 읽을 수 있기만 해도 문장을 읽을 때 훨씬 수월하고 유창해집니다. 사이트워드를 효과적으로 학습하는 방법은 바로 최대한 많이 노출시키는 것입니다. 제가 원에서 아이들과 간단하게 많이 활용하는 방법은 사이트워드를 10개 단위로 써놓은 긴 막대 모양의 카드예요. 일단 등원 후 수업 전에 아이들에게 막대 카드 1번(1~10)의 단어들을 함께 읽게 한 후 도전자를 받아요. 초시계를 두고 저보다 빨리 정확하게 읽어낼 수 있는 아이가 있는지 말이지요. 시간과 정확성이라는 압박으로 읽다 보면 아이들은 그 막대 카드의 단어들에 집중할 수밖에 없어요. 이렇게 막대 카드 1번~10번까지 수업 전 활동이나 수업 후 활동으로 5분 이내로 진행하다 보면 어느새 아이들은 그 막대 카드의 전체 100개의 단어를 거침없이 랩처럼 쏟아내게 된답니다.

이게 끝이 아니에요. 아이들이 다른 형태와 순서로 이루어진 사이트워드를 많이 발견해볼 수 있는 건 바로 파닉스 교재와 사이트워드 또는 파닉스 리더스 같은 읽기 연습용 책들이에요. 저는 제가 지정 사이트워드 한 개를 아이들에게 주고 그 사이트워드를 아이가 펼친 페이지에서 찾아보게 하는 활동 같은 것도 많이 하고 있어요. 지루하지 않은 누적 반복을 통해 사이트워드에 즉각적 반응을 할 수 있게 하는 게 핵심이라는 점을 잊지 마세요.

공부력, 초등 영어 솔루션 77

23

다독이 중요하다고 하는데
집에서 도와줄 수 있을까요?

정정혜
영어교육 전문가
엄마표 영어

다독의 키워드는 '쉽게', '재미있게', '많이'입니다. 모르는 어휘가 하나도 없는 책을 아이가 읽을 때, 부모의 마음은 급해집니다. '어서 다음 단계로 넘어가야 하는데…' 싶거든요. 하지만 다독은 아이의 수준과 같거나 낮은 책으로 해야 효과적입니다. 쉬운 책을 골라야 속도감 있게 읽어나갈 수 있고, 낯선 어휘가 거의 없어야 문맥 안에서 어휘의 의미를 폭넓게 익힐 수 있습니다.

다독의 성공 여부는 아이가 얼마나 읽기에 빠져드는지에 달려 있습니다. 책, 잡지, 신문, 픽션, 논픽션, 그래픽노블, 정보가 담겨 있는 읽을거리, 재미 위주의 읽을거리 등 다양한 읽기 자료를 활용할 것을 권합니다. 아이가 재미있다고 느끼는 읽을거리를 찾는 데에 시간과 노력을 들여야 합니다. 우리 아이가 무언가를 읽었다면 그것만으로 충분합니다. 책의 내용을 이해하고 즐겼으면 그 자체로 완벽하다는 것이지요. 굳이 잘 읽었는지 확인하거나 내용에 대해 질문할 필요는 없습니다.

"다른 집 아이들은 잘 읽던데…."라고 다독을 쉽게 생각하면 안 됩니다. 세계적인 언어학자 폴 네이션 교수는 전체 어휘의 98% 이상을 알고, 1분에 150단어 이상의 속도로 책을 읽어내는 것을 다독의 기준으로 제시했습니다. 실제로 챕터북을 한 권 들고 직접 읽어보면, 속도에 대한 감이 옵니다. 모르는 어휘가 하나도 없어도 이루기 힘든, 엄청나게 빠른 속도거든요. 유창하게 읽을 수 있어야 '많이' 읽습니다. 모르는 단어가 있을 때 얼마나 속도가 느려지는지도 한번 느껴보세요. 내가 영어책으로 다독한다면 어떤 책을 읽을지 고민해보고 실제로 책을 읽는 모습을 보여주세요. 이렇게 책을 읽는 습관이 자연스럽게 집 안에 스미도록 노력하는 것도 중요하답니다.

다독은 영어 실력 향상을 위한 최고의 방법이라고 저는 생각합니다. 하지만 아이들이 다독하게 하려면 많은 배려가 필요해요.

우선 영어책 다독을 위해서는 아이의 레벨보다 조금 쉬운 책을 부담 없이 읽게 하는 게 좋아요. 아이의 관심사와 흥미를 고려한 도서 선택도 중요합니다. 아이가 책을 직접 고르게 하는 것도 아주 좋은 방법이에요. 책 고르기를 즐겁게 만드는 것이 다독의 첫 단계입니다.

무엇보다 책을 읽을 시간이 있어야겠지요? 요즘 아이들은 책을 읽을 시간이 거의 없을 만큼 바쁘거나, 책보다 더 재미있는 놀거리가 많습니다. 더 재미있는 것을 두고 덜 재미있는 책 읽기라니 아이도 얼마나 괴롭겠어요? 그러니 독서 환경과 시간 확보에 공을 많이 들여야 합니다.

제가 조언을 하나 드리자면 책장에 너무 많은 책을 한꺼번에 꽂아두지 말고 주기적으로 책을 바꿔주라는 것이에요. 아이들은 늘 새로운 것을 잘 찾아내고, 좋아하니까요. 특히 학원에서 익숙한 책 속에 신간 한 권을 꽂아두면 누구보다 먼저 그 책을 차지해서 읽고 싶어 하거든요. 저희 원의 A군이 딱 그런 친구예요. A군은 시큰둥하게 원내 도서관을 어슬렁거리다가도 새 책을 발견하면 친구들에게 먼저 찾았다고 자랑하는 것도 좋아하고, 별점도 제일 먼저 매기고 싶어 합니다. 제가 귀찮아도 주기적으로 전시 도서를 바꾸는 이유가 바로 이런 A군 같은 아이들 때문이에요. 아이의 시선을 잘 받을 수 있게 좋은 책들을 전시해주세요.

또 아이가 독립 읽기로 자율적인 다독이 어려운 단계라면 YBM 리더스, 리딩오션스, 리딩게이트, 리딩앤 등 온라인 영어도서관 프로그램을 이용해보길 권장해요. 특히 레벨별 리더스 도서가 많은 온라인 도서관 프로그램은 유창성을 향상시키는 데 큰 도움이 될 거예요.

다독은 영어 실력 향상을 위한 최고의 방법이라고 저는 생각해요. 하지만 다독을 아이들이 열심히 할 수 있게 하려면 배려가 필요해요.

우선, 영어책 다독을 위해서는 아이의 영어 독서 레벨보다 조금 쉬운 책을 골라 많이 읽게 하는 게 좋아요. 어려운 책은 이해가 힘들어서 중도 포기하게 되고, 책 읽기의 즐거움을 느끼기 어려우니까요. 그리고, 아이의 관심사와 흥미를 고려한 도서 선택이 중요해요. 그래서 아이가 직접 고른 도서를 읽게 하는 것도 아주 좋은 방법이에요. 책 고르기의 즐거움도 다독의 한 과정이라고 여겨야 해요.

아이가 학원이나 기관에 다니고 있다면 대부분 정독이 이루어지고 있을 것이라 예상합니다. 정독은 책을 읽었을 때 그 내용을 정확하게 알아가고 등장했던 표현을 모두 자기 것으로 만들기 위해 선택하는 방법입니다.

정독만 하기에는 다양한 책에 노출되는 양이 부족하기에 다독을 해주고 싶은 생각이 듭니다. 가정에서 아이가 다독을 할 수 있는 방법을 살펴보면 가장 가성비 좋은 방법은 도서관을 이용하는 것입니다.

두 번째로는 온라인 영어도서관 프로그램을 이용하는 것입니다. 기관이 아니어도 개인적으로 구매하여 한 달씩, 석 달씩 이용료를 내고 가정에서 도서관 프로그램을 이용할 수 있습니다. 하지만 가정에서 온라인 도서관을 꾸준하게 한다는 것이 생각보다 쉬운 일은 아닙니다. 아이와 양을 잘 조절하여 영어의 다독을 이어갈 수 있게 하면 좋습니다.

세 번째로는 읽고 싶은 책을 구매하여 읽는 것입니다. 아이가 어떤 스토리에 어떤 주인공에게 매료되어 그 시리즈를 다 읽고 싶어 한다면 구매하여 읽어도 좋습니다. 아이들의 특징은 흥미가 높으면 읽었던 책도 수없이 반복해서 보는 경우가 많습니다. 어른들은 한두 번 본 것을 다시 보지 않지만, 아이들은 영화도, 책도 여러 번 반복해서 보기도 하니까요.

영어를 처음 시작하는 때는 쉬운 그림책을 많이 읽어줍니다. 아이가 어릴수록 자기가 마음에 들어하는 책을 반복해서 읽어주는 것을 좋아하고 영어 습득에 효과적이기도 합니다. 그런데 이때 읽는 책은 길이가 짧아 하루에 10권 정도는 가볍게 읽습니다. 그 모든 책을 사기에는 비용이 많이 들고 책을 보관할 공간도 필요합니다. 저는 처음 영어책을 읽기 시작했을 때 도서관을 활용했습니다. 아이가 읽을 만한 좋은 그림책을 검색해서 도서관에 갑니다. 큰 가방이나 카트를 가지고 가서 최대한 많이 빌려옵니다. 가족회원으로 등록하면 한 사람당 5권까지 빌릴 수 있고, 상호대차를 이용하면 타 도서관 책까지 빌릴 수 있어 대출 권수가 훨씬 더 많아집니다. 대출한 책을 아이와 함께 실컷 읽고 아이가 좋아하는 책, 제가 좋아하는 책, 소장하고 싶은 책은 구매했습니다. 그리고 읽고 싶을 때마다 꺼내어 자주 읽어주었습니다.

리더스나 챕터북을 읽는 단계에서도 도서관을 적극 이용하세요. 특히 리더스는 소장할 만한 책은 아니라고 생각합니다. 도서관에서 열심히 빌려 읽고 지나가도 충분합니다. 아이가 막 얼리챕터북을 읽기 시작했을 때 저 혼자 신이 나서 시리즈를 중고로도 구매하고, 새 책으로도 구매했는데, 아이가 시리즈 전체를 읽지 않기도 했어요. 그리고 책이 길어 대부분 한번만 읽는데, 두꺼워 자리만 차지합니다. 얼리챕터북이나 챕터북 시리즈는 도서관에서 1, 2권을 대출해서 읽고 그 시리즈를 다 읽고 싶어 하면 모두 대출해 읽도록 하고 소장하고 싶어 하는 시리즈만 구매하면 됩니다. 저는 좋은 그림책과 두고두고 읽어도 좋을 소설책(Nobel)은 구매하고, 리더스나 챕터북 시리즈는 도서관을 최대한 활용하는 방법을 추천합니다.

영어책 읽기 초기에는 epic!이나 리딩앤 같은 영어도서관 프로그램(e-book)을 사용해보세요. 오래도록 길게 사용할 것은 아니지만 음원을 들으며 책을 읽을 수 있고 여행이나 외출할 때도 패드 하나만 가지고 나가면 어디서나 자유롭게 읽을 수 있어 활용도가 높습니다.

그리고 적절한 보상 시스템도 동기 부여에 도움이 됩니다. 책나무 스티커 판이나 독서 기록 앱을 활용해 약속한 책 읽기 권수를 채우면 작은 보상을 주는 방법을 활용해보세요. 책이 얇아 목표를 향해가는 과정이 어렵지 않고 성과가 금방 눈에 보여 스스로 뿌듯함도 느끼고 책 읽는 습관 형성에 도움이 됩니다. 단, 주의할 점은 선물이 목적이 되어 무조건 권수만 채우는 읽기가 되어서는 안 됩니다. 이런 방법을 활용해 많은 책을 꾸준히 읽으면 다독을 할 수 있고 그에 따라 영어책 읽기 능력이 향상됩니다.

24

엄마의 영어 발음이 나쁜데
책 읽어줘도 될까요?

아무 걱정하지 마세요. 그동안 엄마표 영어로 성공한 분 중에 토종 한국 발음을 가지신 분들이 얼마나 많은데요! 제가 차마 이름을 말 못 해서 그렇지 이름만 대면 다 알 만한… 하지만 아이들은 엄마 발음 하나도 안 닮고 원어민에 가까운 유창한 영어를 구사하는 아이들로 잘 자랐습니다. 왜냐하면, 그 아이들이 엄마 영어 발음만 듣고 자란 것이 아니기 때문이지요. 영상과 음원을 잘 활용한다면 아이의 영어 발음은 걱정할 필요가 없습니다.

이 지점에서 정확한 발음을 위해 발음기호를 가르쳐주면 어떨까 생각할 수도 있겠네요. 이 생각도 버리시기 바랍니다. 오디오 접근성이 이렇게 쉬운 이 시대에 발음기호를 굳이 가르칠 필요가 있을까요? 아이들에게 실제로 발음 기호를 가르쳐본 영어 강사 입장에서, 아주 비효율적이었답니다. 좀 커서 필요성을 느낀다면 단숨에 익힐 수 있으니 그때 스스로 익히라고 하면 됩니다.

가끔 요즘에도 영어를 가르칠 때 발음기호를 가르치냐고 묻는 경우가 있습니다. 20년간 발음기호를 가르치는 기관을 한번도 본 적이 없습니다. 출판되는 영어 학습서들이 대부분 큐알코드가 있습니다. 스마트폰으로 언제든 큐알 코드를 찍어 원어민 발음을 들을 수 있습니다. 그러나 예외적으로 중·고등 영어 노베이스의 경우 단어를 읽지 못한다면 간단히 몇 가지 발음 기호를 가르쳐서 읽을 수 있게 도울 수는 있지만 이런 경우가 흔한 방식은 아닙니다.

부모가 아이에게 영어 그림책을 읽어주는 것은 발음보다 훨씬 중요한 의미가 있습니다. 흘러 지나가는 음원과 달리 아이가 원하는 장면에서 언제든 읽어주기를 멈추고 대화할 수 있습니다. 그때 아이와 눈을 맞추고 종알거리는 이야기를 들어주며 따듯한 시선으로 아이를 바라보는 순간들이 아이의 기억에 오래도록 남을 거예요. 그런 시간 속에서 아이들이 느끼는 행복한 느낌이 영어를 좋아하게 만드는 중요한 바탕이 됩니다. 발음에 대한 고민으로 망설이느라 금방 지나가버릴 소중한 시간을 놓치지 마세요.

공부력, 초등 영어 솔루션 77

25

음원을 많이 듣는데도
우리 아이 발음이 좋지 않아요.

좋은 발음의 기준이 원어민 수준이라면, 이룰 수 없는 목표입니다. 다만 일반적인 기준에서 보았는데도 발음이 안 좋다면 아래 같은 경우를 생각해볼 수 있겠지요.

첫째, 파닉스를 배울 때 정확한 발음을 익히지 못한 경우입니다. 음원을 많이 들어 리듬을 타고 유창하게 말하는 것처럼 보여도 잘 들어보면 고개를 갸웃하게 되는 발음입니다. 사실 발음은 근육의 문제라서 파닉스를 배울 때 열심히 '발음 근육'을 만들어주어야 합니다. 이 단계를 소홀히 했다면 무성음 처리를 비롯한 26개의 알파벳 음가와 th, ch, ng 등 한국어에 없는 발음을 따로 연습시켜야 합니다. 예를 들어 무성음인 c, f, h, x, th, ch, ph 등을 발음할 때는 목에 손을 얹고 성대가 울리지 않도록 체크하고, th 소리를 가르칠 때는 혀의 위치와 바람 유무 등으로 정확하게 발음을 가르치는 식이지요. 솔직히 말해서 발음을 유튜브 등으로 배우는 것은 기본이 있는 상태에서 약간의 보완이 필요할 때만 이용할 수 있는 방법이에요. 기초부터 발음을 짚을 때는 전문 강사의 도움을 받는 것이 낫습니다.

둘째, 영어 외적인 문제입니다. 저학년 때 잘 배웠고 발음도 괜찮았는데 고학년이 되어 스스로 발음을 망치는 경우도 흔해요. 이때 아이가 말을 안 들어도 지나치게 신경을 쓸 필요는 없습니다. 때가 되면 정신 차리고 잘할 겁니다. 그리고 외국인으로서 한국식 발음이 녹아 있는 영어를 구사하는 것은 자연스러운 일입니다. 전 세계인이 영어를 사용하면서 모국어가 녹아 있는 영어 발음에 대해 너그러워지는 것이 세계적인 추세입니다.

마지막으로 상당히 예외적인 경우이기는 하지만 영어뿐만 아니라 아이의 한국어 발음에도 문제가 있다면 '치료'에 대해 생각해봐야겠지요.

첫째, 청각 집중력이 또래에 비해 낮은 아이들이 있습니다. 학생들과 수업하다 보면 방금 했던 말을 유난히 되묻고 못 듣는 아이들이 있습니다. 이런 성향의 학생들은 영어의 소리와 글자를 잘 매치하여 따라 읽고 녹음하는 숙제를 꾸준히 시켜야 합니다. 1년~2년 정도의 시간이 지나면 점점 정확성도 높아지고 발음도 조금씩 교정될 수 있습니다. 특히 영어 초성 중에 한국 아이들이 어려워하는 발음은 F, W, L, Z, V가 대표적이고 모음 a, e의 차이도 잘 인식하지 못합니다. 처음 파닉스 과정에 들어간다면 이 발음을 잘 인지하게 지도하면 좋습니다. 유튜브 〈Smile and Learn-English〉의 파닉스 초성 영상들은 노래와 함께 입 모양도 볼 수 있으니 참고하면 좋습니다.

둘째, 영어 음원을 많이 듣는데도 발음이 교정되지 않는 아이들은 모국어 점검이 필수입니다. 운율이 있는 우리말도 잘 따라 하지 못하고 특정한 발음이 안 되는 아이들도 있습니다. 모국어가 그렇다면 외국어가 잘 되기는 어렵습니다. 책을 읽을 때 음원에 따라 손가락으로 단어들을 짚어가며 반드시 소리 내어 읽는 연습을 해야 합니다. 의외로 어린아이들은 시선 따로 소리 따로 엉망으로 연습하고 있을 수도 있습니다. 본인이 읽는 것을 녹음하여 듣기도 추천하는 방법입니다. 이렇게 소리와 매치하며 문장을 따라 읽다 보면 어느새 발음도 교정되고 읽기의 유창성도 갖추게 됩니다.

먼저 발음이 안 좋다의 기준을 원어민과 비슷한 소리를 만들지 못한다고 생각하지 말고, 의미 전달에 오류가 생기게 발음한다고 정의하는 게 좋겠어요. 발음이 중요하지 않다는 건 아니지만 굳이 의사 소통에 문제가 없는 모국어 악센트가 섞인 발음이 큰 문제가 될까요? 유창하게 영어를 구사하는 중국인의 영어 발음, 인도인의 발음, 호주인의 발음 등을 모두 알아들을 수 있도록 듣는 연습을 하는 게 저는 오히려 미국 출신 원어민의 발음을 따라 하려고 애쓰는 시간보다 더 의미 있는 시간이라고 생각하는 편이에요. 이렇게 생각하면 우리 아이의 발음보다는 전달과 표현 능력에 집중하게 됩니다. 잘 표현하기 위해서 의미가 완전히 달라지는 음소가 있는 단어의 발음은 정확하게 연습해보는 것이 필요하고, 장단음에 따라 의미가 달라지는 단어의 발음도 문장 단위로 연습해보는 게 중요해요. 저는 아이들과 수업을 할 때 특히 연음 및 강세 등을 더 세심하게 지도하고, 유성음과 무성음의 발음 차이를 아이가 확실하게 느껴볼 수 있게 지도해요. 아이의 발음을 교정할 때는 긍정적이고 격려하는 어조로 접근하는 것이 좋아요.

유창하게 읽는다는 것은 적절한 속도로 감정을 넣어서 전달력 있게 읽는 것을 말합니다. 저희 원의 한 초등학생 아이는 분명히 정확하게 적절한 속도로 책을 읽고 있음에도 불구하고, 영어의 소리 특징인 리듬감을 제대로 구현하지 못해 전달력이 떨어지는 어색한 모습을 보여줬어요. 알고 보니 아이가 오디오북 듣기 싫어해서 거의 노출을 하지 않았다더군요. 그러니 초등학생이고, 챕터북 단계에 들어섰다면 오디오북을 내켜 하지 않더라도 온갖 당근을 제시해서라도 매일 최소 10분, 최대 30분 정도는 꾸준히 듣게 하는 것이 좋습니다.

언어마다 고유의 소리가 있습니다. 대표적으로 r, f th는 우리말에는 없고, 영어에만 있는 소리입니다. 태어나자마자 완벽한 이중 언어 노출 환경이 아니라면 모국어 소리를 우선으로 습득하게 됩니다. 이미 모국어 소리 위주의 발음이 완성된 후, 새로운 소리를 내는 것은 쉬운 일이 아닙니다. 나이가 어릴수록 발음은 정확하지 않습니다. 어린이들은 매일 듣고 사용하는 우리말 발음도 아직 부정확합니다. 하물며 외국어인 영어 발음이 좋기를 바라는 건 욕심입니다.

영어는 우리말과 다른 점이 많습니다. 우리말은 모든 단어의 강세가 비슷하고 억양 변화가 별로 없는 언어이지만 영어는 문장 안에서 강하게 말하는 낱말과 약하게 말하는 낱말이 있어 리듬감이 있고 억양이 강한 언어입니다. 또한 연음으로 인해 개별적으로 발음하는 낱말이 문장 속에서 발음되면 전혀 다르게 들려 알아듣기 어렵기도 합니다.

영어는 각 낱말의 정확한 발음보다는 리듬과 억양을 제대로 구사해야 의미가 정확하게 전달되고 자연스럽게 들립니다. 유아나 저학년은 재미있는 동요나 마더구스를 따라 부르면 영어 문장의 리듬감을 익히는 데 도움이 됩니다.

원어민과 비슷하게 말하기 위한 가장 좋은 방법은 '듣기'입니다. 매일 꾸준히 영어 영상을 보면서 자연스러운 발화를 듣도록 해야 합니다. 더 좋은 방법은 들으며 따라 말하는 것입니다. 오디오를 들으며 책을 읽는 동시에 입으로 따라 말하는 방법(청낭독)입니다.

아이의 영어 발음이 지금은 조금 어색하고 서툴더라도 영어를 많이 들을수록 발음은 스스로 교정되고 발전합니다. 소통에 어려움이 있을 정도의 발음이 아니라면 우리는 외국인으로서 영어를 사용하므로 발음은 큰 문제가 되지 않습니다. 지금은 그보다 훨씬 중요한 듣기와 읽기로 충분히 채워주세요.

26

우리 아이는
오디오북을 듣기 싫어해요.

우선 왜 그렇게 듣기가 싫은지 아이에게 물어보시는 게 좋아요. 하지만, 아이들은 생각보다 구체적으로 그 이유를 설명하기 힘들어할 때도 있어서 몇 가지 점검해봐야 할 것들이 있습니다.

첫째, 아이의 집중력이 약해서 내용의 흐름을 놓치는 경우예요. 집중해서 흥미롭게 내용을 듣는 아이의 눈빛과는 다른 눈빛으로 지루해하는 아이를 볼 수 있지요. 되도록 책의 글자를 손가락으로 짚어가면서 귀로는 소리를 듣고 눈으로는 책을 읽도록 하면 좀 더 오랫동안 집중할 수 있습니다.

둘째, 오디오북 음원 녹음자의 목소리가 아이들의 취향이 아닌 경우가 있어요. 누구에게나 조금 집중이 안 되고 거슬리는 음역대의 소리가 있을 수 있잖아요. 청각적으로 예민한 친구들의 경우 이런 이유도 종종 있어요. 저는 높은 톤의 얇은 목소리로 빠르게 말하

공부력, 초등 영어 솔루션 77

는 여성 녹음자의 오디오북은 정말 집중이 잘 안 되더라고요.

드물기는 하지만, 영어책 읽기의 경험이 많은 친구들은 가끔 눈으로 읽는 속도가 오디오북의 녹음 속도보다 훨씬 빨라서 본인이 편리한 페이스로 그냥 오디오북을 듣기보다는 묵독을 조용히 즐기는 경우도 있어요. 이런 경우에는 도입 부분 챕터 한두 개만 오디오북 속도에 맞춰서 차분하게 듣고, 나머지 챕터는 아이가 자신의 속도대로 읽게 해주면 오디오북 듣는 것도 거부하지 않고, 집중해서 듣기도 해요.

위의 이유가 아닌, 리더스북을 읽으면서도 오디오 음원을 듣길 거부하는 아이라면 영어를 싫어하거나 학습적인 피로감 및 귀찮음이 이유일 수 있어요. 적당한 당근을 주면서 최소 임계량에 해당하는 듣기 횟수를 채우고 가시적으로 그걸 확인할 수 있는 표를 만드는 것도 시도해보세요.

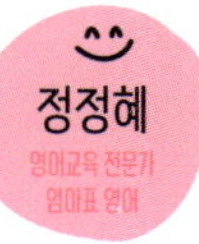

집중 듣기는 영어 소리에 귀가 트이고, 다독을 한 것과 같은 학습 효과를 얻을 수 있다는 장점이 있지요. 그래서 집중 듣기는 선택이 아니라 필수라는 점을 받아들이고 적극적으로 원인을 파악하고 대책에 나서야 해요. 물론 아이가 유치원생이라면 굳이 무리할 필요 없습니다. 초등 저학년이고 이제 막 영어를 배우기 시작한 단계라면 몇 달 정도 여유를 두고 집중 듣기에 들어가도 됩니다.

우선 다양한 오디오북을 권해보았나요? 시리즈 도서 전권을 한 번에 덜컥 사서 바로 들이댄 것은 아닌지요? 가장 먼저 생각할 부분은 아이의 오디오 취향이에요. 소리에 민감한 학습자는 성우의 목소리, 말의 속도 등에 크게 영향을 받기 때문에 오디오북에 따라 호불호가 크게 갈릴 수 있어요. 어떤 아이는 어떤 오디오북을 내밀어도 잘 듣고, 어떤 아이는 아주 까다롭게 구는 것이 바로 집중 듣기 학습의 변수예요. 저는 4명의 아이와 동시에 엄마표 영어를 진행했는데 네 아이 모두 집중 듣기를 대하는 자세가 달랐어요. 유달리 까다롭게 성우의 목소리, 오디오북의 속도를 따지는 아이가 있었던가 하면 엄마가 권하는 대로 잘 따라오는 아이도 있었어요. 그런데 2년쯤 지나고 보니, 책이든 오디오북이든 영상이든 자신의 취향을 명확하게 밝히고 까다롭게 교재를 고른 아이들이 훨씬 결과가 좋다는 것을 알게 되었어요. 까다로운 아이는 정말로 자신이 원하는 오디오북을 골라서 잘 들었고, 무난하게 듣던 아이는 정말 무난하게 들었던 거지요. 그러니 내 아이가 무난하다고 해도 아이의 취향을 알아보는 노력을 게을리하지 말고, 내 아이가 까다롭게 굴면 오히려 잘 되었네 하고 취향에 맞는 오디오북을 골라주기 바랍니다. 골고루 읽고 듣는 것은 중요한 일이지만, 집중 듣기는 다독에 비해 조금 더 개인의 취향을 고려해서 진행해도 된답니다.

오디오북을 싫어하는 원인을 찾자면, 첫 번째는 집중력입니다. 아이가 정적으로 앉아서 소리에 집중하는 것은 생각보다 많은 집중력을 요합니다. 특히 아이들은 영어에 대한 동기부여가 없는 경우가 대부분이어서 앉혀놓고 아무리 듣게 하고 싶어도 금세 집중력이 흐트러집니다. 아이의 성향도 영향을 미칩니다. 싫어도 참고 엄마가 시키는 대로 하는 아이, 바로 저항 정신을 드러내는 아이의 차이인 것이죠.

두 번째는 오디오북 수준입니다. 오디오북으로 들으면서 이해가 되는 수준은 어느 정도 레벨이 되어야 가능한 것입니다. 우리가 라디오를 들으면서 운전 할 때가 있죠. 라디오 디제이가 하는 이야기를 이해하다 보면 운전하면서 웃기도 하고 공감하기도 합니다. 이것은 이해하기 때문에 흥미가 생기고 집중이 되는 것입니다.

세 번째, 아이가 '비주얼 러너'일 가능성이 높습니다. 요즘 대부분의 아이들은 유아 때부터 기관에서 가정에서 많은 영상들을 보고 자랍니다. 이런 아이들은 소리에만 의존해서 영어를 들어야 하는 상황에서는 금세 흥미를 잃어버리거나 영어에 빠져드는 타이밍을 잡지 못하게 됩니다.

아무리 좋은 방법이라도 내 아이랑 맞지 않을 수도 있다는 것을 인정할 수 있어야 합니다. 모두가 다 좋아하는 영화를 내 아이는 싫어할 수 있듯이 오디오북이 맞지 않는 아이도 있는 것입니다.

아이가 오디오북을 듣기 싫어하는 이유는 아이에게 직접 물어봐야 합니다. 언제나 답은 내 아이에게 있습니다. 오디오를 낭독하는 목소리가 취향에 맞지 않거나, 속도가 너무 빨라서 내용을 이해하기 어렵거나 속도가 느려서 답답할 수도 있습니다. 아이가 편안하게 느끼는 오디오 목소리를 찾아주고, 속도의 문제라면 속도를 높이거나 늦춰서 들을 수 있는 앱을 활용해 아이가 원하는 속도로 맞춰주세요. 오디오북을 들을 때 혼자 듣는 게 싫을 수도 있습니다. 오디오북을 듣는 아이 옆에 머물러주세요. 엄마는 다른 책을 읽어도 되고 함께 들어도 좋습니다.

그래도 아이가 오디오북 듣기를 싫어한다면 오디오북을 왜 들어야 하는지 아이에게 설명해주는 것이 필요합니다. 어리다는 이유로 설명 없이 무언가 하라고 하면 아이는 왜 해야 하는지 모릅니다. 거부하지 않고 잘 따르면 다행이지만, 안 하겠다고 하면 설득을 해야 합니다. 오디오북을 들어야 하는 이유를 아이의 수준에 맞게 설명해주세요. 엄마는 확실한 의도를 가지고 이야기하지만 오디오북을 듣기로 결정하는 것은 아이의 선택에 의해 약속하는 모양새를 갖춰야 합니다. 약속을 지키면 보상을 주는 방법도 사용해보세요. 왜 해야 하는지 알고 스스로 결정해 해냈다는 성취감으로 아이는 한 발 더 앞으로 나아갈 수 있습니다.

27

오디오북 사이트를
추천해주세요.

가장 많은 양의 오디오북을 소장하고 있는 사이트는 Audible.com입니다. 얼리챕터북 이상 수준의 원서 대부분의 오디오북을 여기에서 찾을 수 있는데, 한 달에 15달러를 내면 한 권의 오디오북과 오더블 플러스에 있는 오디오북들을 무료로 들을 수 있습니다.

국내 사이트인 스토리텔은 월 11,900원으로 5만여 권의 국내외 도서 오디오북을 무제한으로 들을 수 있습니다. 아쉬운 점은 오더블에 비해 영어 원서 소장 권수가 훨씬 적습니다. 그래도 엄마표로 집중 듣기나 흘려듣기로 오디오북을 활용할 계획이라면 현실적으로 가장 추천하고 싶은 오디오북 사이트입니다. 오더블과 스토리텔 모두 샘플 듣기가 가능하니, 아이가 성우의 목소리에 민감하다면 꼭 샘플을 들어보고 오디오북을 구매하는 것이 좋겠어요.

그런데 영어 그림책에 한정해서 오디오북을 살펴보면, 오더블이나 스토리텔 모두 영어 그림책 오디오북이 거의 없습니다. 영어 그림책 오디오북은 유튜브 채널인 스토리라인온라인이 최고입니다. 오프라 윈프리, 크리스 파인, 라미 말렉 등 전 세계 유명인들의 목소리로 접하는 리드 어라우드라니! 대부분 배우 출신이라 감정이 듬뿍 담긴 드라마틱한 목소리로 책을 읽어주는데, 그림책 원서가 약간의 플래시 애니메이션과 함께 열리기 때문에 그림책 자체가 주는 즐거움도 크답니다. 공익적인 성격을 가진 채널이라 광고도 없으니 이보다 더 좋을 수는 없죠. 흘려듣기로 틈날 때마다 스토리라인온라인 채널을 틀어놓아도 좋겠지요?

28

아이의 어휘력이 잘 늘지 않아요.
어떻게 도와줄까요?

책을 읽으며 문맥 안에서 그 어휘의 의미를 알아가는 것이야말로 가장 이상적인 어휘 학습이라고 하지요. 하지만 table, chair, ship 같은 어휘까지 문장 안에서 익힐 필요는 없습니다. 이미지를 보면 바로 어떤 어휘인지 말할 수 있고, 일상에서 쉽게 볼 수 있는 이런 어휘들은 그림 사전으로 익히면 됩니다. 그래서 어휘 학습의 첫 단계는 그림 사전입니다. 유치 단계라면 500단어 이하 그림 사전으로 시작하고, 초등학생이라면 500에서 1,000 단어 사이의 그림 사전으로 시작합니다. 초등학생을 기준으로 그림 사전을 통해 대략 1,000개의 어휘를 익히고, 일부 중복되겠지만 돌치 박사의 사이트워드 315개를 익히면 기본은 한 겁니다. 이 과정에서 파닉스도 배우고, 간단한 리더스도 읽게 되므로 자연스럽게 어휘 지식이 늘어날 겁니다. 아이가 영어학원에 다니든 안 다니든 여기까지는 영어 학습 1년 차에 꼭 챙겨주기를 권합니다.

그다음으로는 리딩을 통해 어휘를 익히는 방식이 있습니다. 다독을 통해 자연스럽게 어휘를 익히는 경우와 정독으로 책에 나오는 주요 어휘를 따로 익히는 방법이 있습니다. 다독이면 같은 주제의 책을 여러 권 읽거나, 시리즈 도서를 읽는 내로우 리딩(Narrow Reading)을 통해 단시간에 같은 어휘를 여러 번 만나는 방법을 사용하는 것이 더욱 효과적입니다. 예를 들어 곤충 주제의 책 5권을 연이어 읽는다면 비슷한 어휘가 반복적으로 사용되어 더 쉽게 어휘를 익히게 되겠지요?

마지막으로 어휘 교재를 이용하는 방법입니다. 어학 전문 출판사에서 출간되거나 직수입된 어휘 교재는 영영 사전식 풀이, 동의어와 반의어, 여러 문장에서 같은 어휘 익히기 등 다양한 어휘 학습 스킬을 사용해서 어휘를 익히도록 만들어져 있습니다. 세계적인 언어학자 폴 네이션 교수의 《1200 Key English Words》는 초등 저학년, 《4000 Essential English Words》는 초등 고학년 아이들에게 적합합니다. 《Wordly Wise》와 《Vocabulary Workshop》은 원어민 기준으로 학년별로 나와 있으니, Grade 1부터 차근차근 고르면 됩니다.

국내 일반 출판사에서 출간된 어휘 교재는 주로 학년별로 세분되어 한글 해석이 달려 있습니다. 대체로 잘 만들어졌는데, 영어 발음을 한글로 적어놓은 교재는 꼭 피하는 것이 좋습니다. 고학년 이상을 위한 어원 책으로는 이야기책처럼 술술 읽히는 《만화로 보는 조승연 이우일의 단어인문학》을 추천합니다.

김현지
초중등
영어학원장

어휘를 자기 것으로 만드는 데는 꽤 많은 노력이 필요합니다.

아이가 배운 어휘는 반드시 반복할 수 있게 해주어야 합니다. 학원에서 영어를 배우고 있다면 당연히 배웠던 어휘로 통과할 때까지 어휘 테스트를 보고, 일주일에 100개~200개씩 누적 테스트를 하기도 합니다. 재차 확인하는 리뷰 테스트도 합니다. 이렇게 여러 과정을 거쳐야 아이들은 비로소 어휘 실력을 쌓아갈 수 있습니다. 오죽하면 한 어휘 책을 10회 독을 하겠습니까?

여기서 테스트 결과가 좋지 않은 학생들의 특징은 어휘를 암기하지만 본인 확인 작업을 거치지 않는 학생들입니다. 또는 외운 어휘를 읽어보라 했을 때 발음이 틀리는 경우가 많습니다. 어휘 암기 시 중요한 두 가지는 발음도 반드시 함께 알아야 하고 외우면서 셀프 테스트 하라는 것입니다.

아이가 만약 책을 많이 읽는데도 어휘 실력이 늘지 않는다면 이제부터는 책 속에 나오는 어휘도 정리하고 외워서 써보고 꾸준하게 테스트하는 과정도 하기를 추천합니다.

어휘 학습에 지름길은 없습니다. 우직하게 반복하고 또 반복하는 것이 정도이고 확실한 실력을 쌓을 수 있는 방법입니다. 일타 강사를 붙들고 물어봐도 비슷한 대답이 나올 것입니다. "자꾸만 어휘를 까먹어요, 어휘 실력이 안 늘어요." 무슨 대답이 돌아올까요? 아이들을 오래 가르친 선생님들께 질문해도 결국 답은 하나입니다.

암기력이 좋지 않은 아이들도 있습니다. 그동안 연습이 되지 않아서 본인의 외우는 방식, 시간분배, 효율적인 방법 등을 전혀 모른 채 나는 어휘 실력이 안 좋아 하고 손 놓고 비관하고 있을 수 있습니다. 어휘 암기가 오래 걸리던 아이들도 꾸준하게 노력하다 보면 본인의 외우는 패턴을 알아가고 암기력이 상승한 모습을 많이 봤습니다.

어휘를 외울 때도 반드시 쓰임을 함께 봐줘야 합니다. 어휘의 쓰임은 예문에 그대로 나와 있습니다. 예문 한번 쳐다보지 않고 단어 하나에 뜻 하나 방식으로 외우면 고등에 가서 바로 무너지는 어휘 실력이 될 것입니다. 진짜 어휘 실력을 위해서는 언제나 기본기, 정도의 길이 중요하다는 것을 기억하길 바랍니다.

아이의 어휘 실력이 고민인 분이라면 이런 방법들을 사용해보세요.

첫 번째, 아이가 좋아하는 책을 주제별로 깊게 여러 권을 읽기를 권장해요. 예를 들어 아이가 최근에 자동차가 주제인 책을 좋아한다면 다양한 교통수단이 나오는 연결 도서들을 준비해서 함께 읽는 것을 추천해요. 같은 주제의 책을 읽다 보면 겹치는 단어들이 반복적으로 등장하고, 다른 문장에서 같은 단어들의 다양한 활용 등을 볼 수 있어서 어휘 실력을 누적적이고 다면적으로 쌓는 데 큰 도움이 되거든요.

두 번째, 아이가 이렇게 배운 단어들을 이미지와 함께 연상해서 자주 기억해낼 수 있도록 단어장을 함께 만들어보거나, 벽에 자신이 만든 단어 카드를 붙여놓고 자주 만나게 하는 방법도 좋아요. 이렇게 자주 만난 단어들은 아이의 장기 기억 장치로 넘어가 자신이 활용할 수 있는 단어로 기억되거든요. 이때 반대말이나 비슷한 단

146

어도 함께 연결해보는 활동을 병행한다면 한번에 여러 단어를 쉽게 배울 수 있어서 좋아요.

세 번째, 아이가 익힌 단어들을 실제로 활용해볼 수 있는 기회를 자주 주시는 게 좋아요. 아이와 함께 서로 타깃 단어를 주고, 자신만의 문장을 의미 있게 만들어보는 게임 같은 활동을 해보길 권장해요.

우리 학원에서는 아이들이 리딩 수업에서 배우는 새로운 단어들을 단어로만 익히는 것이 아닌, 해당 단어가 포함된 예문으로 익히게 하고, 복습 후 문장 받아쓰기로 매시간 확인하고 있어요. 예를 들어 braid라는 단어가 나왔어요. 아이들에게 머리를 땋다, 또는 땋은 머리를 우리는 braid라고 한다고 알려주고, "She is braiding the girl's hair."라는 예문을 칠판에 쓴 후 아이들에게 읽고 의미를 말해보라고 시킵니다. 그러면 아이들은 자연스럽게 braid의 동사의 의미인 '머리를 땋다'를 활용해서 시제 부분이 틀리지 않게 잘 이해한 후 해당 문장을 말로도 내뱉기도 해요. 이렇게 학습한 후 문장 받아쓰기로 다음 시간에 확인을 하는 거예요.

어휘 학습서를 이용하는 것도 좋습니다. 보통의 어휘 책들은 단어와 의미 그리고 예문 등으로 이루어져 있습니다. 단어를 외운다고 하는 표현에 거부감이 많은 분들이 있다는 걸 알아요. 하지만, 외국어 학습에서 단어를 외우는 일은 아주 중요합니다.

저는 영어책에 출현 빈도가 높은 단어들을 위주로 해서 예문과 함께 묶어놓은 단어 책들을 활용하시라고 권장해요. 실제로 아이들이 책에서 많이 접하는 단어들로 묶어진 단어 책이니 학습과 독서를 통해 조금 더 자주 해당 단어를 만날 수 있겠지요?

단어 책의 레벨을 고를 때는 아이가 다독으로 읽고 있는 책의 어휘 수준과 비슷하거나 살짝 높은 것이 가장 좋은 레벨이에요. 읽고 있는 책보다 높은 수준의 단어를 외우게 하는 것은 아이의 장기 기억 장치에 해당 단어가 기억될 확률이 낮아요. 별로 의미가 없는 단어 암기를 하는 셈이지요.

권장할 만한 단어 책으로 초급 레벨에서는 《1200 Key English Words 시리즈(1, 2, 3)》가 있어요.

모국어는 많이 듣고, 말하고, 쓰기 때문에 자연적으로 습득하는 어휘량이 많습니다. 하지만 영어는 노출량이 적어 어휘를 습득하는 데 한계가 있으므로 따로 어휘 학습을 해야 합니다. 영어 초기 단계에서는 책 읽기와 영상을 통해 어휘를 습득하게 됩니다. 리더스 시리즈 다독을 통해 어휘에 자주 노출되면 별도의 학습 없이 사이트워드를 습득하기도 합니다. 낱말 카드나 챈트를 활용해 사이트워드를 학습하는 것도 도움이 됩니다. 또 단어 벽보를 붙여두고 눈으로 익히고, 쉬운 어휘로 반복되는 노래를 부르며 어휘를 습득합니다.

초기를 지나 중급 수준이 되면 별도의 어휘 학습을 시작하면 좋습니다. 영어, 우리말 1:1 단순 대응의 암기식 학습은 맥락 없는 단순 암기라 흥미롭지 않고 오래 기억하기 어렵습니다. 저는 아이와 책을 읽다 처음 보는 단어나 기억하고 싶은 단어는 단어장에 정리하는 활동을 했었어요. 의무적으로 분량을 정해놓고 하는 게 아니라 아이가 기억하고 싶어 하는 단어를 스스로 원할 때만 했습니다. 앞면에 새로 알게 된 낱말과 그림을 그리고 뒷면에 책의 문장을 옮

공부력, 초등 영어 솔루션 77

겨 적습니다. 나만의 단어장이 생겨 뿌듯해하고, 틈틈이 보면 단어를 공부하게 되는 효과도 있습니다.

그리고 이 시기에 활용하기 좋은 것이 사전입니다. 다양한 출판사의 그림 사전을 활용해 하루에 조금씩 읽으며 단어를 학습합니다. 학습보다는 책 읽기와 비슷한 활동으로 지루하지 않게 단어를 배울 수 있어 좋습니다.

그리고 어휘 학습서를 활용하는 방법이 있습니다. 어휘 학습서는 단어장처럼 단어와 뜻만 단순 나열되어 있는 형태가 아닙니다. 학습해야 할 어휘가 들어 있는 짧은 글을 먼저 읽습니다. 글 아래 있는 어휘 풀이를 보며 글 안에서 어휘가 어떤 의미로 쓰였는지 읽으며 어휘를 학습합니다. 이런 방식은 맥락이 있는 어휘 학습이라 기억하기 쉽고, 같은 어휘라도 문장이나 상황에 따라 다양한 의미로 사용되는 것도 알게 됩니다. 비슷한 뜻인지, 반대말인지, 혹은 어휘를 기준에 따라 묶어서 기억하는 방법을 활용하도록 가르쳐주세요.

분석적인 방법의 어휘 학습도 있습니다. 어원을 알고 접두사나 접미사가 같은 단어들을 묶어서 학습하면 의미를 유추하기 쉽습니다. 시중에 나와 있는 교재 중 앱과 함께 활용이 가능한 교재를 선택해 활용해 공부하면 됩니다. 이런 학습법은 고학년 이상에서 사용하는 것이 좋습니다.

글을 읽다 모르는 낱말이 나오면 일단 문맥을 통해 유추해보고 뜻을 짐작해 글을 읽도록 합니다. 무턱대고 사전부터 찾아보는 습관이 들면 유추하는 능력을 기를 수 없습니다. 사전은 유추한 후 확인하는 수단으로 활용합니다. 이 단계를 알려주고 아이 스스로 어휘를 공부하도록 합니다.

초기에는 책과 영상을 통해 자연스럽게 습득되는 어휘로 충분하고, 중기 이후에는 어휘 학습서와 사전을 활용하여 어휘를 확장해 가면 됩니다. 이후 아카데믹한 어휘를 학습할 때는 양이 많기 때문에 효율적인 암기가 필요합니다. 단어장을 마련해 읽은 글에서 모르는 단어의 뜻과 문장을 함께 적어두고 반복해 읽으며 암기합니다.

이렇게 단계별로 어휘 학습의 방법은 다릅니다.

29

마더구스로 영어를 배우면
뭐가 좋아요?

마더구스(Mothergoose)는 옛날이야기와 전래동요를 들려주는 하나의 캐릭터로, 주로 숄과 보넷(모자)을 걸친 통통한 할머니 혹은 거위의 모습을 하고 있어요. 마더구스와 너서리라임(Nursery Rhyme)은 같은 의미인데 영국에서는 너서리라임으로, 미국에서는 마더구스로 불린답니다.

마더구스는 노래와 챈트로 이루어져 있는데, 일상생활과 깊이 연관되어 있어 언제 어디서든 쉽고 재미있게 놀이하며 부를 수 있어요. 손뼉 치며 부르거나, 손가락 발가락을 만지작거리거나 숫자를 세며 부르는 식으로 말이지요. 또는 어른들의 무릎에서 콩콩 뛰며 부르거나 서로 간지럼을 태우며 부르기도 해요. 마더구스를 이렇게 즐겁게 부르다 보면 어느새 영어 학습에도 큰 도움이 된답니다. 또한, 스마트 기기에 익숙한 아이들에게 아날로그적 감성을 키워줄 수도 있지요!

그렇다면 마더구스와 영어 교육과의 관계에 대해 조금 더 상세하게 알아볼까요?

첫째, 영어의 소리에 익숙해져요. 라임과 두운은 영어에 리듬을 부여하는 아주 중요한 두 가지 요소인데, 마더구스를 통해 아이들은 라임과 두운을 쉽게 익히고 즐길 수 있어요.

둘째, 영어의 언어 구조에 자연스럽게 익숙해지고 새로운 어휘를 쉽게 익힙니다.

셋째, 영국에서 수백 년 동안 구전으로 전해 내려오며 영미 문화에 깊숙이 자리 잡은, 문화 코드로서의 마더구스의 가치입니다. 사실 마더구스는 어린이들을 위한 노래와 챈트에 그치지 않고, 영미 문화 여러 곳에 녹아 있어 문학 작품, 드라마, 영화, 일상적인 대화, 정치 만평 등 많은 곳에서 직접적, 은유적, 비유적으로 사용되고 있어요. 마더구스 'Mary Mary Quite Contrary'의 Mary는 영국에서 1911년에 출간된 《The secret garden》(비밀의 정원)의 주인공과 관련되어 있어요. 딸랑이 라임인 Tweedledum and Tweedledee는 이상한 나라의 앨리스에게 나오는데, 엉뚱하고 별거 아닌 일에 계속 집착해서 말다툼하는 어리석은 사람들로 표현되었습니다. 이는 이 마더구스의 가사가 딸랑이를 가지고 다투는 두 사람에 관해 이야기하고 있기 때문이지요.

문화 코드로서의 마더구스를 이야기할 때 영화 〈슈렉〉은 빼놓을 수 없는 영화입니다. 이 영화에는 자그마치 다섯 개의 마더구스 캐릭터가 등장합니다. The Gingerbread Man, Fee, Fi, Fo, Fum, Jack and Jill, Three Blind Mice, Do You Know the Muffin Man 등이 그 예입니다.

이렇게 재미있고 유용한 마더구스를 꼭 내 아이와 함께 불러야 겠다는 생각이 들지요? "그런데 어떻게 마더구스를 부르지? 나는 노래 실력이 없는데…"라고 생각하고 계신다면 걱정은 멀리 날려버리세요! 마더구스는 고음 불가이거나 음정을 잘 못 맞추는 음치들도 모두 따라 부를 수 있게끔 만들어져 있어요. 왜냐하면, 오랜 세월 동안 수많은 사람의 입을 통해 구전으로 이어져왔기 때문에 악보도 없고 그래서 정답도 없거든요! 노래를 듣고 적당히 따라 부르면 됩니다. 유튜브에 가보면 하나의 마더구스라도 음이 모두 제각각이라 처음에는 당황스럽다가 나중에는 마음이 편해진답니다. 같이 노래 부르고 놀기에 너무 커버린 초등학생이라면 대표 마더구스인 Humpty Dumpty, Hey Diddle Diddle, The Gingerbread Man 등을 흘려듣기로 들려주어도 좋아요.

마더구스는 영미 문학의 기초이자 오랜 세월 그 나라에서 구전을 통해 내려온 전래동요입니다. 그 동요 안에는 단순히 노래만이 아니라 라임들이 있고 운율과 함께 스토리에 대한 감각을 자연스럽게 키워줍니다. 어렸을 때부터 운율과 가사로 수없이 듣게 되는 노래인 것이죠.

예컨대 우리가 어렸을 적에 들었던 " 자장 자장 우리 아가 잘도 잔다 우리 아가"는 한국인이라면 누구나 아는 한국식 마더구스라 할 수 있어요. 나를 가장 사랑하는 부모가 눈을 맞추며 불러주던 한국식 마더구스가 우리에게 있듯이, 서양에서도 같은 것이 존재하는 것이라고 이해하면 됩니다.

영미권의 아이들이 어렸을 적 누구나 듣고 자란 전래동요이기 때문에 그 사회에서 자란 성인이라면 마더구스의 캐릭터나 내용, 그림 등을 은유하거나 비유했을 때 무슨 의미인지 바로 알아차릴 수 있습니다. 마치 넷플릭스에서 큰 성공을 거둔 '오징어 게임'에서 "무궁화꽃이 피었습니다"라는 운율을 모든 한국 사람이 이해한 것처럼 말이죠. 외국에서는 처음 들어보는 게임이고 운율이지만 우리에겐 어렸을 적 누구나 한번쯤 해봤을 놀이니까요.

가정에 어린아이가 있다면 마더구스로 아이의 첫 영어 노래를 시작해보기를 추천합니다. 가볍게 동요 듣고 흥얼거린다는 생각으로 시작해보세요.

마더구스로 영어를 배우는 장점

① 영어의 소리와 리듬을 노래로 접하기 때문에 아이가 거부감 없이 첫 영어를 경험할 수 있습니다.

② 반복적인 라임으로 쉽게 따라 하기 좋습니다.

③ 주로 동물들이 나와 의인화하며 영어가 처음인 아이들에게 접근하기 좋습니다.

30

초등학생인데
마더구스가 뭔지 몰라요.

김현지
초중등
영어학원장

마더구스나 너서리라임을 다 큰 초등 고학년이 하기에는 흥미를 느끼지 못할 가능성이 큽니다. "twingkle twingkle little star how I wonder what you are." 이런 마더구스를 틀어주면 어떤 반응을 보일지 상상이 됩니다. 이미 BTS의 노래도 영어로 따라 부르고 팝송도 곧잘 따라 하는 연령대라면 더욱 시기가 지났다고 봅니다. 영어의 전체 그림에서 보면 큰 결핍이 아니니 걱정 안 해도 괜찮습니다.

초등 저학년이라면 그래도 마더구스 중에 선별해서 알려줄 것들은 있습니다. "Old Macdonald had a farm." 이 노래는 틀면 다 따라 부릅니다. "If you happy and you know it clap your hands." 이 노래도 가르쳐준 적이 없어도 어디서든 들었던 적이 있을 것입니다. 유치원에서, 어린이집에서 학교 영어 시간에 어디서든 쯤 들어봤을 운율이죠. 익숙함 때문인지 이 노래를 틀면 거의 다 흥얼거리고 따라 부릅니다. 마더구스 노래들을 틀었을 때 큰 거부감이 없다면 듣고 흥얼거리는 경험이 생기는 정도면 충분합니다.

저는 수업 전에 아이들이 오고 갈 때 은근하게 틀어놓기도 합니다. 몇 살까지라고 정해진 것은 없습니다. 의식하지 못한 채 듣고 있기도 하고 자연스럽게 운율을 익히기도 합니다. 초등 고학년이 아니라면 큰 거부감은 없을 것입니다.

알려주시면 좋죠! 물론 그 많은 마더구스를 모두 알려줄 필요는 없어요. 초등학생을 데리고 간지럼을 태우거나 무릎 위에서 콩콩거리는 마더구스를 불러줄 수는 없잖아요? 그래서 일상 회화나 만평 등에 자주 등장하는 중요한 마더구스 딱 다섯 개만 알려드릴게요. 넘버원 마더구스는 바로 Humpty Dumpty! 미국 대통령 트럼프는 Humty Trumpy 혹은 Tumpy Dumpty라는 이름으로 언론에 자주 오르내리곤 해요. 일상에서도 자주 사용되지만 아슬아슬한 정치적인 상황에서도 자주 인용된답니다. 그 외에도 《이상한 나라의 앨리스》에 나오는 Tweedlednm and Tweedledee, 〈슈렉〉에 나오는 The Gingerbread Man, 영어 그림책에 가장 많이 나오는 마더구스인 Hey Diddle Diddle, 〈토이스토리〉에 나오는 Little Bo Peep까지 필수 마더구스로 추천드려요.

31

엄마표 영어로
리더스북까지는 잘 왔는데,
챕터북으로는 넘어가질 못하네요.

리더스북에서 챕터북으로 넘어갈 때는 그림은 거의 없고 글자 수가 많다는 큰 벽을 넘어야 합니다. 아이가 챕터북 단계로 넘어가지 못한다면, 첫째 실력은 되지만 긴 글을 읽지 못하는 경우일 수 있습니다. 아이의 읽기 호흡이 짧다면 텍스트의 난이도는 챕터북과 크게 다르지 않지만, 글자 수가 적고 그림이 많은 얼리챕터북을 징검다리로 우선 시도해보면 좋습니다. 내 아이 첫 얼리챕터북으로 권당 1,000단어 수준의 짧고 쉬운 《Nate the Great》, 《A Narwhal and Jelly Book》을 골라보세요. 그다음으로 권당 2,000단어 전후이고, 그림 비중이 높은 얼리챕터북인 《Mercy Watson》, 《Princess in Black》, 《Owl Diaries》, 《Press Start!》, 《The Bad Guys》로 들어가는 것이 매끄럽습니다. 챕터로 나누어져 있으니 한 챕터씩 천천히 읽으면 되겠지요. 만약 이마저도 길어서 읽기 힘들어한다면, 난도가 높은 리더스를 골라 읽으며 조금 더 기다려 줍니다. 《An I Can Read》 시리즈의 레벨 2, 《ORT(Oxford Reading Tree)》 레벨 7 이상이라면 글밥은 적지만 챕터북 초입에 읽기에 충분한 수준입니다.

둘째로 아이의 영어 실력이 챕터북에 진입할 만큼이 아닌 경우입니다. 많은 학부모가 "우리 아이가 2점대 책을 읽어요."라는 식으로 아이의 영어 실력을 AR 지수를 기준으로 말하곤 합니다. 하지만 이 읽기 실력이라는 것이 과장되어 있거나, 그렇지 않더라도 생각만큼 읽기 수준이 빨리 높아지지 않는다는 데에 문제가 있습니다. 미국 초등학생은 매년 1,000 워드 패밀리의 어휘를 익히는데, 한국어가 모국어인 우리 아이들이 정말 영어에 푹 잠겨 있는 환경이 아니라면 이 정도 속도로 어휘를 익힐 수가 없습니다. 그래서 1점대에서 2점대, 2점대에서 3점대로 올라가는 데에 실제로 1년보다 훨씬 긴 시간이 필요한데, 성질 급한 우리는 1년을 기준으로 아이의 실력 향상을 기대하기 때문에 오차가 생기는 거지요. 아이가 리더스 단계에 오래 머물러 있다면, 아직 아이 실력이 그 단계를 넘어서지 못했을 가능성을 염두에 두고 상황을 살필 필요가 있습니다. 더 기다려주는 것도 좋은 방법이고, 다독은 물론이고 온라인 독서 프로그램이나 리딩 교재 등을 통해 정독 수업을 이어가며 아이의 실력을 다지는 것도 좋습니다.

챕터북은 그림이 적어지고 글밥이 많아지는 단계입니다. 점점 책이 흑백 갱지로 바뀝니다. 그래픽과 영상 등에 익숙한 세대들에게는 긴 글을 읽는 것이 쉽지 않습니다. 많은 학부모가 리더스에서 챕터북으로 점프하는 이 시기에 고민하게 됩니다.

그래서 이런 시기에 가장 많이 추천하는 것은 얼리챕터북입니다. 리더스북과 챕터북의 브릿지라고 생각하면 이해가 쉽습니다. 아이들은 얼리챕터북을 보면 '그림책이네'라는 생각이 들고 거부감도 적습니다. 또한 비교적 어렵지 않은 어휘와 문장들로 구성되어있습니다. 챕터북과 리더스의 경계를 넘나드는 느낌이 있는 것이죠. 여기서 리더스에서 챕터북으로 안착시키기 위한 가장 중요한 부분은 스토리가 흥미롭고 재미있어야 한다는 점입니다. 아이들 입장에서 생각해보면 당연합니다. 재미없는 데다 글밥까지 길다면 어떠한 이유로도 읽고 싶지 않은 것이 책입니다. 무조건 좋다는 책을 잔뜩 사놓고 왜 안 읽지라고 고민하면 엄마의 속만 타들어갑니다.

아침 시간이나 저녁 잠자리에 들기 전에 청독할 수 있게 책의 음원을 틀어놓으면 그 책을 펼쳤을 때 이미 읽어본 것 같은 효과와 친숙함을 줄 수도 있습니다. 중간중간 알아들을 수 있는 표현들이 귀에 쏙쏙 들리기도 할 것입니다. 이렇게 조금씩 접근하다 보면 아이가 주도적으로 챕터북을 고르고 읽어나가는 날이 올 것입니다.

이때 아이에게 책을 고르는 주도권을 완전히 넘겨주세요. 좋다는 책을 다 읽히려 하지 말고 다양한 시리즈의 한두 권만 보여주고 아이가 직접 고르게 해주는 겁니다. 아이가 독서의 즐거움에 눈뜰 수 있도록 인내심을 가져주세요. 이 시기는 자칫하면 엄마표 영어를 포기하기 쉽습니다.

이런 아이들을 돕는 방법은 몇 가지 있어요.

우선 아이가 리더스북 3~4단계 정도의 책을 어렵지 않게 읽는다면 챕터북을 읽을 수 있는 기초적인 영어 수준은 된다고 보셔도 됩니다. 그래서 이런 친구들에게는 일부러 재미있어 보이는 챕터북을 아이가 평소에 읽는 리더스북들 사이에 함께 꽂아두고 최소한 표지라도 익숙하게 해주시면 좋아요. 새로운 책에는 보통 아이들이 많은 관심을 두는데, 그럼에도 우리 아이가 새 책을 읽지는 않고 대충 다시 내려놓기만 한다면 직접 읽어주거나 함께 읽는 시간을 따로 만들어보세요. 아이와 함께 완독에 의의를 두면서 내용이 생각보다 재미있고 이때 챕터북도 읽을 만한하다는 자신감을 심어주는 게 중요해요.

우리 학원에서도 아이들이 리더스 3단계 정도의 책을 읽을 수 있는 레벨이 되면 일부러 얼리챕터북들 중 아이들이 좋아할 만한 시리즈를 선택해서 1권을 정독 수업으로 자세하고 아주 재미있게 풀어보는 시간을 갖습니다. 이런 수업을 통해 이 시리즈에 흥미를 갖게 된 아이들은 바로 다음 권을 빌려 가서 스스로 재미있게 읽습니다. 한 권을 충분히 흠뻑 즐길 수 있게 함께 깊게 읽어보는 정독 수업도 강력히 추천해요.

또 챕터북은 너무 길고, 글밥이 많고 삽화가 흑백이어서 싫다고 하는 등의 이유를 들어 시도하지 않는 아이들도 종종 있는데요, 요즘에는 삽화가 컬러로 되어 있는 챕터북도 많으니 우선 그런 책들부터 읽기를 시도해보는 걸 권합니다. 챕터북이 리더스북에 비해 두껍고 글밥이 많아서 부담스러워하는 아이들의 경우에는 챕터 단위로 나눠서 함께 읽기도 하고, 어떤 챕터는 직접 읽어주기도 하고,

다른 챕터는 아이가 직접 읽게 하는 등 좀 다양한 방식으로 읽기를 시도하게 하며 내용의 이해를 돕는 게 좋아요.

챕터별 읽기 계획표를 만들어서 아이와 차근차근 읽기를 시도하며 마침내 완독의 기쁨을 만끽하는 파티까지 이어지게 해줘도 좋고, 완독 후 아이가 스스로 느낀 성취감을 꼭 이야기 나누고 공유하게 해주세요. 그 느낌은 아이가 스스로 다음 책을 고르는 행동까지 연결되게 하거든요.

32

엄마표 영어를 하니까
아이 수준이 궁금해요.
학원 레벨 테스트를 받아볼까요?

1~2년에 한 번 정도는 레벨 테스트 볼 것을 추천합니다. 아이와 1학년 때부터 엄마표 영어를 시작해서 3~4학년이 되고, 우리 아이의 영어 위치가 어디만큼 와 있는지 파악할 필요는 있다고 생각합니다. 이런 절차들이 엄마의 불안한 마음을 잡아주는 경험이 될 수 있기 때문입니다.

"걱정했는데, 생각보다 아이가 잘 듣고 있구나, 어휘도 많이 기억하고 있네, 내용 이해도 괜찮은 편이네." 내가 맞는 방향으로 가고 있다고 안심할 수 있으니까요. 엄마표 영어가 순항하기 위해 기준이 객관적이어야 합니다. 아이가 어릴 적부터 마더구스, 영어 그림책, 리더스, 얼리챕터북 등등 영어를 열심히 해왔지만 실제로 엄마표 어머님들과 상담 시 영어 AR 지수 정도밖에는 아이의 위치를 잘 모르는 경우가 많습니다. 초등을 지나 중·고등으로 진학했을 때 아이들은 객관적인 평가에 직면할 수밖에 없습니다. 그때 받을 충격을 미리 조금씩 흡수하는 게 좋다고 생각합니다.

레벨 테스트를 통해 아이에게 부족한 영역을 보완해줄 수 있습니다. 실제로 학생이 엄마표 영어를 하고 왔는데 writing 영역이 상당히 낮은 레벨에 온 사례가 있습니다. 아이가 초6이 될 때까지 학원에 단 한 번도 가본 적이 없다고 했습니다. 그 이유는 '학원은 숙제도 많고 나를 힘들게 할 거야. 나는 그냥 집에서 엄마랑 재미있는 영어책만 읽을래.' 이렇게 아이가 막연하게 학원에 오는 것을 두려워해서였습니다. 그러나 영어를 배우는 다양한 방법이 있다는 것을 아이가 경험하는 게 아이에게 더 좋습니다. 어쩌면 내 아이가 또래 아이들과 함께 수업하면서 더 흥미가 높아지고 선의의 경쟁을 통해 좋은 자극이 될 수도 있습니다. 레벨 테스트를 학원에서 하지 않고 공식적인 영어 시험에 개인적으로 응시해도 좋습니다.

JET TEST : www.jet.or.kr

TOSEL TEST : www.tosel.org

NELT : www.nelt.co.kr

JUNIOR TOEFL : www.toeflyss.or.kr

각 시험 웹페이지에 접속해서 어떤 것을 평가하는지 살펴보고 내 아이가 보기에 적합한 시험을 응시해보세요.

이러한 레벨 테스트는 꼭 실력 체크만이 유일한 목적이라기보다 엄마 자신의 방식도 점검하고 아이에게 또 새로운 것들을 보게 해주는 경험이 될 수도 있습니다. 다만 아이에게 잦은 레벨 테스트를 보게 하는 것은 좋지 않습니다. 엄마의 불안이 그대로 아이에게 전달될 가능성이 높습니다. "내가 영어를 잘 못해서, 엄마가 자꾸 나를 테스트 하나?"라고 아이가 자신을 의심할 수도 있으니까요.

저는 엄마표 영어를 진행 중인 아이에게 특정 학원들의 입학을 위한 레벨 테스트를 보는 것은 별로 권장하지 않는 편이에요.

테스트라고 하는 게 결과에 따라 일희일비하지 말아야지 했다가도 좋지 않은 결과가 나오면 갑자기 당황스럽고 내가 가고 있는 길이 잘못된 길은 아닐까 싶어서 혼란이 오기도 하거든요. 엄마의 혼란이 잘 진행되고 있는 엄마표 영어를 무너뜨리기도 해요. 그래서 저는 엄마표 영어 3년 차 미만의 아이들은 아예 대형 학원 입학 레벨 테스트를 보기보다는 공인 인증 시험 같은 걸 이용해보라고 권유하는 편이에요. TOSEL이라고 하는 테스트는 우리나라 공교육 기반으로 우리 아이가 어느 정도의 영어 실력이 되는지를 객관적으로 보여주는 전국 단위 정기시험이에요. 그 단계도 세분화되어 있어서 보통 TOSEL 베이직과 주니어 시험을 초등학교 단계에서는 많이 응시하고 아이의 실력을 10단계로 나눠서 성적표까지 이후 볼 수 있어요. 응시하는 시험에서 2등급 이내를 목표로 방학 때마다 한 번씩 보는 것도 시험 문제를 해결하는 능력 향상에 도움이 되고, 나름 아이들 본인도 자신의 실력이 향상되는 것을 객관적으로 확인하며 성취감을 느낄 수 있기에 볼 만한 테스트라고 생각해요. 하지만, 엄마표 영어를 진행하며 영어 영상물을 많이 접한 아이들에게는 듣기평가의 속도가 너무 배려 영어 속도라서 아이들이 조금 당황할 수 있다는 점 미리 알아두시면 좋을 것 같아요. 그럼에도 불구하고 우리 아이의 영어 실력을 비교적 객관적으로 공교육 기반으로 하여 알아볼 수 있는 테스트이니 참고해보세요.

또 꾸준하게 우리 아이가 열심히 영어책 읽기를 하며 엄마표 영어 진행 중일 때, 우리 아이는 그 책들을 얼마나 이해하고 있는지 그리고 미국 학생들을 기준으로 우리 아이의 독서 레벨은 어느 정도인지 궁금할 때는 독서 레벨 평가 진단을 받으면 되는데, 이런 진단은 보통 영어도서관에서 SR test 또는 Lexile test로 알아볼 수 있어요. 진단을 받은 후, 우리 아이가 평소 다독을 할 때 읽으면 좋을 책의 레벨을 파악하는 데 참고로 활용하는 걸 가장 권장해요.

예를 들어 우리 아이가 다독으로 읽으면 좋을 레벨의 도서들은 읽었을 때 이해가 80% 이상 되는 정도의 책이에요. 실제로 아이들마다 차이가 있어서 책의 내용 중 90% 이상 이해가 돼야지만 즐겁게 읽는 아이들도 있고요. 그래서 진단 결과에서 받은 레벨보다 30~40% 정도 낮은 수준의 책을 아이가 평소에 다독할 수 있게 이끌어주는 용도로 참고하시면 유의미한 도움이 될 수 있으니, 주변의 사설 영어도서관에서 소정의 비용을 내시고 테스트를 받아보시는 것도 추천해요.

엄마표 영어의 성공 비결은 결국 꾸준한 실천에 있습니다. 아직 아이가 꾸준하게 무언가를 쌓아가기도 전에 레벨 테스트를 받고 부족한 부분을 알게 되어 스스로 흔들리고 시험에 들 만한 상황을 만들지 마세요.

박신영
초등교사
엄마표 영어

엄마표 영어로 영어를 배우는 아이는 별도의 테스트를 받을 통로가 없기 때문에, 부모는 아이의 영어 성장이 제대로 이루어지고 있는지 종종 궁금하고 불안할 수밖에 없습니다. 그래서 엄마표 영어를 하는 부모님들이 가장 많이 이용하는 테스트가 SR 테스트 또는 Lexile 테스트입니다. SR 테스트는 르네상스 러닝에서 개발한 읽기 프로그램을 활용하기 위해 학생의 수준을 진단하는 테스트입니다. 간혹 엄마표를 진행하는 부모님 중 너무 잦은 빈도로 SR 테스트를 보게 하는 경우가 있습니다. 아이의 읽기 능력은 계단식으로 성장합니다. 비슷한 수준의 책을 충분히 읽어야 한 단계 올라설 수 있습니다. 그런데, 너무 자주 테스트를 보면 아이의 성장이 멈추어 있는 것 같아 불안감만 높아집니다.

중간 점검은 엄마표 영어 초반보다는 어느 정도 무르익었다 싶은 시점에 해보는 것이 좋습니다. SR 테스트, Lexile 테스트는 읽기 수준을 알아보기 위한 테스트입니다. 아이의 영어가 영역별로 고르게 성장했는지 알아보려면 토플 프라이머리나 토플 주니어를 추천하고 싶습니다. 토플은 읽기와 듣기를 함께 평가할 수 있고, 토플 주니어 스피킹도 별도로 있어서 말하기 평가도 가능합니다.

33

AR 지수, 렉사일 지수 등
용어 뜻을 알려주세요.

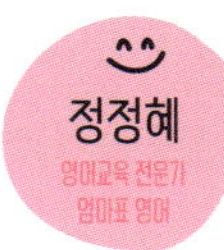

AR 지수는 미국 르네상스러닝에서 만들었는데 각 학년을 10개의 단계로 나누어 책의 수준을 한눈에 알아볼 수 있도록 만든 지수입니다. 예를 들어 AR 1.0이면 1학년 초반, 1.9면 1학년 말 수준이라는 의미지요. 직관적으로 알아보기 쉬워 많은 공립 도서권에서 AR 지수로 원서를 구분해놓았어요. 또 공립 영어도서관이나 어학원 등에서 AR 테스트를 통해 아이의 읽기 지수를 알아볼 수도 있답니다. 가장 대중적으로 널리 알려진 지수로 아이의 실력을 측정하고 책을 고르는 데에 도움이 됩니다. 르네상스 러닝 사이트에서 AR 지수를 검색하면 책의 수준에 대한 보다 상세한 정보를 찾을 수 있어요. 첫째 ATOS Book Level은 텍스트의 난이도를 나타내는 지수로 어휘, 문장 구조, 문법 등 여러 요소를 고려해서 정한 지수입니다. 보통 말하는 AR 지수지요. 둘째 Interest Level은 어느 나이의 아이들이 이 책을 좋아하는지 나타내는 지수입니다. 예를 들어 《Narwhal: Unicorn of the Sea》라는 책은 ATOS Book Level은 2.4인데 Interest Level은 0.5예요. 텍스트의 난이도는 2학년 중반 정도이지만, 취학 전 아이들도 흥미를 느끼는 내용을 담고 있다는 뜻으로 읽기 수준이 높은 저학년생에게 적합한 책이라는 뜻이지요. 세 번째 Word Count는 권당 어휘 수를 알려주는 숫자로 리더스 후반부나 얼리챕터북 이상 수준의 책을 고를 때 요긴하게 참고할 수 있는 정보랍니다.

렉사일 지수(Lexile Level)는 미국에서 가장 보편적으로 쓰이는 독서 능력 지수로, 미국 메타메트릭스에서 개발했으며, 독자의 읽기 수준(Lexile Reader Measure)과 책의 난이도(Lexile Text Measure)를 지수화했습니다. 렉사일 지수는 AR 지수와 호환이 되며, 학년을 기준으로 표시된 AR 지수와 달리 숫자 5단위로 움직여 가장 상세한 리딩 지수라고 할 수 있어요. 예를 들어 초등 1학년 수준의 책을 BR 120L부터 295L까지 83단계로 나누었으니 정말 촘촘한 독서 레벨 지수지요? 참고로 성인을 기준으로 학교와 직장에서 요구되는 일반적인 영어 수준은 1355L이라고 하니 기준으로 삼아도 좋겠습니다. 렉사일 지수는 숫자 이외에도 7개의 렉사일 코드로 책을 더 정확하게 구분했어요.

AD: Adult Directed. 아이 혼자 읽는 것보다 부모 혹은 교사와 같이 읽는 것을 권장.

NC: Non-Conforming. 읽기 수준이 높은 어린 나이의 학습자에게 적합.

HL: High-Low. 읽기 수준은 높지 않지만, 나이는 높은 학습자에게 적합.

IG: Illustrated Guide. 레퍼런스가 같이 있는 경우가 많은 논픽션.

GN: Graphic Novel. 그래픽노블.

BR: Beginning Reader. 렉사일 지수 0L 이하인 책.

NP: Non-Prose. 시, 연극, 노래, 조리법 등을 다룬 책.

특별히 주의해야 할 렉사일 코드는 AD와 HL 코드입니다. AD 코드는 아이들이 따라 하면 위험한 내용이 담겨 있거나, 어른의 지도가 필요한 내용이 있을 때 사용하는데 특히 어린아이들이 보는 책에 곧잘 등장합니다. 먼지가 주인공인《Rhyming Dust Bunnies》같은 책이 여기에 해당하는데 책을 읽고 아이가 먼지와 너무 많이 친근해질까 봐 AD 코드가 붙었다고 보면 됩니다.

HL 코드는 RL(Reading Level)과 IL(Interest Level)에 차이가 있는 경우, 즉, 책을 읽기 싫어하는 청소년이나 인지 수준이 높은 외국어 학습자에게 적합한 코드입니다. 예를 들어《Stick and Stone》이라는 책은 렉사일 코드가 HL 430L입니다. 청소년을 위한 책이지만 텍스트의 난이도는 2학년 수준이라 외국인이나 읽기 수준이 낮은 청소년이 읽기 좋다는 뜻이지요.

GRL 지수는 다독 지수입니다. 렉사일 지수나 AR 지수가 세세하고 정확하기는 하지만 수많은 시리즈 도서를 표현하기에는 불편한 점이 많습니다. '이 시리즈는 이 단계다'라고 간단하게 말하고 싶은데 그렇게 할 수 없기 때문이죠. 사실 다독에서는 AR 지수 2.2를 읽는 아이라면 AR 지수 2.0이나 2.4도 읽을 수 있으므로 더욱 범위를 넓게 잡은 독서 능력 지수가 유용해지지요. 이때 사용하는 지수가 바로 폰타스와 피넬(Fountas & Pinnell)이 개발한 GRL 지수(Guided Reading Level)입니다. GRL 지수는 학령전기, 초등 전 학년을 알파벳 A부터 Z까지 총 26단계로 나누었습니다.

학년	AR	GRL	렉사일
학령전기		A-D	
초등 1학년	1.0-1.9	E-J	BR120~295L
초등 2학년	2.0-2.9	K-M	170L~545L
초등 3학년	3.0-3.9	N-P	415L~760L
초등 4학년	4.0-4.9	Q-S	635L~950L
초등 5학년	5.0-5.9	T-V	770L~1080L
초등 6학년	6.0-6.9	W-Y	866L~1175L

AR 지수, GRL 지수, 렉사일 지수 호환표

34

영어 그림책과 리더스,
얼리챕터북과 챕터북,
노블의 차이점을 알려주세요.

정정혜
영어교육 전문가
엄마표 영어

영어 그림책은 글과 그림이 모여 완성되는 이야기를 담고 있는 책으로 그림을 어떻게 읽는지, 글과 그림 사이의 관계는 어떠한지에 관심을 기울이며 읽어야 합니다. 0세부터 초등학생까지, 아이들이 자라는 동안 늘 가까이에서 접하는 책이지요.

리더스는 그림책과 챕터북의 중간 단계에 있는 책으로 아이가 스스로 책을 읽기 시작하는 단계부터 자연스럽게 책 읽기를 즐기는 단계까지 순서대로 나아가는 데에 도움이 됩니다. 부모가 읽어주는 경우가 많은 영어 그림책과 달리 아이가 주도적으로 집어 들고 읽는 책이지요. 읽기를 막 시작한 학습자를 위한 리더스로는 통문자로 어휘를 익히도록 도움을 주는 사이트워드 리더스와 파닉스를 배우거나 막 파닉스 학습이 끝난 아이들이 읽기를 연습할 수 있도록 도움을 주는 파닉스 리더스 등이 있습니다. 그렇지만 일반적으로 리더스라고 하면 단계별 리더스를 말합니다. 《I Can Read, Step Into Reading》, 《Ready to Read》, 《Hello Reader》 등의 대표 리더스는 페이지당 한 줄이 있는 쉬운 단계부터 챕터북 수준에 이르는 난이도를 가진 단계까지 모두 포함하고 있습니다. 또한, 픽션, 논픽션, 그래픽노블 등 다양한 장르를 모두 망라하고 있어 선택의 폭이 넓습니다. 그림책이 그대로 리더스가 된 예도 있고, 챕터북이 조금 쉽게 변형되어 리더스가 된 예도 있습니다. 그렇지만 리더스는 판형이 규격화되어 있으며, 단계별로 나뉘어져 있다는 점에서 그림책과 다르며, 권당 어휘 수가 훨씬 적다는 점에서 챕터북과 다릅니다.

얼리챕터북은 권당 단어 수가 2,000 단어 전후이고, 대체로 챕터북보다 쉬운 읽을거리입니다. 리더스에서 챕터북으로 바로 넘어가기 버거워하는 학습자에게 적합한 책이지요. 텍스트의 난이도가 챕터북보다 쉬운 편이기도 하지만, 그것보다는 권당 어휘 수가 적어 짧은 호흡으로 책을 읽을 수 있고, 그림의 도움을 받을 수 있다는 점이 더 큰 특징이에요. 대표적인 얼리챕터북 시리즈로는 《Nate the Great》, 《Mercy Watson》 그리고 스콜라스틱에서 나온 얼리챕터북 브랜드인 'Branches' 시리즈 등이 있습니다.

챕터북은 권당 단어 수가 5,000 단어 이상인 경우가 대부분인 책입니다. 원어민을 기준으로 할 때 초등 2학년 이상의 아이들이 흥미를 느낄 만한 내용을 담고 있는데, 전통적인 챕터북은 그림이 거의 없는 흑백 갱지 형태였습니다. 하지만 최근에는 종이의 질도 좋아지고 그림의 비중도 점점 높아지는 추세입니다. 시리즈 도서 형태로 되어 있어 여러 권을 읽을수록 배경지식이 쌓이면서 점점 더 쉽고 재미있게 책을 읽을 수 있게 됩니다.

일러스트레이티드 챕터북은 그림책보다는 그림의 비중이 작지만, 얼리챕터북보다는 그림의 비중이 큰 챕터북입니다. 챕터북과 그래픽노블 사이 어딘가에 있는 책이라고 생각해도 좋습니다. 텍스트의 난이도는 말 그대로 챕터북 수준이라 초등 고학년 수준까지 있습니다. 이미지 정보를 받아들이는 데에 익숙한 요즘 아이들에게 꼭 맞는 책으로 《The Bad Guys》, 《The Terrible Two》, 《Ivy & Bean》 등이 있습니다. 최근 그림책 작가들이 그림책을 읽던 독자들과 함께 자연스럽게 일러스트레이티드 챕터북 시장으로 진입해서 그 비중이 점점 높아지고 있답니다.

그래픽노블과 코믹북은 일반적으로 '만화'라고 부르는 장르입니다. 하지만 슈퍼맨 등 슈퍼 히어로를 중심으로 출간되었던 이전 책들과 달리, 1980년대 이후부터는 다양한 주제를 가진 책들이 많이 출간되었습니다. 홀로코스트를 다룬 미국의 만화가 아트 슈피겔만의 그래픽노블 《MAUS》라는 책이 1992년 퓰리처상을 받은 후 그래픽노블의 위상은 수직 상승했습니다. 최근에는 그래픽노블으로만 구현 가능한 아주 특별한 주제부터, 문화적 다양성 등 다채로운 영역을 다루는 책들까지, 리더스부터 노블 단계까지 많은 책이 출간되고 있습니다.

노블은 완전히 독립 읽기에 들어간 초등 고학년 이상의 아이들을 위한 읽을거리입니다. 뉴베리 수상작인 《Hatchet》, 《Charlotte's Web》, 《The Giver》 등이 여기에 해당하는 책들입니다.

이번에는 영어 원서 선택의 기준이 되는 상도 간단하게 알아볼까요? 칼데콧상은 영어 그림책 분야에서 가장 대중적으로 널리 알려진 상으로 미국 도서관협회에서 매년 금상 한 권과 은상 여러 권을 발표합니다. 은상은 보통 2권에서 5권 사이이며, 칼데콧상은 그림이 수려한 책의 그림 작가에게 주어지는 상입니다.

가이젤상은 닥터 수스상이라고도 합니다. 읽기를 배우는 아이들에게 자신감을 주고, 읽기 연습에 도움이 되는 책을 대상으로 한 상으로 역시 미국 도서관협회에서 매년 금상과 은상 수상작을 발표합니다. 유치 단계부터 초등 2학년 사이의 아이들이 읽는 책을 대상으로 하는데 영어 그림책과 리더스 단계의 책들이 주로 수상작으로 선정됩니다. 뉴베리상은 미국 도서관협회에서 노블을 대상으로 매년 금상 한 권과 은상 여러 권을 발표합니다.

그래픽노블 & 코믹북 분야는 아직 미개척지라 여러 상들이 최고의 자리를 다투고 있습니다. 그래도 가장 눈에 띄는 상은 아이즈너상입니다. 아이즈너상은 코믹북을 대상으로 한 상으로 10개의 카테고리 안에서 매년 10권의 책을 선정해서 발표합니다. 10개의 카테고리 안에는 초등 저학년을 위한 코믹북, 초등 고학년을 위한 코믹북, 청소년을 위한 코믹북 등 다양한 분야가 있습니다.

35

리더스, 챕터북 읽기 순서를
지켜야 하나요?

음, 이 단계를 꼭 지켜야 하는 것은 아닙니다. 하지만 잠깐! 챕터북 단계에서는 논픽션 책이 별로 없으니 논픽션 리더스는 건너뛰지 말고, 그림책, 챕터북과 함께 읽기를 권합니다. 더불어 그림책과 리더스의 관계에 대해 한번 이야기해보겠습니다. 《프레드릭(Frederick)》처럼 그림책이 그대로 리더스가 된 경우도 많고, 《아델리아 베델리아(Amelia Bedelia)》처럼 베스트셀러 그림책이 난이도를 달리해서 리더스에 들어간 경우가 많으니 그림책과 리더스는 아주 친한 사이에요. 그러니 다양한 그림책을 읽어왔다면 그림책이 리더스 역할을 대신할 수 있습니다. 그리고 일반적인 생각과 달리 초등 고학년생들에게 적합한 수준 높은 그림책들도 많으니 이를 충분히 즐기다가 챕터북으로 바로 넘어가도 괜찮습니다.

다만 논픽션 주제 그림책은 많지 않으니, 논픽션 리더스는 그림책 단계에서부터 꾸준히 읽어줄 것을 추천합니다. 리딩 수준이 같은 우리 아이들과 원어민 아이들의 논픽션 리딩 수준에는 큰 차이가 있습니다. 원어민 아이들은 모든 과목을 영어로 배우기 때문에 우리 아이들보다 논픽션 리딩 수준이 훨씬 높습니다. 그래서 챕터북 단계에서 AR 1점대나 2점대 수준의 논픽션 리더스를 읽어도 그리 쉽게 느껴지지 않으니 같이 읽는 것이 좋습니다.

리더스를 거치지 않고 바로 챕터북으로 가는 아이들이 있지만 흔한 경우는 아닙니다. 리더스의 단계를 생략하고 챕터북을 읽는다는 것은 모든 학부모의 부러움을 살 수도 있습니다. 이런 경우의 아이는 모국어 독서 능력도 높은 경우이고 영어를 읽는 것뿐만 아니라 영어의 소리 인풋도 넘칠 정도로 많을 가능성이 많습니다. 즉 영어 전반에 걸쳐 인풋이 넘쳐 흐르는 아이일 경우가 많습니다.

아이가 그림책, 리더스, 챕터북, 소설 이 단계를 그대로 밟아야 한다는 원칙은 없습니다. 마치 파닉스 과정을 하지 않고도 책을 읽는 아이들도 있고 이 과정을 밟아서 책을 읽는 아이들도 있는 것처럼 말입니다. 영상만 보고도 영어를 잘하는 아이들이 있고 책으로 청독하며 귀가 열리는 아이도 있고, 아이들마다 가지고 있는 성향과 영어의 경험이 조금씩 다릅니다.

꼭 어떤 순서를 지켜야 하거나 무슨 왕도가 있는 것은 없습니다. 챕터북을 읽으면서 아이가 재미있어하는 리더스가 생기면 또 재미있게 읽어나가면 됩니다.

　　　　　　　　　　　　　　　　　　　　

챕터북을 읽는 아이가 예전에 읽었던 그림책을 꺼내 읽기도 합니다. 본인이 좋아했던 그림책이 감성적으로 충족시켜주는 무엇인가 있는 것 같습니다. 마치 어른이 아이들 동화를 읽으면 스토리는 단순하지만 감동을 느끼는 것과 비슷합니다. 책의 경계선을 그어놓고 지금부터는 챕터북이고 지금부터는 리더스 끝, 이렇게 접근하는 것보다는 좋아하는 책을 넘나들며 읽는 것이 좋다고 생각합니다.

결론부터 얘기하자면 바로 챕터북으로 넘어가도 됩니다. 리더스는 단계별로 제한된 수의 단어와 구문으로 쓴 읽기 연습용 교재입니다. 이야기 구조가 단순하고 길이가 길지 않아 기승전결이 없거나 빈약해 글을 읽는 재미를 느끼기에는 부족합니다. 레벨이 높은 챕터북 전에 읽을 수 있는 얼리챕터북 시리즈도 많습니다. 얼리챕터북은 리더스와 비슷한 수준으로 어렵지 않고, 이야기의 구조가 다소 복잡해지므로 흥미진진하게 읽을 수 있습니다. 리더스는 읽기용으로 제한된 언어를 사용하는데, 챕터북은 실제 상황에서 사용하는 언어를 사용하므로 훨씬 자연스러운 언어를 배울 수 있고, 영어 사용 국가의 문화도 더욱 깊이 있게 경험할 수 있습니다. 제 아이도 그림책을 읽어주다 스스로 읽을 수 있게 되었을 때, 리더스를 거의 읽지 않고 얼리챕터북을 바로 읽었지만, 무리 없이 재미있게 잘 읽었습니다.

보통 그림책, 리더스, 챕터북의 순서로 읽지만 꼭 그대로 지켜야 하는 것은 아닙니다. 그림책은 문학 작품이므로 계속 꾸준히 읽어도 충분히 좋은 책이고, 오히려 리더스보다 더 어렵습니다. 그리고 리더스를 꼭 읽고 나서 챕터북으로 넘어가야 하는 것도 아닙니다. 아이가 리더스를 재미있게 읽고 좋아한다면 충분히 읽어도 좋습니다. 하지만 영어를 늦게 시작해서 시간의 단축이 필요하거나 리더스에 큰 재미를 느끼지 못한다면 리더스는 조금만 읽고 얼리챕터북을 읽어도 괜찮습니다.

챕터북은 그림이 거의 없는 텍스트 중심의 책이기 때문에 리더스를 읽지 않고 얼리챕터북으로 넘어갈 때는 처음부터 혼자 읽는 묵독이나 소리 내어 읽는 낭독보다는 집중 듣기(청독) 방법이 좋습니다. 청독(audio assisted reading)은 음원을 들으면서 눈으로 텍스트를 따라가며 읽는 방법입니다.

36

논픽션을
꼭 읽어야 하나요?

네, 꼭 읽어야 합니다. 논픽션 책은 허구가 아닌 사실에 기반을 둔 내용을 담고 있어요. 《National Geographic Kids Readers》나 《Fly Guy Presents》, 《Little People, Big Dreams》 같은 사회과학 주제의 책들이 여기에 해당합니다.

영어의 어휘는 일상에서 사용하는 어휘, 학술 어휘(Academic Vocabulary), 특정 주제의 어휘(Domain specific words) 등 세 가지로 나뉠 수 있습니다. 우리 아이들은 영상을 통해 일상에서 사용하는 어휘를, 독서와 학습을 통해 학술 어휘를 익힐 수 있습니다. 그리고 논픽션 책을 통해 특정 주제의 어휘를 익힐 수 있습니다. 예를 들어 'metamorphosis(변태)'라는 어휘는 개구리 등 특정 동물에 관해 이야기할 때만 만날 수 있는 어휘이지요. 영어의 수준이 높아질수록 요구되는 어휘의 수준도 높아지므로, 자연스럽게 일상에서 사용하는 어휘뿐만 아니라 학술 어휘나 특정 주제의 어휘 지식이 점점 더 필요해집니다.

그러니 논픽션 책은 꼭 읽어야 합니다. 엄마표를 진행하는 '엄마들'과 영어 수업을 진행하는 '영어 선생님들' 대부분이 문과 성향이죠. 그래서 논픽션만 보면 두려운 마음이 듭니다! 한글로도 모르는 지식이 가득한 논픽션 책이라니! 하지만, 이 세 가지를 기억합시다. 논픽션은 재미있다! 아이들은 논픽션을 좋아한다! 그리고 우리에겐 논픽션 리딩 교재가 있다! 논픽션 원서를 집어 들기 두렵다면 정답과 배경지식까지 쉽게 구할 수 있고, 매일 조금씩 읽으면 되는 리딩 교재를 골라도 됩니다. 논픽션 리딩 교재로 브릭스의 《Bricks Reading》과 빌드앤그로우의 《Link》를 추천합니다.

소설처럼 허구로 꾸민 이야기가 아닌 사회, 인문, 자연과학 등 사실을 바탕으로 쓴 글을 논픽션이라고 합니다. 수능에서 비문학 지문이 어렵다는 이야기 들어보셨나요? 바로 비문학이 논픽션입니다.

그렇다면 '논픽션을 읽어야 하나요?'라는 질문에는 너무나 당연하게도 "읽어야 합니다."라고 말씀드릴 수 있습니다. 수능의 영어지문은 대부분 논픽션입니다. 시험이라고 이름 붙여진 영어의 지문들은 거의 다 논픽션이라고 생각하시면 됩니다. 논픽션은 어휘도 일상적인 어휘들이 아닙니다. 아카데믹한 어휘들이 대부분입니다. 소설 위주의 글을 주로 읽었던 아이라면 논픽션의 어휘가 낯설게 느껴질 것입니다.

공부력, 초등 영어 솔루션 77

예를 들어 꽃에 대한 글을 읽을 때 픽션에서는 꽃이 아름답다, 색깔이 어떻다고 하는 꽃을 묘사하는 글들이 대부분이지만 논픽션에서는 꽃을 학문적으로 배우게 되는 것이죠. pollen(꽃가루), nectar(꿀, 과즙), petal(꽃잎), stem(줄기) 등 아이들 입장에서 생소한 어휘들이 등장할 수 있습니다. 논픽션을 많이 읽은 아이는 이러한 어휘에도 노출이 많이 되었기 때문에 지문 자체를 어렵게 생각하지 않습니다.

또한 논픽션을 읽기 전에 중요하게 고려해야 하는 사항은 바로 우리말 배경지식이 먼저 있어야 한다는 것입니다. 아이들이 식물이 자라는 데 무엇이 필요한지 모국어로 배경지식을 이미 습득했다면, 이 내용을 영어로 읽었을 때 쉽고 재미있게 읽을 수 있습니다. 햇빛, 물, 토양, 광합성 등의 논픽션 어휘도 자연스럽게 이해할 수 있습니다.

논픽션 영역을 수업할 때 가장 흥미로워하고 재미있어하는 아이들은 대부분 우리말 독서를 많이 하는 아이라는 공통점이 있습니다. 논픽션을 공부할 때 너무 어려운 내용을 아이들 머릿속에 주입해야 한다고 생각하지 마시고 나이와 학년에 맞게 충분한 배경지식이 있을 때 내용을 접하게 하면 흥미롭게 읽을 수 있습니다.

얼마 전 초등학교 2학년 아이들과 수업 중에 한 논픽션을 함께 읽었는데, 물이 부족한 우간다의 어린이들을 도운 한 소년의 실제 노력과 이후 기금 모금 및 선행 활동 등에 대한 글이었습니다. 물이 없어서 한 번도 더러운 물을 마셔본 적이 없는 우리 아이들은 아프리카 대륙의 지도에서 생

전 처음 들어보는 우간다라는 나라를 찾아보고 우리나라와는 기후와 문화가 다른 그곳에 관심을 두기 시작했어요. 그러면서 우리가 왜 물을 아껴 써야 하고, 또 얼마나 감사한 환경에서 살고 있는지를 깨달았다는 이야기를 저마다 2학년 아이들답게 쏟아냈습니다. 그 논리와 통찰이 제법 그럴듯하고 기특해서 칭찬을 듬뿍 해주었던 기억이 나네요. 이렇게 아이들은 역사나 사회 문제를 다룬 논픽션을 읽으면 현실 세계의 다양한 측면을 더 깊이 이해할 수 있게 돼요. 그리고 주로 사실과 논리에 기반한 논픽션은 아이들의 비평적 사고력을 향상시키고 실제 정보를 효과적으로 분석할 수 있는 능력을 기를 수 있게 도와줍니다. 논픽션 읽기가 도움이 되는 부분이 많지요?

책장에 논픽션 도서들을 잔뜩 구비해둬야겠다는 생각을 하셨나요?

하지만 픽션도 엄연히 그 자리가 있어요! 픽션은 상상 속의 세계를 탐험하고 창의력을 키우는 데 정말 좋은 도구예요. 이야기의 흐름을 따라가며 캐릭터들의 감정과 행동을 이해하는 과정에서 아이들은 독해력과 문맥 이해력을 향상시킬 수 있거든요. 아이들의 공감 능력은 사실 기질적인 부분 외에 다양한 상황 속 캐릭터들의 감정 묘사라던가 행동을 통한 이해 훈련을 통해 성장하기도 해요. 그래서 픽션을 통해 상상력과 창의력을 높여주는 부분 외에 이런 감성적 성장까지 함께할 수 있는 픽션도 논픽션과 함께 아이들에게 균형 있게 읽히는 것이 중요해요.

이 외에도 아이들은 픽션과 논픽션을 균형 있게 읽으면서 각각 다르게 요구되는 리딩 스킬을 훈련하게 돼요. 논픽션은 사실과 논리를 중심으로 이해하고 분석하는 데 도움이 되며, 픽션은 이야기 속에서 감정을 이해하고 문맥을 파악하는 리딩 스킬을 향상시키지요.

그래서 아이들이 어릴 때는 특히 논픽션만 읽히는 것보다는 논픽션과 픽션을 함께 읽히는 게 정말 좋아요!

논픽션은 정보 전달을 목적으로 객관적인 사실에 근거해 쓴 글입니다. 아이들이 읽는 논픽션 하면 가장 대표적인 것이 사회, 과학, 미술 등의 교과서입니다. 또 잡지나 신문 기사, 또는 《The Magic School Bus》처럼 특정 주제나 개념을 담고 있는 이야기 형태의 논픽션도 있습니다. 논픽션을 읽으면 영어와 주제별 내용을 동시에 학습할 수 있다는 장점이 있습니다. 챕터북이나 소설(픽션)과 달리 내용을 꼼꼼하게 읽어야 하는 특성이 있어 정독을 연습하기에도 좋습니다. 또한 주제와 관련된 어휘와 지식을 습득할 수 있습니다. 아이가 이야기 형태의 논픽션이나 사진, 삽화가 있는 논픽션을 즐겁게 읽는다면 좋아하는 분야의 논픽션을 충분히 읽도록 해주세요. 하지만 부모님 욕심에 다양한 분야의 논픽션을 읽도록 강요하지는 마세요. 논픽션은 일상의 어휘가 아닌 특정 주제에 관련된 어휘가 많아 학문적인 어휘를 배울 수 있다고 생각할 수도 있지만, 반대로 어휘가 낯설어 읽기 어려울 수 있습니다. 만만한 수준의 흥미로운 책을 읽는 것은 도움이 되지만 억지로 읽는 논픽션은 영어책에 싫증을 내게 할 수 있습니다.

특히 미국 교과서나 레벨이 높은 논픽션 읽기를 계속해야 한다고 생각하지 않습니다. 어려운 논픽션은 우리말로 읽어도 됩니다. 우리말로 개념을 배우고 나중에 영어로 논픽션을 읽게 되면 훨씬 쉽게 읽을 수 있습니다. 이미 어휘를 많이 알고 있어 그것을 영어로 치환하는 것은 어렵지 않습니다. 아이가 원하면 무엇이든 괜찮습니다. 언제나 답은 내 아이에게 있습니다. 어려운 논픽션도 읽겠다고 하면 얼마든지 읽어도 됩니다. 하지만 논픽션도 읽어야 한다고 해서 아이에게 의무적으로 권하지는 않았으면 합니다. 그런 부담감은 내려놓고 아이가 원하는 영어책을 마음껏 읽게 해주세요.

37

정독 VS 다독!
뭐가 더 좋을까요?

다독(多讀)은 많은 양의 책을 읽는 것이고, 정독(精讀)은 뜻을 새겨가며 자세히 읽는 것입니다. 그렇다면 영어에서 다독과 정독의 목적이 무엇인지 알아야 상황에 알맞은 독서를 할 수 있겠지요? 다독의 목적은 즐거움입니다. 책을 읽고 북 퀴즈를 풀거나 별도의 독후 활동을 하지 않고 자유롭게 읽는 것입니다. 다양한 책을 즐기며 읽음으로써 영어에 대한 노출을 늘리는 것도 주된 목적 중 하나입니다. 다독을 하면 책을 읽다 자주 접하게 되는 어휘나 구문을 자연스럽게 습득합니다.

정독은 짧거나 긴 글을 자세하게 읽은 후 글의 주제 혹은 구조 파악하기, 인물의 성격과 인물들의 관계 파악하기, 줄거리 요약하기 등 목표로 하는 활동을 위해 읽는 방법입니다. 다독은 아이 스스로 관심 있는 책을 편하게 골라서 읽으면 되기 때문에 별도의 도움이 필요하지 않지만, 정독은 선생님이나 부모님의 도움을 받아 자세히 읽는 방법을 배워야 합니다.

다독과 정독은 목적이 다른 읽기 방법입니다. 글을 읽는 목적은 상황에 따라 다릅니다. 둘 중 어떤 독서가 더 좋다거나 중요하다고 할 수 없습니다. 초등에서의 평가는 의사소통 중심의 말하기, 듣기 위주의 평가이지만, 중·고등학교 그리고 수능 시험에서는 지문을 분석적으로 읽는 능력이 필요합니다. 다독은 특별한 목적을 가지고 읽지 않기 때문에 분석적 읽기 능력을 기르기 어렵습니다. 그렇다고 어려서부터 정독으로만 읽기를 강요하면 책 읽는 즐거움을 느끼지 못하고 학습처럼 느껴 독서에 대한 흥미를 잃을 수 있습니다.

아이가 읽는 즐거움을 느껴 영어책 독자로 살아갈 힘을 길러 주려면, 다독뿐 아니라 학업과 일상생활에 필요한 정독의 기술을 익히게 함으로써 균형 잡힌 독서를 할 수 있는 사람으로 성장하도록 도와주어야 합니다.

정독은 제시된 글을 여러 번에 걸쳐 꼼꼼하게 읽고 내용 이해, 어휘, 쓰기, 문법 등의 본격적인 언어 학습을 진행하는 것입니다. 아이의 읽기 수준보다 높은 책을 고르는 경우가 많으며 교사의 도움을 받아 책의 내용을 속속들이 이해하게 됩니다. 한 권으로 여러 차례 수업을 진행하므로 한 권을 한 달 혹은 두 달 동안 읽는 경우도 많답니다. 원서와 워크북을 같이 사용하는데 주로 학원이나 교습소 등에서 이루어지는 수업 형태이지요. 짧은 글감을 읽고 문제를 푸는 리딩 교재도 여기에 해당하는데, 학원과 엄마표 영어 진행자 모두 사용하기에 편리해요.

다독은 글의 내용을 이해하는 것에 초점을 두고 속도감 있게, 많이 읽는 것을 말합니다. 아이의 수준과 같거나 더 낮은 책을 골라 쭉 읽어나가기 때문에 짧은 시간에 많은 책을 읽을 수 있어요. 가장 효과적인 어휘 학습이라는 '우연적 어휘 학습'이 활발하게 일어나는 것도 다독을 통해서죠. 우연적 어휘 학습이란 글을 읽으며 내용을 이해하는 과정에서 문맥을 통해 모르는 어휘의 의미를 습득하는 것을 말해요. 다독은 아이가 스스로 책을 읽는 것이기 때문에 학원 등 기관에서는 이루어지기 힘든 형태의 읽기예요. 온라인 독서 프로그램은 정독 위주인 곳 〈리딩게이트〉과 다독 위주인 곳 〈아이들이북〉으로 나뉘어지니 목적에 맞게 선택하면 됩니다.

그동안 엄마표 영어 진행자들로부터 "다독만 해도 되지 않나요?"라는 질문을 여러 차례 받았어요. 다독으로 언어를 배울 수 있다면 한국어 말하기에 능통한 우리 아이들은 한글 독서만 해도 충분할 겁니다. 하지만 고등학교 졸업할 때까지 열심히 언어 과목을 공부하지요? 듣기, 말하기, 읽기, 쓰기를 균형 있게 발전시키기 위해서는 정독 단계를 반드시 거쳐야 합니다.

반대로 다독 없이 정독만 하면 어떻게 될까요? 우리처럼 되는 거지요! 단어를 엄청나게 외웠고 문법 공부도 많이 했고, 어려운 책도 읽을 수 있지만 정작 필요할 때 그 언어를 사용할 수 없는 사람이라니! 정독과 다독의 비율을 어떻게 해야 하는지는 아이의 취향, 영상 활용 정도 등 여러 가지 변수를 고려해야 하므로 딱 잘라서 말하기 힘듭니다. 하지만 둘 다 똑같이 중요하고 한쪽으로 치우치면 안 된다는 사실은 꼭 기억하시길요!

결론은 둘 다 중요합니다. 다독은 영어 읽기를 배우는 단계에서 더 중요합니다. 레벨이 낮을 때는 여러 번 다양하게 많은 양에 노출되는 것이 외국어 학습에 이점이 크기 때문입니다. 많은 양을 읽는 것이기 때문에 본인의 레벨보다 쉬운 책이 좋습니다. 어려운 책을 여러 권 읽으라 하면 버텨낼 수 있는 아이들은 거의 없습니다.

학원에서 말하는 정독은 책 한 권을 완전하게 이해하는 방식입니다. 책에 나오는 어휘, 문장 연습, 쓰기, 북리뷰 등 워크시트도 풀고 내용 이해 정도를 정확히 체크하며 책을 읽습니다. 이런 과정을 통해 문해력을 향상시키는 것입니다. 누군가 이끌어 주는 방식이기 때문에 조금 어려워도 따라갈 수 있습니다.

특히 정독은 시험 준비에 유리합니다. 한국에서 공부하는 아이들에게는 중·고등 학교의 시험과, 더 멀리는 대학 입학이라는 커다란 관문이 존재합니다. 시험에는 캐주얼하게 이해하고 넘어가는 정도로 해결되지 않는 절대적인 수준이 존재합니다. 수능 영어가 절대평가인데도 1등급의 비율이 크게 늘지 않는 이유는 시험의 절대적인 수준이 높기 때문입니다. 영어책을 다독으로 접근하다가 점점 레벨이 올라가며 정독으로 옮겨지는 시기가 올 수밖에 없습니다.

38

자꾸 같은 책만 반복해서 읽는데, 괜찮을까요?

걱정할 필요가 없습니다. 아이들이 같은 책을 유난히 반복해서 읽는 것은 마치 익숙한 친구와 계속 노는 것이거든요. 이런 반복적인 만남은 언어 학습에서 놀라운 이점을 얻을 수 있어요. 어휘와 문장 구조를 더 잘 이해할 수 있고, 언어의 흐름을 느끼고 익히게 될 거예요. 반복적인 영어 영상물을 통한 효과와 비슷한 부분이 있지요.

그리고 익숙한 책을 반복해서 읽으면 아이들은 의외로 자신감을 키울 수 있어요. 스스로 이야기를 이해하고 해석하는 과정에서 성취감을 느끼거든요.

일부러 저는 아이들과 수업할 때 같은 책을 반복해서 유창하게 읽고 이해할 수 있는 수준까지 연습을 시킵니다. 이런 훈련이 누적되면 아이들은 의미를 머릿속으로 연상하면서 문장을 자연스럽게 읽거나, 텍스트를 보지 않고도 문장을 줄줄 말하는 등의 모습을 보여주기도 해요.

"선생님, 저 이거 책 안 보고도 처음부터 끝까지 다 읽을 수 있어요." 한껏 상기된 표정으로 자랑하는 귀여운 아이들의 모습이 떠오르네요. 반복을 통한 자신감 키우기, 꽤 의미 있지 않나요?

괜찮습니다. 《Captain Underpants》와 《Dog Man》의 저자 데이브 필키는 난독증 때문에 험난한 학창 시절을 보낸 것으로 유명하죠. 어린 시절 매주 어머니 손에 이끌려 도서관을 찾았는데, 책 읽기가 어려워 늘 만화 같은 흥미 위주의 책만 골라 읽었습니다. 하지만 그의 어머니는 데이브 필키가 어떤 책을 골라 와도, 심지어 같은 책을 1년 내내 골라 와서 읽어도 한 번도 제재를 가하지 않았다고 해요. 그의 읽기 습관은 그렇게 형성이 되었고, 작가로 성공한 후 여러 인터뷰에서 이를 언급하며 자신의 어머니에게 감사를 표했지요.

내 아이가 쉬운 책만 읽거나 같은 책을 계속 들고 온다면, 데이브 필키를 생각해보세요. 아이는 그 책의 수준 혹은 그 책이 편한 겁니다. 물론 내 아이가 읽기에 어려움을 겪는 경우인지 관찰은 해야 합니다만 일단은 느긋하게 지켜보는 것이 옳습니다. 언젠가 반드시 다음 책으로 넘어갈 겁니다.

아이가 같은 영화를 계속 보는 것, 같은 책을 반복해서 읽는 것을 문제라고 여기거나, 불안해 하는 이유

190

가 뭘까요? 먼저 왜 이 질문을 하는지 생각해보세요. 이미 다 아는 내용인데 그것을 반복하는 시간이 아깝다고 생각하는 게 아닐까요? 그 시간에 다른 영화, 다른 책을 읽으면 새로운 대화와 표현을 들을 수 있으니까요. 하지만 우리 어른들의 영화 감상, 독서를 생각해보세요. 한 번 보고 읽는다고 모든 내용을 다 알지 못합니다. 오히려 두 번째 볼 때, 전체적인 이야기를 알고 있어서 이야기의 서사를 따라가야 하는 에너지가 덜 필요하므로 처음 볼 때는 보지 못했던 디테일한 장면이나 대사가 보이고 들립니다.

아이가 같은 책을 반복해서 본다면, 여전히 재밌고, 볼 때마다 새로운 무언가를 발견하고 있는지도 모릅니다. 또 반복하면 좋은 점이 있습니다. 문장이 익숙해지고 기억에 남아 그 문장을 비슷한 상황에서 자연스럽게 쓸 수 있게 됩니다. 언어 학습에서 반복은 좋은 방법이니 걱정하지 말고, 책이든 영화든 아이가 그만 볼 때까지 마음껏 보게 두세요. 그래도 너무 오래 본다 싶으면 비슷한 느낌의 책이나 영화를 몇 편 골라서 권해보세요. 반복하고 싶은 책, 영화가 한두 편만 늘어도 걱정이 덜하지 않을까요?

영어뿐 아니라 우리말 책 중에서도 아이들이 유독 좋아하는 책이 있기 마련입니다. 엄마의 마음은 아이가 다양한 주제의 글을 읽었으면 좋겠는데 말이죠.

하지만 같은 책을 반복해서 읽었을 때의 장점을 생각해볼 수 있습니다.

먼저 그 책에 나온 표현이나 어휘는 수없이 반복해서 봤기 때문에 이미 자기의 것으로 소화되었을 가능성이 많습니다. 다른 책을 읽었을 때 이미 소화한 표현이 자동으로 떠오르고 비슷한 내용의 책은 내용 파악도 훨씬 빨라질 것입니다.

또 아이가 어떤 종류의 글에 푹 빠져 한 종류만 읽는다고 가정했을 때 그 분야에 대해 누구보다 깊이 있는 지식이나 흥미를 느낄 가능성이 많습니다.

예를 들어 A라는 아이가 로봇을 좋아했습니다. 그러다 보니 로봇과 관련된 책에 관심도가 높았습니다. 계속 로봇에 관련된 글을 보고 늘 로봇 얘기만 할 정도로 로봇에 푹 빠진 초등 시절을 보냈습니다. 나중에 코딩과 연결점을 찾더니 열심히 컴퓨터 프로그래밍을 배우고 책으로 독학하고 대회도 나가고 본인이 가고 싶은 대학도 찾고 어디서 일하고 싶은지, 어떤 교수가 유명한지까지 다 알게 되었습니다. 결국 이 아이는 로봇 공학자가 되겠다는 확고한 꿈을 갖게 되었습니다.

어린아이가 같은 책을 반복해서 보다가도 어떤 계기로 또는 새로운 경험에 의해 새로운 관심사가 생기고 계속 변화하기 때문에 크게 걱정할 부분은 아닙니다. 다양한 경험을 통해 궁금한 분야가 생길 수 있도록 관심을 기울인다면 해결될 문제입니다.

39

혼자서 조용히 영어책을 읽는
2학년 아이예요.
잘 읽고 있는지 어떤지 모르겠어요.

만약 "꾸준히 낭독 연습을 했으면 좋겠는데 그렇지 않다."라는 의도의 질문이라면, 아이가 내켜하지 않으면 억지로 낭독 연습을 시킬 필요는 없다고 생각해요. "아이의 읽기 수준을 측정하기 위해 소리 내어 읽기를 시키려고 하는데 아이가 읽지 않는다."라고 하면 방법이 있습니다.

미국은 아이들의 읽기 능력에 국가적인 관심을 기울이는 나라지요. 그래서 학년마다 평균 읽기 기준이 제시되어 있습니다. WCPM은 Words Correct Per Minute의 약자로 1분 동안 아이가 정확하게 읽은 글자의 수를 일컫는 용어예요. 1학년 60 WCPM, 2학년 100 WCPM, 3학년 112 WCPM, 4학년 133 WCPM, 5학년 146 WCPM, 6학년 146 WCPM입니다.

아이의 읽기 수준에 맞는 책을 골라 1분 동안 소리 내어 읽게 해보세요. 아무리 읽기를 싫어해도 1분은 할 겁니다. 그중에서 정확하게 읽은 어휘 수를 측정하는 것이 가장 가시적인 읽기 실력 테스트 방법이에요. 아이가 평소 읽는 책이 AR 2점대이고, 해당 책을 100 WCPM 속도로 읽는다면 평균 정도입니다. 물론 얼마나 전달력 있게, 정확한 발음으로 읽는가는 별도로 판단해야 하겠지요.

음독하는 것을 싫어하는 아이들도 있습니다. 엄마 입장에서는 참 답답합니다. 소리 내어 읽으면 더 좋다고 하고 속도에 맞게 레벨에 맞게 잘 읽는지 확인할 수도 있는데 아이는 좀처럼 소리 내어 읽는 걸 싫어합니다. 아이가 원래 성격이 소극적이어서 그런 것인지 유독 영어책 읽기에서만 그런 것인지 궁금합니다. 혹은 엄마에게 실수하는 모습을 보이기 싫어하는 완벽주의 성향이 있을지도 모릅니다. 아이가 완벽주의 성향을 가진 경우는 속에 생각보다 많은 것을 담고 있어도 혹시나 틀리면 어쩌지라는 생각으로 발표도 꺼리고 적극성이 낮아지는 경향이 있습니다.

아이의 성향상 말수가 적고 수업 시간에도 거의 목소리 듣기가 힘든 아이가 있습니다. 몇 년을 지도해도 이런 성향이 크게 바뀌지는 않습니다. 혼자 읽는 것을 싫어하거나 부담스러워한다면 여러 가지 방법으로 읽기를 유도할 수 있습니다.

첫 번째, 엄마와 함께 읽기입니다. 엄마랑 짝을 지어 사이좋게 읽는 모습을 상상해보세요. 이때 주의할 점은 정확하게 읽을 목적이라기보다는 재미있는 활동이라고 생각해야 아이가 부담을 느끼지 않을 것입니다. 조금 틀려도 멈춰서 고쳐주기보다 자연스럽게

공부력, 초등 영어 솔루션 77

다음 문장으로 넘어가며 활등을 이어가도록 해주는 게 좋습니다. 엄마 한 줄, 아이 한 줄 이렇게 사이좋게 읽어보세요. 가끔 엄마가 잘 못 읽는 척하며 아이한테 도움을 요청해보세요. 엄마를 가르쳐 줬다는 생각에 자신감이 향상될 것입니다.

두 번째, 소리 내어 읽기에 재미를 느낄 수 있는 요소를 넣어보세요. 어떤 특정 단어가 나오면 박수를 친다든지, 단어를 거꾸로 읽기를 한다든지 서로 역할을 나누어 대사 치듯이 역할놀이로 해보던지, 책에 중간중간 메모지로 특정 단어들을 가려놓고 기억해서 읽기를 한다던지 아이가 도전해보고 싶게 유도해주면 좋습니다. 딱딱하게 정자세로 앉아 읽는다는 생각을 버리고 책 읽기가 자연스럽게 나올 수 있도록 상상력을 더해보길 바랍니다.

세 번째, 소리 내어 읽는 책은 아이가 읽기에 만만한 것이 좋습니다. 큰맘 먹고 읽어야 하는 책이 아닌, 만만하게 집어 들 수 있는 책을 말합니다. 본인의 레벨보다 조금 쉬운 책으로 음독하는 것이 도움이 됩니다. 특히나 소리 내어 읽기를 싫어하는 아이라면 더욱 부담을 낮춰주는 것이 좋겠습니다.

네 번째, 아이가 누군가 앞에서 소리 내어 읽기를 싫어한다면 혼자 녹음하며 읽기도 시도해보면 좋습니다. 아이에게 휴대폰으로 녹음하는 방법을 가르쳐주면 초1 정도 되는 아이들도 스스로 녹음 할 수 있습니다. 메시지 녹음 기능을 사용해서 재미있게 읽기 녹음 활동도 해보세요. 엄마가 먼저 녹음해서 엄마 어떠냐며 들려주는 것도 좋습니다.

우선, 아이가 읽은 책의 이야기를 얼마나 잘 이해했는지를 알아보기 위해서 간단한 질문을 해보면 좋아요. 예를 들어 이야기의 주인공은 누구인지, 어떤 일이 일어났는지, 그 일이 일어난 장소는 어디였는지, 왜 그런 일이 일어났는지 등과 같은 간단한 질문과 답으로 아이가 얼마나 이야기를 잘 이해했는지 확인해볼 수 있어요.

이렇게 책에 관한 질문과 답으로 아이의 이해도를 확인해볼 수도 있고, 책 속의 그림을 함께 보면서 아이가 읽은 책의 내용에 대해 간단히 설명해보게 하는 '이야기 재구성해보기'도 역시 좋은 확인 방법이고, 재미있는 활동이 될 수 있어요. 아이와 책에 대한 이야기를 나눌 때 가장 주의할 부분은 답을 확인하는 듯한 말투나 분위기가 아닌 호기심을 가지고 대화를 나누는 자세예요.

아이와 즐거운 북토킹을 하기 위해서는 진정성 있는 호기심을 유지하며 대화해나가는 것이 절대적으로 필요하다는 걸 잊지 말고, 의미 있는 대화를 나눠보길 바라요.

아이의 성향상 낭독을 싫어할 수 있습니다.

하지만 유창하게 소리 내어 읽는 연습도 필요합니다. 초등 4학년 영어 교육과정 읽기 영역에는 '쉽고 간단한 낱말이나 어구, 문장을 따라 읽을 수 있다.'라는 성취 기준이 있습니다. 따라서 소리 내어 읽는 연습을 통해 유창하게 읽을 수 있어야 합니다. 이런 이유를 들어 아이에게 낭독의 필요성을 이야기해주는 게 좋습니다.

공부력, 초등 영어 솔루션 77

그리고 아이가 재미있게 낭독할 방법을 다양하게 시도해보아야 합니다. 부모님과 같이 읽기, 부모님이 읽어주면 따라 읽기, 한 페이지씩 번갈아 가며 읽기 등의 방법을 사용해보세요. 대사가 있는 책은 연극 대본처럼 역할을 나누어 연기하듯이 읽으면 흥미롭게 느낄 수 있습니다. 그리고 아이가 좋아할 만한 장치를 마련해보세요. 저는 밴드를 만들어 영상을 올리는 낭독 챌린지를 했습니다. 가족들이 듣고 '좋아요'를 눌러주면 아이가 낭독을 즐겁게 할 수 있습니다.

40

AR 2점대 리더스를 읽는 아이입니다.
꼭 소리 내서 읽으려고만 해요.

김현지
초중등
명대학원장

소리 내어 읽는 것은 한때입니다. 우선 소리 내어 읽는 것은 많은 에너지가 필요합니다. 야심 차게 이 책을 다 소리 내어 읽어야지 하고 시작해도 몇 장 넘어가다 보면 목도 아프고 페이지도 빨리 넘어가지 않아 중간에 멈추고 묵독해버리는 경우가 더 많습니다. 조금만 더 지켜보다 보면 아이가 조용히 읽고 싶어 하는 단계로 넘어갈 것입니다.

AR 2점대라면 소리 내어 읽으면 좋은 단계입니다. 눈으로 아는 단어를 아이가 발음할 수 있다는 것이고 그 의미는 들어서 단어를 인지할 수 있고 스피킹에 재료로 쓸 수도 있다는 의미입니다. 소리 내어 읽으면서 의미 단위로 끊어 읽는 것도 자연스럽게 익힐 수 있습니다. 다양한 문장과 표현을 연습하는 것이니 아이의 영어 항아리에 차곡차곡 쌓여가는 소리가 들리는 듯합니다.

소리 내어 읽는 것이 언어의 영역에서는 굉장히 중요한 연습 방법입니다. 소리 내어 읽는 에너지가 많이 사그라들 시점이 오고 있으니 큰 걱정하지 말고, 지켜봐도 괜찮을 것 같습니다. 제발 좀 소리 내서 읽어보라고 해도 읽지 않는 아이도 있는데 어쩌면 행복한 고민인 것 같습니다. 언어를 배울 때 소리 내어 따라 하고 소리 내서 읽는 연습은 최고의 방법입니다. 행복한 미소로 아이를 바라봐주세요. 곧 이 시기가 그리운 날이 올 것입니다.

읽기의 유창성 훈련을 위해 소리 내어 읽는 연습이 아이의 독서 습관 형성에 영향을 줄 수 있어요. 그래서 혼자 조용히 책을 읽는 연습이 필요한 단계에서도 자꾸 소리 내서 읽으려고만 하는 아이를 보면 고민이 될 수도 있지요. 저는 아이와 책을 많이, 그리고 빨리 읽는 방법에 관한 이야기를 나눠보길 권해요. 그 후 소리 내서 읽는 방법과 소리 내지 않고 묵독하며 읽는 방법으로 실험을 해보면 어떨까요? 예를 들어 10분 동안 같은 책을 소리 내서 읽은 분량과 묵독하며 읽은 분량을 비교해보고, 짧게 이해도를 확인하는 질문을 던져 아이의 답도 확인하면서 어떤 방법이 더 많은 책을 빨리 읽을 수 있는 가장 좋은 방법인지 이야기를 나눠보는 거지요. 물론 방법을 안다고 해서 바로 아이가 묵독하게 되는 건 아닐 수도 있어요. 하지만 묵독 하면 좋은 이유를 납득할 수 있게 된다면 함께 노력해보자는 설득이 더 잘 먹힐 수 있으니 한번 해보세요.

리더스는 읽기 연습을 하기 위해 사용하는 책으로 아이가 소리 내어 읽는다면 책의 목적에 부합하는 읽기를 하는 것입니다. 낭독은 아이가 소리 내어 읽으면서 스스로 잘 읽을 수 있다는 자신감도 생기고 유창성을 기르는 좋은 연습 방법입니다. AR 2점대 책은 책 페이지 수가 많지 않아 낭독하기 좋은 책입니다. 머지않아 읽기 실력이 향상되면 읽는 책이 두꺼워집니다. 그때는 낭독을 시켜도 힘들어서 할 수가 없습니다. 자연스럽게 청독이나 묵독으로 넘어가게 됩니다. 지금 2점대 리더스를 즐겁게 낭독하는 아이를 칭찬하며 마음껏 읽도록 두면 됩니다.

41

영어 섀도잉을 열심히 시켰는데
아이의 스피킹이 늘지를 않아요.

영어 섀도잉(shadowing)은 오디오를 들으면서 '거의 동시에' 따라 말하는 영어 학습 방법으로 '연따'라고 불리기도 합니다. 오디오를 듣고 소리가 멈춘 상태에서 따라 말하는 것은 '에코잉'이라고 해요. 에코잉으로 어느 정도 연습을 한 다음에 섀도잉 단계로 넘어가게 된답니다. 듣기와 말하기의 유창성에 도움이 되는 섀도잉에 대해 알려드릴게요.

- 충분히 영어 소리에 노출이 되어 귀가 어느 정도 열렸을 때 시작한다.

- 글은 보지 않고 소리로 들으면서 따라 말한다.

- 따라 말하는 내 목소리가 듣기에 방해가 되기 때문에 이어폰을 끼고 한다.

- 영어 실력이 충분하지 않을 때 섀도잉 연습을 너무 많이 시키면 의미는 모른 채 앵무새처럼 따라 하기만 할 수 있다. 쉐도우잉을 많이 했는데도 여전히 말문이 트이지 않는다면 이 경우일 가능성이 높다.

- 연음 규칙을 체득하고 강세와 리듬까지 자연스럽게 익혀 전달력 있는 영어를 구사할 수 있게 되지만, 잘못된 발음이 굳어질 수 있다. 예를 들어 무성음, /f/, /z/, /th/ 등 원래 정확하게 발음하지 못하던 미세한 소리는 섀도잉으로 고치기는 힘들기 때문에 따로 연습하는 것이 좋다.

- 어린아이들은 혀가 빨리 움직이지 않아 오디오 속도가 너무 빠르면 따라 할 수가 없다. 취학 전 아동은 분당 단어속도가 100~120 WPM 이하, 초등학생이라면 120-130 WPM 사이, 그리고 아주 유창한 아이라 할지라도 150 WPM 이하인 오디오북을 고르는 것이 좋다.

- 듣기 능력 향상을 목표로 한다면 말하기의 정상 속도인 120 WPM 이상의 오디오 자료를 활용해야 한다.

- 섀도잉을 할 때는 과도한 집중력이 필요하니 어린아이에게 긴 시간 연습을 시키면 안 된다.

아이에게 섀도잉 연습을 시키기 전에 직접 한번 해보세요. 5분만 해도 목이 마르고 머리가 어질할 겁니다. 섀도잉은 한 번에 5분 동안 하는 것으로 시작해서 조금씩 시간을 늘려가는 것이 좋은데, 아무리 길어도 30분 이상은 시키지 않았으면 좋겠어요. 섀도잉은 말하기에 도움을 되므로, 아이가 말문이 트이려고 하거나 이제 말하기 연습을 하면 좋겠다는 생각이 들 때 하면 좋아요. 그리고 섀도잉을 꼭 해야 하는 것은 아니니 아이가 싫어하면 억지로 시킬 필요는 없습니다. 화상 영어나 원어민 회화 수업이 그 대안이 될 수 있습니다.

영어 섀도잉에서 가장 두드러지게 나타나는 발전은 영어 발음과 영어가 가진 인토네이션을 체화시킬

있다는 것입니다. 문장마다 어떤 뉘앙스로 말하고 있는지 그대로 따라 하는 것이기 때문에 자연스럽게 영어의 발음과 인토네이션을 연습할 수 있습니다.

실제로 원어민과 대화 시 발음보다 인토네이션 때문에 한국인의 영어를 못 알아 듣는 경우가 더 많습니다. 제가 생각하는 영어 섀도잉의 가장 첫 번째 목적은 귀가 트이는 것입니다. 가만히 듣고 있는 것보다는 문장을 따라 하면 일타쌍피의 효과를 거둘 수 있는 것이고 일단 충분한 듣기를 하기 위하여 섀도잉한다고 생각하면 됩니다. 섀도잉을 1년 정도 했다고 하여 바로 유창한 스피킹이 될 리는 없습니다. 우리는 생각보다 상당히 미비한 양의 듣기를 하고 있습니다. 귀를 트이는 데 시간과 노력을 별로 들이지 않고 영어 단어나 문장을 외우면 스피킹이 된다는 착각을 하는 것입니다.

영어 섀도잉을 할 때 아이들을 관찰하다 보면 의미 없이 소리만 맹목적으로 따라 하는 아이들이 있습니다. 특히 어릴수록 본인이 하는 섀도잉이 무엇을 위해 하는지 모르고 수동적으로 하는 것이죠. 그러다 보면 그 글자나 표현에 맞게 소리가 매치되어 섀도잉을 해야 하는데 눈은 허공을 바라보거나 영혼 없이 입만 따라 하는 경우가 있습니다. 소리를 제대로 섀도잉한다면 당연히 리스닝이 되기 시작할 것입니다. 단어 한 개씩만 들렸던 것들도 청크 단위로 들리기 시작할 것이고 뭉개지던 발음도 교정되어 갈 수 있습니다.

그렇다면 '잘 따라만 하면 영어가 되는 것일까?'라는 의문이 생깁니다. 우리가 베트남어 영상을 틀고 듣는다고 가정해보면 1년 정도 마냥 듣기만 하면 과연 얼마나 베트남어를 이해하고 말할 수 있을까요? 만약 베트남어 어휘들도 모르고 뜻도 모르고 그냥 섀도잉만 한다면 듣기가 가능해질까요? 스피킹으로 이어질 수 있을까요?
제 답은 아니다입니다.

영어 섀도잉도 마찬가지로 언어의 4가지 영역이 함께 토대를 가지고 지어나가야 영어라는 집이 지어집니다. 섀도잉을 열심히 했다면 리스닝이 될 것입니다. 리스닝이 되어 영화도 자막 없이 어느정도 알아듣고 섀도잉했던 표현들이나 단어들이 들리니 아는 척도 하게 될 것입니다. 영어 원서나 영화 등을 섀도잉한다고 했을 때 종합선물 세트처럼 함께 지어나가야 영어 스피킹도 가능한 것입니다.

영화를 섀도잉할 때 중요한 두 가지 팁

1. 영어 자막이 있으면 안 됩니다. 자막이 있으면 1초 만에 눈으로 읽어버리게 됩니다. 그러면 귀가 닫히게 됩니다. 청각적으로 집중하지 못하기 때문에 섀도잉 효과가 떨어집니다.
2. 영어기초 단계에서는 멈추고 따라 하는 에코잉을 먼저 하도록 하세요. 섀도잉(연따) 방식은 기초 레벨에서 하기가 버겁습니다.

아이가 섀도잉을 통해 기대한 만큼 스피킹 능력이 늘지 않는 이유는 여러 가지일 수 있는데, 그중 가장 큰 비중을 차지하는 이유는 영어로 말해야만 하는 환경의 부재입니다.

영어로 발화할 필요가 강하게 느껴지는 환경에 놓이는 것이 스피킹 실력을 향상시킬 수 있는 가장 좋은 방법입니다. 그래서 저는 학부모들에게 이렇게 조언해요. 무조건 일대일로 형편 되시는 대로 가장 많은 시간을 자주 원어민 교사와 대화 나누는 수업을 하게 만드시라구요. 일대일로 수업을 하게 되면 수업 시간 내내 영어로 발화해야 하는 압박이 오롯이 아이에게만 느껴지기 때문에 다른 친구에게 미룰 수도 없고, 본인이 모두 대답하고 대화에 주도적으로 참여할 일이 많아지게 될 수밖에 없어요. 이럴 때 아이는 섀도잉으로 연습한 상황들을 실제 자신의 환경과도 연결 지어 맥락이 통하는 말을 자연스럽게 쏟아냅니다.

말하기는 상황적 맥락의 경험을 통해 익숙해지는 말이 많아져야 대화를 자연스럽게 할 수 있게 돼요. 그냥 의미는 모른 체 똑같이 모방만 하면서 알게 된 문장은 스피킹 실력 향상에 도움이 되지 않지요. 그래서 아이들이 영어 섀도잉 연습을 할 때 소리 모방만큼 중요한 것은 그 문장의 의미를 알고, 어떤 상황에서 활용되는 문장인지 충분히 연상을 하며 실제 상황처럼 모방해보는 것이에요. 그래야 비슷한 상황에서 내가 꺼내 쓸 수 있는 문장으로 나올 수 있어요. 그래서 아이가 영어 섀도잉 훈련을 할 때 일상 중 많이 활용해볼 수 있는 환경을 만들어주는 건 아주 중요해요. 아이들이 되도록 일상 생활에서 많이 경험 할 수 있는 상황으로 제작된 영상물을 예로 삼아 역할을 나누어 상황에 맞게 연기하듯 주고받는 연습은 아주 좋은 훈련의 예시가 될 수 있답니다.

42

엄마표 영어를 하다 학원을 간다면
언제쯤 학원을 보내는 게 좋을까요?

정정혜
영어교육 전문가
엄마표 영어

늦어도 5학년 올라가기 전에 학원 시스템 안으로 들여보내는 것이 좋다고 생각해요.

첫째, 감정적 이유로 사춘기에 접어든 아이와 부딪히는 일이 잦아지는데 거기에 영어 스트레스까지 더해진다면 아이와의 사이가 점점 벌어지거든요. 더 큰 파도인 중학생 시절을 잘 보내기 위해서라도 이즈음부터는 학습에 자율성을 부여하고 책임감을 키우도록 유도하고 약간 거리를 두는 것도 괜찮아요. 솔직히 이때부터는 아이가 이끄는 대로 잘 따라 오지도 않고 점점 힘이 부칩니다. 학원에 보내면 학원 진도에 맞게 예습과 복습을 조금 도와주면 되니 오히려 관계가 편해집니다. 물론 이때에도 주말에는 영상 시청이나 책 읽기를 하도록 분위기를 조성해주는 것이 좋아요.

둘째, 교육 시스템에 기반을 둔 학습적 이유 때문입니다. 아무리 늦어도 6학년에는 학교에서 배우는 영어, 시험을 위한 영어 학습법으로 영어 교육의 방향을 바꾸어야 합니다. 영어에 능숙한 유학생들이라도 학교 영어 시험에서 만점을 받기 힘든 것이 한국의 교육 현실이지요.

셋째, 학원에서도 엄마표 영어로만 해온 아이들은 1:1 수업에 익숙해서 단체 수업을 힘들어하거나, 영어 영역 간 편차가 크면 반 배정이 부담스러울 수 있어요. 하지만 학원에 보냈다고 엄마표 영어가 끝나는 것은 아닙니다. 학원 과제 체크, 정서 케어, 집에서 다독과 영상 시청 챙기기 등 엄마는 여전히 아이와 손을 잡고 가야 하니까요.

학원장의 관점에서 엄마표 영어를 하다가 학원에 보낼 생각이 있으시다면 미취학 시기에는 영어 그림책 노출을 통해 영어에 대한 흥미와 긍정적인 정서를 만들며 진행하시다가 초등 저학년에는 학원에서 학습적인 영어를 접하도록 해주면 좋겠어요. 이 시기에도 엄마표 영어 진행이 학원 주도형으로 바뀌는 것보다는 엄마표 영어와 학원 협업 방식으로 진행하는 것을 강력히 추천해요.

그런데 되도록 엄마표 영어를 진행하면서 아이와의 관계가 악화된 이후보다는 여전히 관계가 좋은 상태일 때 학원에 보내시는 게 더 좋아요. 학원에 다닌다고 해도 집에서 해야 할 과업 등을 과제로 내주는데, 아이가 초등학교 저학년이거나 아직 자기 주도적 학습 습관이 자리 잡히기 전이라면 여전히 엄마표 영어와 학원 협업 방식의 진행이 필수이기 때문이에요.

저는 주위의 엄마표 영어 진행자 분들에게 이런 조언을 자주 해요. 딱! 하나만 신경 쓰자고요.

아이가 자기 주도적으로 영어책 읽기와 학습 그리고 관심 있는 콘텐츠를 직접 선택해서 정해진 시간만큼 즐길 정도로 좋은 습관을 만들기에 공을 들이자고요.

처음부터 목표를 '아이 주도적 습관 만들기'로 설정해두고, 엄마와 같이 하던 것들을 차츰 스스로 할 수 있게 하는 것을 가장 중요한 비중으로 두고 훈련하는 것이 엄마표 영어가 빛날 수 있는 비밀입니다. 엄마표 영어는 처음엔 엄마 주도형으로 아이의 영어 환경이 만들어졌지만 점점 아이 주도형 영어 환경이 만들어지도록 세심하게 아이와 모든 과정의 피드백을 공유하고 아이 스스로 조율하여 계획을 세워 실천할 수 있게 격려해주길 권장해요.

이 부분은 영어에만 국한되는 것이 아닌 학습 전반에 걸쳐서 가장 중요한 부분입니다.

아이의 학습 습관도 잘 자리 잡았고, 엄마표 영어로 진행도 비교적 잘 되고 있는데 학원과 협업하면 좋은 시너지가 나는 시기는 다음과 같습니다.

1. 아이가 영어로 쓰기 실력이 잘 늘지 않아서 집중적인 관리가 필요할 때
2. 초등 고학년 이상의 아이가 중·고등 학교에서 요구하는 교과적 영어 학습에 대한 적응 훈련이 필요할 때

이때 이미 자기 주도적인 학습 습관이 잘 만들어진 아이가 학원에서 학습에 관한 전문적인 도움과 관리를 받으며 가정에서 진행

공부력, 초등 영어 솔루션 77

중이던 영어 노출 시간을 꾸준히 유지할 때 아이의 영어 실력은 우리가 기대하는 것 이상으로 발전할 가능성이 높아질 겁니다.

김현지
초중등
영어학원장

"선생님 안녕하세요! 저도 영어 강사인데요, 초5 딸을 엄마표 원서 기반으로 가르쳤고 지금은 AR 4~5 점대 정도 됩니다. 그런데 제가 영어 강사인데도 체계적으로 그래머나 어휘, 라이팅(wirting)을 다뤄주기가 너무 힘들어서 이제는 학원을 보내야 할 것 같아요."

엄마가 영어 강사인 경우에도 이런 어려움을 느끼는 순간이 오는 것 같습니다. 학원의 스케줄은 늘 정해진 시간에 정해진 양을 학습하고 그에 맞는 테스트가 이루어지고 부족한 부분을 보충하는 과정을 반복합니다. 가정에서 이렇게 한다는 것은 상당히 어렵습니다.

체계적인 관리가 필요한 시점이 대부분 이때쯤입니다. 아이와 책은 재미있게 읽을 수 있지만 내 아이가 어떤 부분이 강점이고 약점인지, 만약 부족한 부분을 알았다면 엄마는 솔루션을 제시해줘야 하는데 여기서 막막함을 느낄 수 있습니다. 이 막막하고 불안함이 해결되지 않는다면 이제 다른 기관으로 아이를 보내야 할 시점입니다.

이렇게 결심하고 아이를 학원에 보내려면 레벨 테스트를 봐야 합니다. 피할 수 없는 관문입니다. 막상 레벨 테스트를 보니 어려운 책도 잘 읽고 내용 이해도 잘하던 아이가 소리 내어 읽기를 시켰더니 생각보다 오류가 많을 수 있습니다. 엄마는 대충 알고는 있었지만 외부의 날카로운 평가에 처음 직면하는 날이 될 것입니다.

아이가 라이팅 테스트를 보면, 비교적 간단한 단어 스펠링도 오류가 많고 읽기 능력과 쓰기 사이에도 차이가 큰 경우가 많습니다. 하지만 걱정하지 마세요. 엄마표 영어를 하다가 아이를 학원으로 보낼 때 마치 무엇인가 중간에 실패한 것처럼 생각하는 경우가 있는데 그렇지 않습니다. 엄마표 영어를 언제까지 해야 성공이고 언제까지가 실패라는 것은 없습니다.

아이가 엄마와 함께한 영어의 여정이 고스란히 아이에게 남겨져 있습니다. 레벨이 생각보다 낮게 나와도 실패가 아닙니다. 영어에 대한 편하고 좋은 정서를 남겼고, 학습이 아닌 영어를 접했고, 영어로 영화도 볼 줄 알고 원서에 대한 거부감도 없는 아이로 성장했습니다. 무한한 잠재력을 듬뿍 안고 학원에 오기도 합니다. 언제까지 엄마표를 한다고 정해진 것은 없습니다. 내가 정한 것이 내 아이의 엄마표 영어입니다.

초등 고학년인 제 아이는 지금껏 쭉 엄마표 영어를 진행해오고 있습니다. 아이가 듣고 읽는 것은 이제 스스로 하고, 말하기는 화상 영어를 하고 있는데, 늘 영어 글쓰기가 마음에 걸렸습니다. 엄마 실력으로는 좋은 글쓰기로 이끌어줄 자신이 없어서 5학년 말에 모두가 알 만한 영어학원 두 곳을 선택해 처음으로 레벨 테스트를 보았습니다.

초등 고학년에는 보통 문법을 중심으로 하는 내신 대비 학원으로 간다지만, 고민 끝에 특별히 글쓰기가 강점이라는 어학원을 선택했고 일주일에 두 번 2시간 30분씩 수업을 들었습니다. 학원은 생각보다 훨씬 좋은 경험이었습니다. 난생처음 어휘 시험을 보며 단

210

어를 잘 외우는 방법을 스스로 고민해보고, 매주 노블을 읽고 주어진 주제에 맞는 글쓰기를 하여 첨삭 지도를 받는 것도 좋았습니다. 아이의 영어 공부를 점검하고 발전시킬 수 있는 경험이었습니다.

하지만 학원에 다니기 시작하니 아무리 적은 양이라도 학원 숙제에 매이게 되고 혼자 공부할 시간을 확보하기 어려웠습니다. 그래서 아이와 이야기를 나눠보니 학원에서 배운 방법대로 집에서 혼자 해보겠다고 해서 4개월 정도 다니고 그만두었습니다. 현재는 다시 집에서 혼자 영어 공부를 하고 있습니다.

엄마표 영어를 하면서 내 아이는 현재 또래 아이들과 비교했을 때 적정한 수준일까, 집에서 혼자 하는 영어에 구멍은 없을까, 늘 궁금했습니다. 엄마표 영어를 하는 다른 분들도 비슷한 고민을 할 것으로 생각합니다. 아이가 혼자서 듣고, 읽고, 말하기도 어느 정도 된다면 한 번쯤 학원에 다녀보는 경험도 의미가 있을 것 같습니다. 사실 조금 더 일찍, 4학년이나 5학년 초쯤 다녔다면 조금 더 길게 보냈을지도 모르겠습니다. 6학년을 앞둔 시기에 보내려니 다른 공부할 시간을 확보하기 어려워 오래 다니지는 못했습니다.

저와 비슷한 고민이나 불안함을 가지고 엄마표 영어를 진행하고 계신 분께 이 길이 틀리지 않으니 꾸준히 하면 좋겠다는 말을 꼭 드리고 싶습니다. 레벨 테스트를 하고 원장님과 상담할 때 두 학원에서 모두 결과가 좋다며, 이전에 어느 학원에 다녔는지 질문을 받았습니다. 학원은 처음이라고 하자 두 분 원장님 모두 놀라며 엄마표 영어를 어떤 방법으로 진행했는지 궁금해하시더라고요. 집에서 아이와 대단하게 한 것 없습니다. 그저 꾸준히 듣고 읽고 했을 뿐입니다. 아이가 우리말을 배우고 시간이 지남에 따라 국어 실력이 늘듯,

영어도 똑같습니다. 거북이처럼 더디고 눈에 보이는 것이 없어 맞는지 의심스럽더라도 묵묵히 꾸준히 해보세요. 이 길이 절대 틀리지 않음을, 어쩌면 이 길이 가장 옳은 길임을 알게 되는 날이 반드시 올 거예요.

43

맞벌이 부부가 엄마표 영어를
잘 진행할 비결이 있을까요?

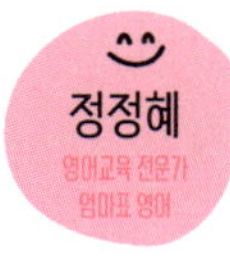

저도 일하는 엄마여서 그 고충을 잘 알고 있답니다. 저는 자투리 시간과 간식 먹는 시간, 주말을 최대한 활용했어요.

우선 아이가 혼자 할 수 있는 부분과 부모가 꼭 옆에서 도와주어야 하는 부분을 구분해보세요. 취학 전 아이라면 영상 시청 외에는 늘 같이 도와주어야 하지만, 초등학생이라면 영상 시청, 집중 듣기, 수준에 맞는 책을 읽는 것(다독) 등은 모두 아이 혼자 할 수 있습니다. 물론 처음에는 영상과 책을 선택할 때 도움을 주고, 시간 배분을 잘 하도록 유도해야겠지요. 정독, 즉 학습에 초점을 둔 읽기라면 영어 학원이나 온라인 영어 독서 프로그램 등 외부의 도움을 받거나, 직접 워크북이 잘 갖추어진 교재(브릭스나 빌드앤그로우 교재 추천)를 골라 바로 옆에서 도움을 주면 됩니다.

하루 중 언제, 어느 정도 시간으로 어떤 방식으로 영어를 접할지에 대해 윤곽을 잡고 나면 그대로 쭉 밀고 나가면 됩니다. 취학 전이든 취학 후든 영상 시청이야말로 영어에 노출하는 양을 최대치로 끌고 가는 방법입니다. 영상이나 오디오 집중 듣기를 시작할 때 한동안은 아이의 취향을 알아보고, 그 학습 방식에 익숙해지도록 옆에서 지켜보는 노력이 필요합니다. 보통 한 달에서 석 달 사이에 영상의 경우 한글 자막 금지, 집중 듣기의 경우 오디오 음성에 눈 혹은 손으로 따라가기 등의 규칙에 적응해나갑니다. 그때부터 매일 영상 시청과 오디오 듣기를 아이가 자발적으로 할 수 있게 하면 나머지 시간을 알차게 보낼 수 있을 겁니다.

워킹맘으로서 엄마표 영어를 하는 경우, 아이가 영어를 편하고 친근하게 해주는 것을 첫 번째 목표로 삼고 너무 욕심 부리지 않는 방법을 추천하고 싶습니다. 너무 높고 이상적인 학습 계획을 만들고 "나를 따르라"라고 외치는 방식이면 실패할 가능성이 큽니다. 아침부터 저녁까지 엄마와 떨어져 있던 아이는 엄마에게 하고 싶은 말이 많을 수도 있고 엄마도 퇴근 후 잠시라도 편하게 쉬고 싶은 마음이 있을 거라 생각합니다.

하루에 딱 30분 정도 영어를 흘려 듣자라든지, 자기 전에 영어책 한 권은 함께 읽는다든지, 주말에 영화 한 편을 가족들과 자막 없이 본다든지, 무리하지 않는 계획을 세워 꾸준히 이어가는 것이 좋을 것 같습니다. 마음의 부담을 내려놓고 하루에 딱 30분만 꾸준히 영어에 노출하는 것도 상황에 따라 최선이 됩니다.

영어책이든 우리말 책이든 함께 읽고 대화를 나누는 시간이 있

214

으면 그것으로 충분합니다. 전업주부와 맞벌이 엄마를 비교하는 것은 의미도 없고 아이에게 도움이 되지도 않습니다. 엄마표 영어가 큰 숙제처럼 느껴진다면 과감히 접고 기관에 맡기고, 부모는 퇴근 후 아이와 더 진하게 사랑을 나누는 시간을 갖는 것이 더 좋은 선택이 되기도 합니다. 정서적으로 안정된 아이는 공부도 잘하고 대인 관계도 잘해나갈 힘을 얻습니다. 너무 버거운 상황에서 엄마표가 좋다니까, 옆집 엄마도 해주니까 해야 하는 것은 아닙니다. 영어를 배우는 여러 방법 중에 엄마표 영어라는 한 가지 방법을 선택하는 것입니다.

'퇴근 후 또 출근'을 한 양육자라면 영어를 얼마나 잘 가르칠 것인가보다 양질의 시간을 적당히 확보하는 것이 정말 중요할 것 같아요. 꼭 아이와 함께하고 싶은 시도 중 한두 개를 꾸준히 실천하는 것이지요.

예를 들면, 퇴근 후 씻기 전에 아이랑 같이 '책을 한 권 읽고 함께 씻기' '자기 전에는 내일 함께 읽을 책을 고르기' 등과 같은 습관을 만들고 꾸준히 실천해보세요. 그리고 꼭 부모가 아이를 이끌어줘야 한다는 강박에서 벗어나 아이 주도형 영어 노출 시간을 만드는 것이 좋습니다. 아이가 오늘 하루 중 읽은 책 또는 영상물 중 부모에게 추천하고 싶은 내용을 이야기 나누는 것도 좋겠지요. 그리고 아이의 이야기를 진심으로 경청하며 긍정적인 반응을 해주는 것은 아이가 부모와 함께하는 시간을 기대하게 만드는 비법이지 않을까 생각해요. 아이와 함께하는 시간이 좀 적다고 미리 포기하지 마시고, 우리 아이와 나만의 짧고 굵은 퀄리티 타임을 한 번 할애해보시면 어떨까요? 학습 자체에 대해서는 주위의 기관도 적극적으로 활용하시고요. 무엇보다 아이가 기대할 만한 '양질의 시간 확보하기'를 잊지 마시고 꼭 도전해보세요.

결국 부모가 아이에게 가장 큰 영향을 주는 것은 좋은 습관 만들기에 대한 기여가 아닐까요.

박신영
초등 교사
엄마표 영어

우선 하루에 아이와 함께할 수 있는 시간이 언제인지 살펴보고 그 시간을 마련해보세요. 가정마다 마련할 수 있는 시간은 다를 거예요. 확보할 수 있는 시간을 계산했다면 그 시간에 무엇을 할지 생각해보세요. 취학 전 아이라면 영상 보기와 책 읽어주기, 두 가지만 꾸준히 하면 됩니다. 그러니 하루에 많은 시간을 할애하지 않아도 괜찮습니다. 잠자리 독서(Bedtime story)로 책 한두 권 읽어주는 것은 꾸준히 할 수 있습니다. 엄마가 할 수 없는 날은 아빠가 대신 읽어주고, 두 분 다 시간이 안 되는 날도 있을 거예요. 계획을 세웠다고 해서 계획에 너무 매이는 것도 좋은 방법은 아니라고 생각해요. 하지만 어쩔 수 없다는 핑계로 하루, 이틀 넘어가는 것은 경계해야 합니다. 최대한 계획은 지키려 노력하되 안 되는 상황에 대해 너무 죄책감을 가질 필요는 없습니다.

그리고 시간 여유가 있는 주말을 이용해 아이가 볼 만한 영상 목록을 작성해보세요. 어떤 매체로 보여줄 것인지도 미리 준비해두세요. 저는 퇴근 전에 아이를 돌봐주시는 할머니께 정해진 때에 준비한 영상을 보여주도록 부탁드려 영상을 매일 꾸준히 보게 했습니다.

만약 취학 후라면 엄마와 약속한 활동은 아이 스스로 할 수 있어요. 저는 아이와 함께 활동을 계획한 후, 체크리스트를 만들어 활용했습니다. 리더스 몇 권 읽기, 그중 한 권 소리 내어 읽고 녹음하기, 영상 보기 등 하루 동안 해야 할 일을 스스로 하는 습관도 기를 수 있어 좋아요. 그리고 저는 퇴근길에 도서관에 들러 아이와 함께 읽을 책을 대출해왔습니다. 아이가 유아기, 초등 저학년 시절엔 영어책을 들고 출퇴근하는 게 일상이었어요.

아이와 종일 함께할 수 있는 엄마라면 시간적 여유가 있어 더 잘할 것 같다는 생각에 안타깝고 불안한 마음이 들겠지만, 꼭 그렇지는 않아요. 효율적으로 듣고 읽을 방법을 마련해 실천해보세요. 조금이라도 '매일 꾸준히'의 힘은 강합니다.

44

엄마표 영어를 하다 학원에 가면
잘 적응할 수 있을까요?

많은 아이들이 다양한 이유로 엄마표 영어를 진행하다가 학원에 옵니다. 아이들의 학원 생활을 돕는 방법은 세 가지 측면으로 나눌 수 있어요.

첫째, 학원에서 내주는 과제에 대한 적응. 사실 엄마표 영어를 잘 진행해오던 아이들에게 학원 과제가 어렵게 느껴지는 경우는 거의 없을 거예요. 하지만, 엄마표로 평소에 해오던 동일한 공부와 학원 과제를 동시에 다 해내라고 한다면 학원 과제를 버겁게 느끼게 되는 경우도 있으니 학원 과제에 적응하는 동안에는 그동안 엄마표 영어로 해오던 공부량을 과감하게 줄여주세요.

둘째, 육체적 피로. 아이는 일단 매일 정해진 시간에 학원이라는 장소를 오고 가는 일은 해보지 않은 루틴이라 피로도를 호소할 수 있어요. 열심히 적응하고 있는 아이를 많이 응원해 주고, 수업 중 새롭게 배운 내용이나 느낀 점 등에 대해서 아이와 자주 이야기를 나누면서 수업에 잘 집중할 수 있게 조언해주세요.

셋째, 학원에서 하는 각종 테스트에 대한 적응. 학원에서는 성과 관리를 위해서 각종 테스트가 자주 있을 거예요. 테스트를 많이 경험해보지 않은 아이들은 이 브분에서 좌절을 할 때도 있고, 자신감을 잃는 등 심리적으로 흔들리는 경험을 할 수 도 있어요. 이때 아이가 실수와 실패를 통해서 더 많은 것들을 배울 수 있다는 것과 노력을 통해 극복할 수 있으니 같이 노력해보자고 하면서 쉽게 포기하지 않게 도와주세요.

기본적으로 엄마표 영어를 통해서 자기 주도적으로 공부하는 습관이 몸에 밴 아이들은 학원 생활에 잘 적응하기 시작하면 빠르게 기존의 원에서 학습해온 아이들의 수업 내용을 빠르게 따라잡거나, 그 이상의 탁월함을 발휘하며 실력 향상을 보여주기도 합니다.

엄마표 영어를 진행하던 다이가 결국 학원에 잘 적응하는 비결은 학습 습관과 태도에 대한 부분이 가장 크다고 말해주고 싶네요. 우리 아이의 학습 습관은 아이 주도적으로 잘 자리잡아가고 있는지 꼭 점검해보세요.

조금만 도와주면 아주 잘 적응할 겁니다. 혼자서 영어를 배우는 것보다 학원에서 친구들과 영어를 배우는 것을 더 즐거워하는 아이들도 많습니다. 수업 시간에 친구들과 게임을 하기도 하고, 혼자서는 재미없다고 느꼈던 주제의 책이라도 다른 아이들이 좋아하는 모습을 보면서, 뒤늦게 재미를 발견하기도 합니다. 혼자서만 영어를 배울 때는 비교 대상이 없어 자신의 실력이 어느 정도인지 모르다가 다른 아이들과 비교하면서 본인의 실력에 자부심을 느끼게 되는 긍정적인 효과도 있습니다. 엄마표 영어를 제대로 진행해온 초등 저학년, 혹은 4학년까지의 아이들에게서 나타나는 현상입니다.

혹 아이가 진도를 잘 따라가지 못하더라도 걱정할 필요는 없습니다. 엄마표 영어의 내공을 살려, 예습과 복습을 집에서 도와준다면 쉽게 수업에 적응할 수 있습니다. 아이가 자신감이 부족하다면 예습 위주로, 늘 대충 보고 넘어가는 스타일이라면 복습 위주로 도와주면 좋겠지요.

엄마표 영어는 대체로 원서를 기반으로 진행되기 때문에 읽기 능력은 높지만 쓰기와 문법 등 중학 대비 학습 방식에 적응하는 것을 어려워하기도 합니다. 자신보다 영어를 못한다고 생각하던 아이들이 테스트를 잘 보거나, 영어 단어를 잘 외우고 한글 해석을 하는 모습에 불만을 토로하기도 하지요. 1:1 맞춤식 수업에 익숙해서 선생님이 너무 배려를 안 해준다고 말하기 합니다. 하지만 아이를 영원히 끼고 가르칠 것이 아니라면 예습과 복습을 도와주면서 학원 시스템 안에 안착하도록 적극적으로 도와주어야 합니다.

그동안 제가 만난 엄마표 영어 학생들은 대부분 영어의 자존감이 높다는 생각이 들었습니다. 긍정적으로 보면 영어의 정서는 좋은데, 일부 학생들은 온실 속 화초같이 너무 편안함만을 추구한 듯 보이기도 했습니다. 그래서 누군가의 평가가 들어갔을 때 받아들이기 힘들어하는 경향을 보이는 것이죠. 예를 들어, 엄마표 영어로 약 6년 정도를 공부한 아이였는데요, 학원 수업에 적응하는 데 큰 무리는 없어 보였습니다. 그런데 시험을 보니 결과가 참담했습니다. 본인은 어려운 원서를 많이 읽었기에 영어에 대한 자신감이 꽤 높았던 것 같습니다. 항상 자신보다 영어를 못한다고 생각했던 친구가 더 높은 점수가 나왔을 때 속으로 많이 좌절했나 봅니다. 이렇게 아이는 본인이 생각했던 영어 실력과 점수 사이에 괴리가 있다는 것을 받아들여야 할 때 진통을 겪게 됩니다.

아이가 학원에 가서 잘 적응하기 바란다면,

첫째, 엄마와 아이가 영어에 대해 어느 정도 객관화가 된 상태에서 가는 것이 좋습니다. 예를 들어 책은 잘 읽는데 문법이 낯설다거나, 아는 어휘가 많은데 스펠링 오류가 심하다거나 등 이런 대화를 아이와 나누고, 그래서 어떤 형태의 학원이 좋을지 의논도 해보고, 부족한 부분을 학원에서 보충하는 것이라고 설명해주면 아이는 크게 좌절감을 느끼지 않고 적응할 수 있습니다.

둘째, 학원에 등록하러 갔을 때 학부모도 마음을 열어야 합니다. 좋은 소리만 듣고자 학원을 간 게 아니라면 아이의 현재 상태를 솔직하게 드러내야 합니다. 그래야 정확한 솔루션을 들을 수 있습니다.

셋째, 아이가 갑자기 학원에 갔을 때 너무 과도한 양의 숙제를 내는 곳이라면 우려가 됩니다. 학원 수업도 어색하고 낯선데 숙제가 개인의 상황에 안 맞게 너무 과도하면 아이가 끝까지 버티지 못할 수도 있습니다.

입문
탐색
정착
혼돈
안정

사교육을
현명하게
이용하는 법

학원 관련 질문

45

영어유치원을 졸업하면
어떤 학원으로 가야 할까요?

아이가 영어유치원을 2, 3년 다니고 졸업을 앞두고 있습니다. '이제 초등학생이 되는데 그동안 배운 영어를 잘 이어갈 수 있는 곳에 보내야 할 텐데…'라며 동네 맘카페나 지인들을 통해 주변 학원들의 정보를 모으기 시작합니다. '학군지에서 7세 고시 준비'라는 말이 여기에 해당할 것입니다. 여기서 가장 중요한 점은 그 정보들이 내 아이와 맞아야 한다는 것입니다. 영유를 졸업해도 아이마다 실력 차이도 있을 것이고 모국어 능력의 차이도 있을 텐데 유명하니까 무조건 특정 학원을 간다는 것은 정보를 잘 수용하고 활용하는 방향이 아닙니다.

대부분 영어유치원을 졸업하면 그 영어유치원에 연계된 초등 과정으로 넘어가곤 합니다. 배웠던 기관이기 때문에 크게 거부감 없이 초1, 초2를 연계하여 다니는 아이들이 많지요. 그런데 주 5회 5시간씩 몰입하여 배우던 영어를 초등 저학년 과정에서 주 몇 회로 해야 하는지가 더 고민이 될 것입니다. 갑자기 영어의 인풋이 줄어들면 그동안 쌓아온 영어가 퇴보할까 두렵고, 그대로 유지하자니 수학이며 논술이며 해야 할 다른 공부들도 고개를 들기 시작하니까요.

영유를 졸업하고 초등 입학 전에 리딩 능력이 AR 지수 2점대는 나오는지 체크해보시고 한 페이지 정도 자기 글을 쓸 수 있는지 체크해보시길 바랍니다. 영유 졸업 후에 레벨이 높은 아이들은 가정에서 많은 독서 교육이 이루어져 있을 가능성이 높습니다. 영어만 잘하는 아이는 거의 없습니다. 모국어 독서력도 높은 아이가 결국 영어의 레벨도 끝까지 지켜나가는 경우가 대부분입니다.

박명아
어린이
영어학원장

보통 영어유치원을 졸업한 후에는 학원 선택의 폭이 그다지 넓지 않습니다.

우리 아이가 새로운 환경에 적응하는 데 시간이 좀 오래 걸리는 예민한 편의 아이라면 다니던 영어유치원이 아이의 특징에 대해서 이미 잘 알고 있을 테니, 그곳에서 운영하는 어학원 오후반 프로그램에 등록해서 다니는 것이 가장 무난한 선택이라고 볼 수 있어요.

하지만, 새로운 환경에서 조금 더 많은 아이와 어울리며 학습 할 기회를 주고 싶다면 원어민이 수업하는 대형 어학원이 대안이 될 수 있어요. 유치원에서 생활하는 동안에도 큰 어려움 없이 수업을 잘 따라갔으며 잘한다는 칭찬을 많이 받아본 아이들의 경우 몇 군데 대형 어학원의 레벨 테스트를 본 후 선택해보면 좋을 것 같아요.

그런데 이런 대형 어학원의 레벨 테스트 결과가 생각했던 것만큼 좋지 않으면 대부분의 학부모는 많이 당황하고 힘들어합니다. "똑같은 영어유치원에 3년을 보냈는데, 우리 아이는 같은 출발선에서 시작할 수 없다니!"라며 아이보다 학부모가 더 좌절하는 경우도 봤습니다. 이런 아이들은 대부분 영어유치원을 다녀서 말하기와 듣기에는 큰 무리는 없었지만, 학습으로 접근하는 읽기나 쓰기 등에서 다른 아이들에 비해 조금 더딘 경우였을 가능성이 커요. 저는 이런 친구들의 경우는 소수 정예로 운영하는 어학원에서 조금 더 세심한 관리를 받으면서 영어 자신감을 회복하는 시간을 갖는 것도 좋은 대안이라고 생각해요. 영어유치원에서 다소 위축되어 있던 아이들이 초등학교에 들어가 인지 발달과 더불어 자신감까지 채워진 후에는 이전과는 너무 다른 모습으로 영어를 좋아하고 즐기는 아이로 바뀌는 모습도 자주 볼 수 있거든요. 아이들이 이렇게 긍정적인 모습으로 성장하는 것을 지켜볼 수 있을 때 학원 운영자로서도 큰 보람을 느낍니다.

46

공부방, 교습소, 학원, 어학원, 영어도서관은 어떻게 달라요?

공부방은 흔히 말하는 가정집에서 이루어지는 수업입니다. 저학년 아이들이나 대형 학원을 꺼리는 분들이 선호하는 방식이기도 합니다. 아이들의 성향에 따라 공부방이 잘 맞는 아이들이 있습니다. 아무래도 공부방 수업은 집처럼 아늑하고 편안한 분위기가 많습니다. 소그룹으로 진행되면 선생님과 아이들이 소통할 기회가 많아 해당 과목에 좋은 영향을 줄 수 있습니다. 학부모 입장에서 공부방에 보낼 때 우려하는 것은 공부방의 수준이 낮은 것은 아닌지, 학원들처럼 꾸준하게 운영되는 것이 아니라 선생님 개인사로 문을 닫는 경우가 있어서 불안정한 것은 아닌지 하는 부분이고요. 공부방 선생님은 학생들이 기초를 닦고 큰 학원으로 가버리는 경향이 있어서 운영의 어려움을 토로하기도 합니다.

학원은 대부분 학교의 학업을 돕는 형태이기 때문에 대부분의 학원은 보습학원입니다. 학원으로 허가받기 위해서는 일정 평수 이상이 되어야 합니다. 각 시도 교육청마다 조금씩 다른 기준이 있습니다. 학원으로 허가가 나면 강사를 고용할 수 있습니다. 여러 명의 강사가 아이들을 가르치는 곳이 학원입니다. 여러 강사가 근무할 수 있는 곳이기 때문에 다양한 강사들과 여러 학생 풀이 존재할 수 있습니다. 좀 더 규모가 커지고 다양한 학생들을 보게 되기 때문에 아이가 공부에 자극을 받을 수 있습니다.

어학원은 교실의 크기가 허가의 가장 중요한 기준입니다. 교실을 다 모아서 일정 평수가 넘어야 어학원의 허가가 나오고 원어민 강사도 고용할 수 있습니다. 일반 학원과 어학원의 차이는 원어민 강사가 있는가 없는가 하는 부분이 가장 큰 차이점입니다. 이름만 들어도 알 만한 어학원들은 본사에서 만들어놓은 커리큘럼이 있기 때문에 학부모 입장에서 안심하고 보낼 수 있지요. 하지만 어떤 아이들은 경쟁적인 또래에 밀리고 치이고 레벨도 정체되며 자존감이 낮아지거나 결국 수업을 소화하지 못하고 겉돌다 2~3년이 지나고 그만두는 경우가 있습니다. 이 현상은 어느 학원이나 비슷하게 발생하지만 비싼 교육비를 고려하면 더욱 속이 쓰릴 수 있습니다. 내 아이의 성향에 맞는 곳을 고민해야지 남이 한다고 다 따라 하다 학원 실패의 경험만이 차곡차곡 쌓일 수도 있습니다.

사설 영어도서관은 말 그대로 영어책을 다독할 수 있는 시스템을 말합니다. 영어도서관이 온라인 형태인 경우는 가정에서나 학원에서 어디에서나 책을 읽을 수 있습니다.

228

공부방이나 교습소는 선생님 한 분이 수업을 진행하기 때문에 지속해서 세심하게 학생을 관리합니다. 한 클래스당 최대 인원은 9명이지만 보통 6명 이내의 학생들을 대상으로 하므로 인원수가 적어 수업의 질이 높고, 아이의 특성을 배려해주는 편입니다. 원서 중심 공부방, 영상 기반 공부방, 말하기 중심 공부방, 쓰기 중심 공부방 등 개성 있는 커리큘럼을 가진 공부방이 많아 일반 학원이나 어학원보다 수업 형태가 다양합니다. 하지만 선생님의 역량에 영향을 많이 받기 때문에 상담을 통해 선생님의 자질과 공부방 커리큘럼 등을 잘 살피는 것이 좋습니다.

어학원과 학원은 원어민 강사 고용 여부에 따라 구분합니다. 보습학원은 원어민 강사를 고용할 수 없습니다. 어학원이나 학원에서는 파닉스, 리딩, 그래머 등의 과목을 여러 선생님이 각각 맡아서 진행하기 때문에 재미있고 다채로운 수업이 가능합니다. 체계적인 커리큘럼 안에서 수업이 진행되는 것은 장점이지만, 고용된 선생님들이 수업을 진행하기 때문에 원장 직강으로 수업이 진행되는 공부방이나 교습소와 비교했을 때 선생님의 열의가 낮은 경우도 드물지 않습니다. 한 반에 학생 수가 많다는 단점도 있습니다.

영어도서관은 아이가 스스로 원서를 골라, 많이 읽는 데에 초점을 두고 있습니다. 자연스럽게 다독을 유도하는 시스템으로 원서를 충분히 읽은 후 간단히 내용 이해 퀴즈를 풀거나, 온라인 독서 프로그램을 통해 정독 수업의 요소를 가미합니다. 엄마표 영어로 원서 읽기가 일정 궤도에 오른 아이들에게는 독서의 폭을 넓히고, 구멍을 메울 수 있는 좋은 선택지입니다. 어학원이나 학원에 다니는 아이들에게는 학습 위주의 수업에서 얻을 수 없는, 책 읽기의 즐거움을 찾을 수 있는 곳이기도 합니다. 하지만 아직 원서 읽기에 두 발을 푹 담그지 못한 아이들에게는 상당히 괴로운 곳일 수 있습니다. 또한, 자율성이 강조되는 시스템이기 때문에 학습 효율이 높을 수도, 몹시 나쁠 수도 있어 아이의 성향을 잘 관찰한 다음 보내는 것이 좋습니다.

저는 평범한 회사원이었지만 꼭 아이들에게 영어를 가르치고 싶었어요. 19평 월세 아파트에 직접 거주하며 초등학생들을 모집했어요. 당연히 저 혼자 모든 수업을 다 맡아서 했어요. 바로 이게 공부방이에요. 선생님이 직접 거주하는 곳이니, 아파트 단지 안에서 운영하는 경우가 가장 흔해요. 멀리 이동해야 하는 불편함 없이 원장 선생님이 직접 가르쳐주는 수업을 근거리에서 안전하게 받을 수 있다는 장점이 있겠지요? 그래서 아이가 환경의 변화에 예민하거나 집과 같은 편안함이 느껴지는 장소를 선호한다면 공부방이 공부하기에 좋은 장소가 될 수 있어요. 하지만, 원장 혼자 하는 서비스이다 보니 생각보다 안정적인 교육 서비스 및 공간 서비스를 장기적으로 받기는 어려울 수도 있다는 게 단점일 수 있어요.

저는 교습소는 해본 적이 없지만, 교습소는 집이 아니라 실 평수 20평 이내 상가에서 공부방처럼 선생님 한 명이 모든 수업을 하는 형태예요. 교육청에 교습소로 등록하고 소방 시설까지 규정대로 갖춘 상태로 영업합니다. 얼핏 학원과 비슷하지만, 다른 교사 없이 원장이 직접 모든 수업을 다 해주니까 상가에 있는 공부방인 셈입니다. 교습소도 원장이 직접 해주는 수업을 받을 수 있다는 것과 상가에서 인근 다른 학원으로 이동할 때 편리하다는 장점이 있습니다. 밀착 지도를 해주는 원장과 직접 소통이 가능하므로 학부모 입장에서는 조금 더 신뢰를 형성할 수 있습니다. 하지만, 클래스를 많이 운영할 수 없는 구조이다 보니 승부 근성이 강하거나 긍정적인 스트레스가 학습 성과에 도움이 많이 되는 성향의 아이들은 교습소 보다는 학원이나 어학원이 더 잘 맞을 수 있습니다.

학원과 어학원은 일단 규모에 차이가 있습니다. 원어민 교사가 없는 어학원도 있지만, 학원에서는 한국인 선생님의 수업만 들을 수 있습니다. 그래서 우리 아이가 원어민 교사의 수업을 듣게 하고 싶다면 어학원을 선택하시기 바랍니다. 학원과 어학원은 학생 한 명을 여러 명의 강사가 동시에 관리하는 시스템이기 때문에 조금 더 다양한 각도로 아이의 학습 및 원내 생활을 관리받을 수 있다 장점이 있어요. 강사의 고용 및 교육에 열의와 열정을 갖춘 학원장이 운영하는 기관이라면, 그 기관의 강사들은 열정적일 가능성이 높아요. 그래서 학원장과 상담 및 소통이 학부모가 원할 때 이루어질 수 있는 곳으로 학원을 선택하는 걸 권장합니다. 일정 레벨 이상의 아이들이 학원장의 직강을 수강할 수 있는 학원의 경우는 소위 강의를 할 줄 아는 학원장의 눈치를 강사들이 안 볼 수 없는 구조여서 수업의 퀄리티가 평균 이상은 된다고 생각해도 좋을 것 같습니다. 규모가 커지면 관리가 허술해질 거라고 생각하는 것도 어쩌면 편견에 가깝습니다. 오히려 규모가 커지면 학생 한 명당 배치되는 인력도 많아지기 때문에 시스템이 갖춰지면 효율적으로 관리가 가능해집니다. 그러니 학생들의 과제 관리 및 성적 관리 등이 잘 관리되는 곳으로 선택하는 걸 권장해요. 요새는 대형 학원을 제외하고는 대부분 한 학급 인원이 6~12명 정도로 운영되는 학원과 어학원이 많습니다. 동 시간대에 여러 레벨의 수업이 운영되는 학원과 어학원의 장점은 아이의 레벨에 따른 반 이동 등이 쉽다는 점입니다.

마지막으로 '영어도서관'은 책 중심의 어학원 또는 학원입니다. 아이의 레벨에 맞는 도서를 음원과 함께 읽고, 이해를 확인하는 퀴즈를 풀고, 상주하고 있는 교사와 짧은 북토킹을 영어로 나누거나 북리포트 점검을 받는 식의 관리 형태로 운영되는 곳을 보통 영어도서관이라고 불러요. 엄마표 영어를 진행하는 친구들뿐 아니라 어학원, 영어학원을 다니면서도 많이 이용합니다. 영어학원을 대체한다기보다, 영어 독서를 좀 더 효율적이고 집중적으로 할 수 있는 곳으로 생각하면 좋을 것 같아요. 많은 책과 음원을 직접 다 갖추기 어렵고, 집에서는 집중하기 어려워서 영어책 읽기가 잘 안 되는 아이들에게 도움이 됩니다.

위의 모든 기관의 공통점은 우선 운영자가 생각하는 철학대로 소신껏 프로그램을 만들어 운영한다는 점입니다. 최대한 소비자의 니즈에 부합한 수업을 해주는 곳이 맞기는 하지만 결국 학원장의 철학대로 만들어진 수업을 다수의 아이를 대상으로 가꾸어가는 곳입니다. 또 하나 공통점은 아쉽게도 어떤 학원이든 내 아이의 부족한 부분을 다 보충해줄 곳은 없다는 것입니다.

47

영어는
원어민 선생님에게 배워야
더 빨리 늘겠죠?

원어민 선생님과 영어를 배우는 경우 만족도가 가장 높은 시기가 유아 때가 아닐까 생각합니다. 어릴수록 원어민 수업에 대한 동경이 강하고 어릴수록 원어민 선생님의 네이티브 발음을 그대로 배울 가능성이 크니까요.

하지만 이런 현상이 초등 고학년까지 이어지는 것은 아닙니다. 보통 어학원에서 원어민 선생님이 담당하는 영역은 스피킹과 리스닝이 대부분입니다. 학교 시험이나 모의고사 대비를 위해 원어민 선생님과 공부하지는 않으니까요. 원어민 선생님과 연습해서 좋은 영역도 있고 원어민 선생님과의 공부가 시간과 비용 대비 큰 효과를 거두지 못하는 영역도 현실적으로 존재합니다. 따라서 어떤 영역을 위해서 원어민 선생님의 수업이 필요한지 명확하게 하고 접근하는 것이 현명할 것입니다.

중요한 것은 원어민 교사에게 배우는 것이냐 아니냐가 아니라 학습자에게 가장 적합한 학습 방식이냐 아니냐입니다. 아이에게 가장 맞는 학습 방식을 찾기 위해 가능한 목표, 시간, 예산, 학습 환경 등을 고려해보는 거예요. 실제 원어민 교사와 수업을 받는 비용은 그렇지 않은 경우보다 비용이 많이 발생할 수 있기 때문에 예산과 관련한 부분도 꼭 고려해보시길 바라요. 원어민 선생님에게 배우는 것이 가장 효과적인 방법이라면 선택할 수 있겠지만, 그렇지 않은 경우에도 다양한 학습 경로를 찾는 것이 중요합니다.

내 아이를 잘 관찰하면서 가장 효과적인 방법 찾기가 최고의 학습 경로가 될 거예요.

48

우리 아이에게 맞는 영어학원
고르는 방법을 알려주세요.

영어가 처음인 저학년의 경우 첫 영어는 너무 과도하게 공부하는 방식은 피하는 것이 좋습니다. 영어가 재미없고 싫다는 저학년 학생들을 보면 대부분 일찍부터 테스트를 보고 과도하게 암기하고 혼났던 아이들입니다.

초등 4~5 학년쯤 되면 학부모는 조금씩 걱정이 싹트기 시작합니다. 흥미 위주로 영어를 즐겁게 꾸준히 하긴 했는데 이정도로 괜찮을까? 이렇게 하면 중·고등 영어가 준비되는 것인가? 이 시기에 학원을 옮기는 경우가 많습니다. 그동안 원어민 수업의 비중이 높았다면 이제는 한국 선생님이 개입돼야 하는 시기입니다.

1. 중등 수준의 문법 수업은 초4~초5 정도가 되면 대부분의 학원에서 지도하고 있을 것입니다. 문법 수업은 거의 모든 학생이 어려워하는 영역입니다. 문법 수업은 어떻게 하는지 살펴보세요. 예를 들어, 개념 노트

를 쓰는지, 오답 정리는 하는지, 개념서가 끝나고 다음 레벨로 어떻게 가는지, 복습은 몇 회독 정도 하는지 체크해보면 됩니다.

2. 초등 고학년은 리딩에서 직관적인 해석을 벗어나야 하는 시기입니다. 대충 느낌으로 해석하는 것에서 벗어나야 합니다. 문장에서 주어 동사도 구별 못 하고 영어의 품사도 모른 채 어려운 지문들을 공부하는 초등학생들이 많이 있습니다. 이런 부분을 알고 지도하는 학원인지 구별하면 좋습니다.

3. 어휘는 영어 학습에서 너무나 중요합니다. 어휘는 모든 학원에서 테스트를 할 것입니다. 다만 내 아이 학습 역량에 맞게 늘려가는 것이 중요합니다. 수준에 맞지 않는 어휘를 외우는 것은 다 날아갑니다. 중학생들은 단어 하나에 표제어 하나씩 외우는 아이들이 많이 있습니다. 단어 하나에 뜻이 하나만 있는 것이 아니죠. 고1 모의고사만 풀어도 바로 무너지는 방식입니다. 어휘 학습을 확실하게 체크하고 관리해주는 곳인지 확인하면 됩니다.

학원 인스타나 블로그만 검색해봐도 어느 정도 학원에 대해 파악할 수 있습니다. 특히나 중·고등 학원은 관리가 생명입니다. 몸은 어른처럼 커버린 아이들이라도 아직 미성숙한 사춘기 아이들입니다. 출결 관리, 숙제 관리, 수업이 어떻게 이루어지는지 질문하길 바랍니다.

학원 고르기 정말 힘드시죠? 그럼 이렇게 한번 해보세요.

우선, 학부모 자신이 가지고 있는 교육관에 대해

깊이 생각해야 합니다.

나는 자연스러운 영어 말하기가 가능한 영어 수업을 아이가 받았으면 좋겠는데, 방문한 학원은 읽기와 쓰기의 학습적 성과를 가장 우선시하는 학원이라면 서로 지향하는 부분이 다르겠지요? 나를 설득하지 못하는 프로그램으로 지도하는 곳에는 내 아이를 보낼 수 없어요.

그래서 학원의 커리큘럼이 우리 아이의 성향과 흥미를 꾸준히 자극하는 데 도움이 될 것 같은지, 그리고 실질적 도움이 이루어졌는지 확인할 수 있는 곳을 선택하는 게 좋아요.

이런 학원의 커리큘럼은 실제 방문 상담을 해야 자세히 알 수 있기는 하지만, 모든 학원을 내가 다 방문하기는 어려우니 검색창에 학원명 등을 검색해서 대략적인 학원의 분위기와 커리큘럼 소개가 일단 마음에 드는 곳으로 추려본 후에 방문 상담을 하시는 게 좋아요.

대부분의 학원은 요새 블로그나 홈페이지 등을 운영하며 자신들의 수업을 꽤 자세히 올려두거든요.

또 우리 아이의 영어 수준과 학습 습관을 알고 학원을 고르시길 권장해드려요. 영어를 잘하는 아이들이 유난히 많이 다니는 학원이 있을 거예요. 우리 아이도 저 학원에 보내면 저렇게 영어를 잘할 수 있게 되지 않을까 하는, 기대감이 절로 생기게 하는 그런 학원이요. 하지만, 그런 학원들은 레벨 테스트로 일정 수준 이하의 아이들은 받지 않는 경우가 많아요. 애초부터 잘할 수 있는 아이들만 받는 거지요. 상처받지 마시고 다른 학원을 찾아보시길 바라요.

학원에 다니는 아이들이 좋은 성과를 만드는 데 가장 큰 영향을 미치는 것은 결국 아이들의 학습 태도와 성실함의 훈련입니다. 이는 단시간에 만들어지는 것이 아니죠. 학원에서 이런 부분들을 의미 있게 잘 관리해주는지 살펴보시는 게 좋아요. 그래서 수업 외에 어떤 과제들이 있는지, 그 과제들이 우리 아이에게 어떤 도움이 될지를 상세히 안내해주는지, 과제가 잘 이행되지 않을 때 학원으로부터 어떤 식으로 추가 도움을 받을 수 있을지 등도 미리 알면 도움이 될 거예요. 숙제를 내주기만 하고 피드백이 거의 없는 그런 학원은 관리가 잘 되고 있다고 보기 어려운 곳이니 유념하세요. 자기 주도적 학습 습관이 아직 덜 자리 잡은 아이들의 경우에는 좀 더 세심하고 따뜻한 동기 부여형 과제 관리 시스템이 도움이 많이 되기 때문에 그런 학원을 찾아보시는 걸 추천해요.

마지막으로 학원을 운영하는 운영자의 입장에서 꼭 드리고 싶은 이야기는 세상에 완벽한 학원은 없다는 거예요. 그래서 꼭! 내가 이거 한 가지는 포기하기 어렵다는 부분이 잘 충족되기만 해도 괜찮은 선택을 하신 걸 수도 있어요. 나는 우리 아이의 상태에 대해서 기분이 좀 상하더라도 구체적이고 자세하게 안내받고 싶은 학부모는 어떤 학원을 선택하는 게 좋을까요? 원장이나 강사와 소통이 자유롭고 피드백이 즉각적인 곳을 선호하겠지요?

좀 웃길 수도 있는 이야기이지만, 처음부터 인상이 별로였던 학원장이 하는 이야기는 아무리 좋은 이야기를 해도 다 미심쩍고 찜찜하지 않던가요? 믿음의 씨앗이 애초부터 심어지지 않는 학원장이나 학원 같다면 그냥 등록하지 않는 편이 좋습니다.

결론적으로 아이의 수준, 아이와 학부모가 원하는 것을 정확히 알고, 믿음과 신뢰를 기반으로 소통할 수 있는 학원을 고르는 것이 좋은 학원을 선택하는 데 핵심입니다.

49

영어학원마다
우리 아이 영어 레벨이
다르게 나와요.

레벨 테스트는 학원마다 다르게 나오는 경우가 많습니다. 학원 레벨 테스트에 어떤 공식 인증 테스트지가 존재하는 것이 아닙니다. 학원마다 중요하다고 생각하는 커리큘럼에서 문제들을 뽑아놓고 테스트를 하지요. 예를 들어 독해력과 어휘력이 꽤 좋더라도 문법을 중요하게 여기는 학원에서 테스트를 받으면 성적이 그다지 좋게 나오지 않을 수 있습니다.

예전 어학원에 근무할 때입니다. 레벨 테스트를 하러 온 어느 학부모가 본인의 아이가 영어를 잘한다고 굉장히 자랑하는 것입니다. 그러자 레벨 테스트 담당 선생님이 더 어려운 레벨의 시험지로 바꿔버리더군요. 이유는 간단합니다. 아이가 생각보다 잘 못하는 부분도 있다는 것을 테스트의 결과로 눈앞에 보여주고 싶어서 그런 것입니다.

아이가 낯선 곳에서 낯선 방식으로 테스트를 보는 상황이라 자신의 실력을 온전하게 보여주지 못하는 경우도 있습니다. A라는 어학원에 이제 7세가 된 아이가 레벨 테스트를 하러 갔습니다. 그 학원의 레벨 테스트는 컴퓨터 앞에 학생이 앉아서 ibt 로 답을 하는 시스템을 사용했습니다. 컴퓨터 앞에서 혼자 예문을 듣고 대답하고, 마우스로 클릭해야 하는데, 초등도 아닌 유아가 이런 형태의 시험에 바로 적응해서 제대로 볼 수 있는 지 저는 의문입니다. 인터뷰조차 사람이 하지 않고 컴퓨터에서 듣고 대답하라고 하는 것인데 아이가 실력 발휘를 다 하기 어렵겠지요.

좋은 시스템을 갖춘 곳, 강사가 훌륭한 곳이 다 내 아이와 맞는 것은 아닙니다. 모두 주관적인 판단이 들어가는 것입니다.

테스트 도구와 목적이 달라지면 그 결과는 당연히 다를 수밖에 없어요. 그리고 이 테스트 툴이 똑같다고 해도 아이들의 그날 컨디션이나 테스트 경험 정도에 따라 결과가 달라집니다.

그래서 어쩌면 학원에서 하는 레벨 테스트의 영어 레벨이 모두 다르게 나오는 것이 당연해요.

학부모들은 보내고 싶은 학원의 레벨 테스트에서 아이가 높은 레벨을 받지 못하면 속상해합니다. 심지어 등록할 수 없다는 통보를 받으면 그 학원의 레벨 테스트를 통과하는 게 당분간 그 아이의 영어 학습 목표가 될 만큼 조급함을 보일 때도 있습니다.

진짜 내 아이의 영어 레벨이 궁금하다면 학원의 레벨 테스트보다는 공신력 있는 인증시험을 규칙적으로 보면서 실력 향상 정도를 체크하는 것이 더 도움이 될 거예요.

　　　　　　　　　　　　　　　　　　　

50

영어학원 입학 상담 시
필수 질문, 어떤 게 있을까요?

학원의 객관적인 정보들, 예를 들어 주 몇 회 수업, 요일, 시간, 교육비, 차량 운행 등은 당연히 누구나 물어보는 내용입니다. 학원을 선택할 때 더 중요한 내용에 대해 이야기해보겠습니다.

첫째, 커리큘럼에 대한 질문입니다.

영어를 어떤 방식으로 어떻게 배우는가 하는 부분이 제일 중요합니다. 특히 처음 영어를 배운다고 하면 가장 중요하게 고려해야 합니다. 내 아이가 어떤 방식의 수업을 받았으면 좋겠는지 먼저 생각해보시길 바랍니다. 수업 시간에 같은 반 아이들과 선생님과 상호작용이 있는 수업이 맞을지, 혼자 조용히 앉아 오늘 배울 내용을 공부하는 것이 맞을지 아이의 성향에 따라 판단할 수 있습니다.

둘째, 학원의 교육관과 양육자의 교육관이 맞는지 보셔야 합니다.

입시 위주 학원은 결과로 보여줘야 하므로 어린 아이부터 테스트나 정확성에 더욱 힘을 주고, 어린아이를 주로 가르치는 학원은 흥미와 경험에 더욱 신경을 쓰며 확실한 결과보다는 그 과정에 더 의미를 두기도 합니다. 상담 시 부모가 생각하는 교육관과 학원의 방향이 다르다면 시작 전에 생각해보셔야 합니다.

또한 개개인 아이들의 특성을 고려하려는 의지가 있는 곳인가 하는 점도 살펴봐야 합니다. 개개인 아이들의 존재감은 하나도 없이 학원이 마치 공장처럼 돌아가는 곳도 있답니다.

셋째, 과제의 양도 고려해야 합니다.

아이가 순하고 착해서 엄마의 말을 잘 따르는 학생이 있었습니다. 그 아이는 영어학원이든 수학학원이든 엄마가 시키는 대로 다 녔습니다. 그런데 어느 날 보니 새벽까지 숙제해도 아이가 소화하기가 힘든 상황이었습니다. 영어 공부는 마라톤입니다. 아직 뛰어야 할 거리가 많이 남아 있습니다. 너무 과도하게 푸시하다 보면 아이들이 어느 순간 번아웃되어버릴 수 있습니다.

넷째, 아이들에 대한 이해도가 있는 곳인가도 중요합니다.

아이들은 학원에서 생각보다 많은 영향을 받습니다. 수업이 학교보다 소수인 경우도 많아 강사나 원장 등 그곳에 있는 어른들과 친구들에게 영향을 받기 쉽습니다. 영어학원이니까 단순히 영어만 기대한다기보다 이곳이 내 아이한테 좋은 영향을 줄 수 있는 곳인지, 정서적으로 우리 아이와 맞는 곳인지 고려하는 것이 요즘 젊은 부모들의 추세이기도 합니다.

공부력, 초등 영어 솔루션 77

1. 우리 아이에게 해주고 싶은 교육이 제공되는 곳인지 커리큘럼을 확인하세요.

예를 들어 영어 독서를 많이 시키고 싶다면 커리큘럼에는 독서와 관련한 내용이 있는 곳이 좋겠지요. 이 부분은 학원장의 교육철학이 가장 중요합니다. 학원장과 직접 상담할 수 있는 곳이라면 더욱 좋습니다.

2. 우리 아이의 스케줄도 미리 체크하세요.

커리큘럼과 원의 분위기, 강사 전문성 모두가 흡족해도 내 아이의 일정과 맞지 않으면 피차 아쉽고 안타깝지요. 이런 일이 종종 있답니다.

3. 아이의 영어 실력 향상 정도를 학부모에게 어떻게 확인시켜줄 수 있는지 물어보세요.

등록할 때는 핑크빛 무드라도 매번 그냥 잘하고 있다는 말만 들어서는 충분하지 않잖아요. 학습 성과 피드백을 얼마나 객관적으로 잘 관리해줄 수 있는지 알아보면 아주 좋아요. 이런 부분이 명확하지 않으면, 훗날 믿고 보냈는데 아이가 도대체 뭘 배웠는지 모르겠어서 억울하고 분통이 터질 수도 있습니다.

4. 결석했을 때, 학습 공백을 학원이 어떻게 처리하는지도 미리 알아두세요. 여행이나 학교 행사 등 수업에 빠졌을 때, 학원이 어떻게 처리하는지 미리 알아두면 일정을 짤 때도 참고할 수 있답니다.

5. 과제량은 얼마나 되는지 학부모가 어느 정도로 개입해야 하는 건지도 확인해두세요. 이전 학원에서 과제가 너무 많아서 힘들었던 아이의 경우에는 이전 학원의 과제량과 비교했을 때 더 과중하게 느껴지지 않도록 배려하는 게 필요하겠지요?

6. 레벨 테스트는 언제 보는지 그리고 그 결과에 대해서는 얼마나 자주 학부모와 공유하는지 등에 대해서도 확실하게 물어보시면 좋아요.

7. 요즘은 학원에서 제공하는 추가 학습 프로그램 등이 다양한데요, 어떤 프로그램들을 사용하고 있는지와 비용에 대해서도 잘 알아두면 좋아요.

8. 마지막으로 수강료 부분을 꼭 야무지게 잘 챙겨봐야 해요. 교재비는 포함인지 별도인지, 레벨마다 수강료 차이는 있는 건지 없는 건지 등 꼼꼼하게 물어보세요.

그런데 할 필요가 없는 질문도 있습니다. 바로 "전체 재원생은 몇 명인가요?"예요. 아이가 학습하게 되는 반의 전체 정원은 의미있지만, 전체 재원생 숫자는 중요하지 않습니다. 학원 운영자 입장에서는 별로 대답하고 싶지 않은 질문일 수도 있고요.

무엇보다 전화 상담보다 가급적 방문 상담을 권합니다. 갑자기 전화를 걸어서 "거긴 어떻게 영어를 가르치나요?"라고 질문하시면 18년 차 학원 운영자인 저도 살짝 당황한답니다.

51

학원에 다니면서 상담할 때는
뭘 물어볼까요?

학원을 보내는 목적은 하나입니다. 그 교과목을 잘 배우는 것이죠. 어디서나 칭찬을 많이 듣는 엄친아의 부모들은 아이들에 대해 긍정적이고 여유로운 태도를 갖고 있습니다. 선생님 입장에서는 공부를 잘하는 아이의 경우 오히려 상담이 편합니다.

하지만 좀처럼 학습 습관이 잡혀 있지 않는 아이들, 학업에 흥미가 없는 아이들은 어떡해야 할까요? 재원 중 아이가 수업을 잘 따라가는지, 숙제는 제대로 하고 있는지, 수업에 참여가 잘 이루어지는지 등등 체크해야 할 사항들이 많이 있습니다. 아이의 현재 상태를 인정하고 선생님과 학부모가 함께 힘을 내야 합니다.

재원 상담 시 가장 중요한 것은 아이에 대해서 부족함을 이야기했을 때 솔루션을 줄 수 있는가입니다. 예를 들어 "제 아이가 너무나 쓰는 걸 싫어해요. 어떡하죠? 영어는 곧 잘 읽는 데 쓰는 건 유아 수준이에요." 그렇다면 이런 상황에 대해 솔루션을 줄 수 있으면 좋습니다. 상담 시 왜 우리 애가 못하는지 따져 물으란 뜻이 아닙니다. 아이를 비난하거나 선생님을 비난하는 것은 해결 방법이 되지 않습니다.

가정과 학원의 선생님이 서로 협력해서 아이가 조금씩 성장할 수 있게 도와야 합니다. 내 아이가 또래보다 학습 능력이 낮고, 반복이 필요한 아이라면, 아이의 현재 상태를 인정할 수 있어야 합니다. 중등에서 학습의 어려움이 있는 아이들 특징은 대부분 초등 때 공부 습관을 만들지 못한 아이들입니다. 학원에서 가장 중요하게 상담할 사항은

① 학원 수업 시간을 잘 지키고 있는지(자습 시간, 수업 시간)
② 과제 수행이 정상적으로 이루어지고 있는지(테스트 준비, 숙제 제출 등)

일주일 공부량의 잣대는 과제 수행 여부입니다. 이 부분이 미흡하면 실력을 향상하기 어렵다는 것을 알고 있어야 합니다. 학원을 다니는 것만으로는 실력이 늘지 않습니다. 이 두 가지를 체크하지 않고 다른 상담을 하는 것은 우선순위가 바뀐 것입니다.

소통이 중요하다는 걸 알고, 저는 학부모와 분기별 대면 미팅, 즉 재원생 간담회를 만들었어요. 이런 재원생 간담회가 있는 학원은 학부모들과의 소통에 적극적입니다. 이런 기회를 적극적으로 활용하시면 좋습니다. 아이가 얼

마나 향상되었는지도 알고, 또 가정에서 어떻게 지원하면 좋을지에 대한 구체적인 방법까지 묻고 답을 구할 수 있으니까요.

그리고 평소에 불편했던 부분들에 대해 건의해보는 것도 좋아요.

예를 들면, "과제 업데이트가 너무 늦게 되는 것 같은데 아이가 조금 더 일찍 과제를 할 수 있도록 과제 업데이트를 일찍 해주실 수 있을까요?"와 같은 건의요. 과제 수행을 조금 더 수월하게 할 수 있는 데 도움이 될 만하고 학원 측에서 시정할 수 있는 건의 같은 건 재원생 학부모가 아니라면 해줄 수 없는 의견 제시예요. 무언가를 요구했을 때 "한번 검토해보겠습니다"라는 대답을 듣게 된다고 해도 너무 실망하지는 마세요. 그들도 좋은 의견이기는 하나 뾰족한 수가 생각나지 않을 때 하는 대답이니까요.

그때 학원이 생각하는 아이의 구체적인 성장 목표가 학부모의 목표와 합치하는지도 꼭 물어보세요. "이렇게 1년 후면 우리 아이는 어느 정도 영어 실력을 갖추게 될까요?" 같은 질문이요. 목표와 방향이 확고해야 흔들리지 않고 아이들도 학부모도 중심을 함께 유지하며 만족스러운 순항을 할 수 있으니 재원생 간담회가 열린다면 바쁘시더라도 꼭 참여하셔서 아이에 대한 다양한 정보들을 얻어가세요.

52

학원에 다니는데도 책을 꼭 봐야 해요?
영상으로도 충분하지 않나요?

네, 책 꼭 읽어야 합니다!

가끔 학부모 중 아이가 영어책을 너무 안 읽으려고 하는데, 그래서 그냥 영상물 감상 관련 과제만 하게 하면 안 되냐고 묻는 분들이 있습니다. 아무래도 학원은 영어의 언어적 지식을 가르치는 곳이니, 다양한 매체를 활용해서 아이들이 좋은 성과를 낼 수 있게 가르치려고 할 거예요.

사진이나 그림 이미지 풍부한 영상물은 책보다 설명하는 내용을 훨씬 구체적이고 실감 나게 이해할 수 있게 도와준다는 장점이 있어요. 하지만, 책 읽기는 아이들의 기본적인 독해 능력 향상과 사고력을 높이기 위해서 아주 중요해요. 학교에서 이뤄지는 학습 활동에서 독해 능력은 배움의 기초가 되는 능력이에요. 그리고 이 독해 능력의 차이가 학습 성과의 격차를 만들기도 하고요.

공부 잘하는 아이들은 높은 독해 능력을 가지고 있어요. 꼭 영어에만 국한되지는 않는다는 거지요.

책을 통해 접하는 다양한 주제는 일상생활에서 사용되는 어휘보다 훨씬 많은 학술적인 어휘들을 만나게 해주어 아이의 문해력을 향상시키는 데 도움이 되기도 하고요. 어휘력의 차이가 또 결국 독해 능력의 차이를 만들다 보니, 책을 읽는 아이와 그렇지 않은 아이는 학습적 성과 면에서도 차이가 날 수밖에 없어요.

그래서 학원에서는 학습의 기초 능력에 해당하는 독해 능력과 집중력을 키우기 위해서 책 읽기를 많이 강조해요. 아이들이 흥미 있어할 만한 주제와 레벨에 맞는 도서를 잘 선택해서 영상물 시청과 더불어 좀 더 풍부한 매체를 활용하여 영어를 배울 수 있으면 좋겠네요.

우리 아이의 풍성한 영어 노출 환경에 필수 아이템인 책을 잊지 마세요.

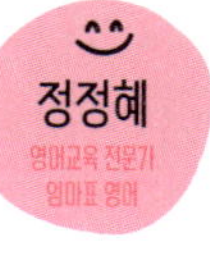

영상 시청이 영어 학습, 특히 의사소통 능력 향상에 긍정적으로 작용한다는 것은 경험적으로도 알고 있고, 학자들의 연구로도 증명이 되었지요. 하지만 독서가 지닌 가치는 영상 시청으로 절대 대체가 되지 않습니다.

영상 시청은 수동적이지만, 독서는 능동적입니다. 직접 책을 잡고 글을 읽으며 글의 의도나 맥락을 이해하는 데에 시간과 노력을 들이게 됩니다. 익숙하지 않은 어휘를 만났을 때, 문맥 안에서 그 어휘의 의미를 유추하고 쭉 읽어나가는 힘 역시 독서를 통해 기를 수 있지요. 한국어 의사소통 능력에 아무런 문제가 없는 한국의 고등

학생 100명을 떠올려보세요. 말은 다 같이 잘하지만 그들의 문해력은 모두 다릅니다. 영어로 된 글을 읽고 그 내용을 제대로 해독하는 능력, 즉 문해력을 갖추기 위해서는 반드시 책을 읽어야 합니다.

영상으로 많은 것을 보고 배우는 시대임은 부정할 수 없는 현실입니다. 쉽게 유튜브를 열어 검색만 하면 수없이 많은 영상을 볼 수 있습니다. 책을 사서 보거나 누구에게 물어볼 필요도 없이 다양한 주제에 다양한 사람들이 올려놓은 영상을 시공간에 상관없이 볼 수 있는 그런 시대에 살고 있습니다. 책을 사서 진득하게 앉아 지식을 얻는 시대는 지나갔다고 생각할 수도 있습니다.

하지만 여전히 아이들에게 책을 읽어야 한다고 가르치고 있습니다. 영상을 보면서 가장 크게 느끼는 것은 화면이 빠르게 전환되고 아이들에게 생각할 시간과 여유를 주지 않는다는 점입니다. 영상을 보다가 '잠깐 멈추고 생각 좀 하자', '내가 사고를 좀 해야겠어!' 하는 경우는 본 적이 없습니다. 저 또한 영상을 볼 때 무엇인가를 이해하려고 노력하거나 애쓴 기억은 없습니다.

최근 1년 동안 아이들이 수많은 영상을 봤을 텐데요, 아이들에게 감명받은 영상이 있는지 물어보면 무엇이라고 대답할지 궁금합니다. 최근 읽은 책 중에 감명받은 책은 있어도 감명받은 영상을 기억하기란 쉽지 않을 것 같습니다.

가만히 생각해보면 읽는 행위는 우리 인생 전반에 걸쳐 굉장히 중요합니다. 학교생활에서도 대부분 읽기가 가능해야 학업을 정상적으로 따라갈 수 있습니다. 단순히 글자만 읽는 것이 아니라 그 글이 담고 있는 의미, 주제, 상징성 등을 이해하고 기억해야 합니다. 심지어 수학 교과도 국어가 안 되면 어느 선을 넘지 못한다고 하는 것과 일맥상통합니다.

학교를 졸업하고 직업을 가졌을 때를 생각해보면 대부분 읽는 행위가 포함되어 있습니다. 이메일도 읽어야 하고, 서류도 읽어야 하고, 계약서도 읽어야 하고, 국가에서 발행하는 공식 서류들도 다 읽어야 하는 것들입니다. 아무리 시대가 바뀌었다고 해도 여전히 읽는 행위는 중요합니다.

책을 많이 읽은 아이들이 결국 공부를 잘한다는 의미가 무엇일까요? 책을 읽음으로써 사고력이 향상된다고 이해할 수 있을 것입니다. 다양한 분야의 배경지식이 쌓이는 것은 당연한 결과가 될 것입니다. 실제로 책을 많이 읽는 아이 중에 공부를 못하는 아이들은 찾아보기 힘드니까요. 영상으로 가볍게 접하는 정보들도 물론 있지만 진정한 사고를 위해서는 책을 읽는 것은 변함없이 중요합니다.

지금의 아이들은 정보가 넘쳐나는 시대에 살고 있습니다. 하나의 정보를 얻기 위해 많은 시간과 노력을 들여야 했던 과거와 분명 다릅니다. 무언가 궁금하면 즉시 스마트폰으로 정보 검색이 가능합니다. 요즘 초등학생들을 보면 과거 학생들보다 다방면으로 아는 것이 많아 보이지만 얕고 단편적인 지식인 경우가 많습니다. 앎에 깊이가 부족합니다. 그런 지식은 휘발성도 빠릅니다. 그래서 얼핏 보면 예전에 비해 초등학생들이 훨씬 똑똑해진 것 같지만 깊이 있는 사고력은 부족합니다.

영상은 손쉽게 접할 수 있고 다양한 시각 자료와 함께 정보를 접할 수 있어 이해하기 쉽습니다. 하지만 영상물의 특징은 보기만 하는 일방적인 소통 방식의 정보입니다. 물론 영상을 보면서 아무 생각 없이 보는 것은 아니지만, 깊은 사고 과정이 필요하지 않습니다. 책은 영상과 소통의 방식이 다른 매체입니다. 독서는 글을 읽고 자신의 배경지식을 활용해 새로운 지식을 재구성하는 사고 과정입니다. 독서는 새롭거나 낯선 정보를 만나면 잠시 멈추고 사고할 수 있습니다. 책은 영상과 달리 쌍방향 소통 방식의 매체입니다. 그래서 독서는 영상과 다른 즐거움이 있습니다. 영상은 구체화된 이미지를 수동적으로 소비하게 하지만 독서는 글을 읽으며 능동적으로 상상할 수 있게 합니다. 재미있게 읽은 책이 영화로 만들어졌을 때 만족하기 어려운 이유 중 하나가 나의 상상과 영화가 다를 때 느끼는 실망감 때문이기도 합니다.

요즘 아이들은 수학 문제를 풀 때도 문제를 잘 읽지 않습니다. 빈칸에만 집중해 넘겨짚어 답을 써서 오답이 되는 경우도 많습니다. 그리고 문제에서 답을 두 가지 요구하는 경우(예를 들어, 누가 몇 개 더 많을까요?), 하나의 답만 쓰는 아이들이 많습니다. 조금만 긴 문제가 나오면 읽기도 전에 모르겠다고 합니다. 이 모든 현상은 글을 분석적으로 읽고 이해하는 연습이 되지 않았기 때문입니다. 그 원인은 기본적으로 글을 읽지 않는 것, 그리고 정보 습득을 글보다는 영상 위주로 하는 것입니다. 요즘, 세대 구분은 정보를 찾을 때 포털 사이트와 유튜브 중 무엇을 사용하느냐에 따라 나뉜다고 합니다. 결국 정보를 글로 찾는지, 영상으로 찾는지의 차이입니다. 요즘 아이들은 긴 영상도 잘 못 본다고 하지요? 배속은 기본이고 그것도 스킵을 하면서 봅니다. 유튜버들도 영상이 너무 길면 조회수가 안 나온다는 말을 심심찮게 합니다. 아이들이 점점 더 빠르고 짧은 방식으로 정보를 취하며 살아가고 있는 것입니다.

우리는 평생 다양한 글을 읽으며 살아가야 합니다. 문학뿐 아니라 뉴스 기사, 각종 공지, 해설서, 설명문, 자신의 직업 관련 분야의 전문 용어로 쓰인 문서 등 수많은 글을 읽고, 이해할 수 있어야 합니다. 언젠가 문해력 관련 프로그램에서 기차표 구매에 대한 설명을 읽고 어떤 표를 몇 장 사야 하는지 정확히 파악하기 어려워하는 어른들을 보았습니다. 설명을 읽고 해석하기 어렵다면 일상생활에도 어려움이 생깁니다. 너무 강조해서 흔해져버린 키워드 '문해력', 문해력은 삶을 살아가는 데 갖춰야 할 기본 요건입니다. 문해력은 오직 독서를 통해서만 기를 수 있는 능력입니다.

영상과 책은 뚜렷하게 다른 특성을 가진 매체이므로 활용법이 달라야 합니다. 책을 읽는 목적은 정보를 얻기 위함도 있지만 읽으며 사고하기 위함입니다. 쉽게 정보를 얻을 수 있는 좋은 영상이 넘쳐나는 시대이지만, 그와 별개로 독서는 꼭 필요한 활동입니다. 책을 읽으며 길러지는 문해력과 사고력은 영상으로 대체할 수 없습니다.

53

미국 교과서로 학습하면
좋은 점이 뭘까요?

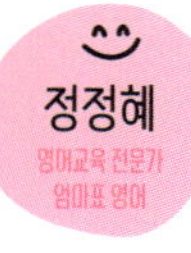

미국 교과서는 완벽한 영어 교재입니다. 픽션과 논픽션, 시와 산문 등 다양한 글감들이 같은 주제로 묶여 읽기 편하게 제공됩니다. 교사 지침서에는 교과서에 실린 글로 내용 이해, 어휘, 쓰기, 문법, 유창성, 파닉스, 워드 스터디, 사이트워드 등을 리터러시 이론에 맞게 가르치는 방법이 상세하게 기술되어 있지요. 저는 대치동 미국 교과서 전문 학원에서 근무한 적이 있는데, 한국에서 미국 교과서로 영어를 가르치는 것은 현실적으로 상당히 어렵다는 것을 직접 경험했습니다. 우선 제대로 수업하려면 최소 수업 시간만큼 수업 준비에 시간을 할애해야 합니다. 2시간을 수업하려면 최소 2시간 이상 수업 준비를 해야 교사 지침서에 맞는 수준의 수업을 할 수 있는데, 그것이 쉽지 않습니다. 즉 교육 이론을 잘 알고 있고, 미국의 문화와 역사에 관한 배경지식을 갖추고 이 수업을 진행할 선생님을 찾는 것이 일단 어렵습니다. 그리고, 다루어야 할 내용이 많아 3학년 미국 교과서를 1년에 마치는 것은 무리이고, 4학년 미국 교과서는 2년은 해야 그 과정을 마칠 수 있습니다. 그래서 3학년 미국 교과서부터는 수업 내용 중 생략하고 넘어가는 부분이 많아지고, 미국 교과서의 장점이 점차 사라지는 수업을 하게 되지요.

정리하자면 저학년 미국 교과서 수업을 어디선가 체계적으로 받을 수 있다면 추천합니다. 하지만 미국 교과서를 제대로 수업할 수 있는 사람이 적고, 엄마표로는 불가능하다는 점을 꼭 기억하시기 바랍니다. 미국 교과서를 사서 아이와 쭉 읽는 것은 좋습니다. 하지만 이건 일반적인 의미에서의 미국 교과서 활용이 아니라 리더스를 읽듯이 좋은 책을 읽은 것이지요. 아이 수준에 맞는 다양한 글감을 제공하고 싶다면 미국 교과서 읽기는 좋은 선택입니다.

미국 교과서는 말 그대로 미국학교에서 사용하는 교재입니다. 따라서 문장의 수준이 높을 수밖에 없습니다.

아이가 배경지식이 풍부하고 원어민들이 사용하는 수준의 문장도 소화할 수 있다면 미국 교과서를 잘 활용할 수 있을 것입니다. 또한 원어적인 표현들이 많이 담겨 있기 때문에 미국 현지에서 배울 법한 표현을 연습할 수 있는 도구가 될 수 있습니다. 내용 또한 미국이라는 나라의 특성상 다문화적인 부분이 많이 포함되어 있고 각 나라와 문화에 대한 지식을 많이 쌓을 수 있습니다.

하지만 미국 교과서를 한국적인 환경에서 얼마큼 활용할 수 있을지 생각해봐야 할 부분이 남아 있습니다. 그룹으로 서로 토론하고 다양한 액티비티를 해야 효과를 낼 수 있는 교과서입니다. 선생님이 이런 수업을 원한다 해도 미국 교과서를 배우며 충분한 시간을 가지고 토론하고 수업 활동을 할 여유가 실제 수업 환경에서 존재할지는 의문입니다. 수박 겉핥기 식의 수업 환경이라면 비싼 원서를 수입해서 쓸 특별한 이유가 없습니다. 마치 백화점에서 비싼 요리 도구들을 잔뜩 사놓고는 요리를 제대로 할 여유도 시간도 없어 활용하지 못할 때처럼 마음이 더 무거워질 수밖에 없습니다.

엄마표 영어에서 역시 미국 교과서를 한다는 것은 어려움이 많을 것입니다. 전문가처럼 수업에서 미국 교과서 내용을 확장시키고 토론하고 다양한 수업 활동을 준비하기에는 엄마가 너무 버거울 수 있습니다. 꼭 미국 교과서가 아니어도 한국에서 출판되는 영어책들도 질적으로 좋은 책들이 있습니다. 그림들도 실사로 나와 있고 책의 모든 내용 또한 영어로 이루어져 있어서 출판사가 외국인지 한국인지 구별하기 어려운 교재들도 많습니다. 미국 교과서가 영어 교육에 필수는 아닙니다. 우리가 알고 있는 영어 교재 중의 하나인 것입니다.

미국 교과서는 언어 학습 외에 문화적 배경에 대한 자연스러운 이해와 습득이 큰 장점이에요. 저는 아이들과 미국 교과서로 수업을 할 때 "미국 친구들은 이 책으로 공부를 하고 있다는데, 우리도 한번 미국 아이들이 무엇을 공부하는지 같이 배워볼까?"라고 물으면서 실제 미국 아이들도 현

장에서 배우고 있다는 부분을 강조해요. 아이들이 호기심을 가지면서 미국 아이들이 배우는 다양한 주제의 교과 내용을 학습할 수 있다는 게 가장 큰 장점이에요.

그리고 그들이 사용하는 실제 문장과 어휘 등을 아이들이 학습할 수 있다는 점에서 매력적인 교재이지요. 또 교과 내용에서 다루는 이 다양한 주제들은 학문적인 내용을 익히는 데 필요한 아카데믹한 단어들을 만나게 해주기 때문에 영어로 지식을 확장할 수 있는 기회를 가질 수 있게 해요. 그래서 가끔은 교과 배경지식을 조금 더 자세히 설명해줘야 할 때가 있는데, 이런 수업을 준비하기 위해서 교사의 세심한 배려와 정성이 아이들의 수업에 미치는 영향이 크기 때문에 미국 교과서로 수업할 때는 교재 그 자체의 선택보다는 누가 어느 정도의 깊이로 교재를 다루며 아이들과 함께 공부할 수 있는지가 더 중요하다고 볼 수 있어요. 또 다른 한편으로 미국 교과서가 다루고 있는 예술과 문화적인 부분은 아이들에게 다양한 경험의 기회를 제공해줍니다. 우리나라와는 다른 문화적 배경으로 시작된 이벤트들을 수업을 통해 아이들이 직접 경험하게 해보면, 문화적 배경의 다양성에 대한 이해를 높이는 수업이 되기도 합니다. 글로벌 인재로 성장하고 있는 아이들에게 미국 교과서는 언어적인 학습 외에도 많은 장점이 있는 교재라 할 수 있어요.

54

화상 영어를 해야 하나요?
AI 학습법을 알려주세요.

화상 영어는 말하기와 쓰기 분야에서 확실하게 효과가 있으니 강추합니다. 하지만 비용면에서 부담스러울 수 있으니 화상 영어와 비슷한 효과를 낼 수 있는, 'AI 맞춤 효과' 기능을 가진 스피킹 앱에 대해 이야기할게요.

말해보카

말해보카는 앱 가입 시 학습자의 어휘 실력을 측정해서 맞춤형 학습을 제시해요. 영어 실력이 초급 혹은 중급 단계에 있는 아이들에게 가장 알맞은 앱으로 어휘, 문법, 듣기, 회화 카테고리가 있어요. 가장 큰 특징은 반복 학습! 틀렸던 문제를 몇 분, 몇 시간, 며칠 간격으로 계속 제시해서 끝내는 익히도록 유도하지요.

초급 단계에 있는 아이라면 어휘와 듣기 카테고리에서 기본을 익히고, 점차 문법과 회화 비중을 높여가는 것을 추천해요. 리스닝

파트의 경우 발음 강의 영상도 첨부되어 있다는 점도 참고하세요. 중급 단계에 있는 아이라면 어휘, 듣기, 문법, 회화 모두 골고루 전방위로 해나가면 됩니다.

나의 모든 것을 기억하는 영리한 선생님이 꼼꼼하고 친절하게 학습을 리딩해주는 느낌이에요. 듣기 속도를 조절할 수 있고 정답을 찾도록 도와주는 힌트를 제시해서 자신감을 북돋아 줍니다. 꾸준하게만 한다면 100% 학습 효과를 볼 수 있는 프로그램입니다.

스픽

실생활에 바로 적용할 수 있는 상황을 제시해서 실전 영어를 연습하는 데에 최적화된 앱이어요. 발음과 억양을 상세하게 분석해주고 연습하도록 유도해줍니다. 초급 과정도 있지만 기본기가 있는 상태에서 사용하면 더 효과적이랍니다. AI와 대화하기 때문에 틀린 문장을 말해도 창피하지 않고, 발음 지적을 받아도 기분 나쁘지 않아요. 원하는 것을 시시콜콜 이야기하면 다 맞춰주니 점잖고 세심한 선생님과 같이 영어 공부하는 느낌이에요.

챗GPT

챗GPT로도 영어 회화를 연습할 수 있어요. 어떤 주제를 골라도 마음껏 대화를 나눌 수 있는데, 세상 모든 지식을 다 가지고 있지만 아주 겸손하고 친절한 누군가와 함께하는 느낌이에요. 대화하다가 발음 교정은 물론이고 뭐든지 요청할 수는 있어요. 발음의 경우 스픽처럼 정확하고 세심하게 인포그래픽까지 제시하며 학습자의 발음을 분석해주지는 않아요. 그래도 틈날 때 그냥 켜서 대화하기에는 충분해요. 사람과 대화할 때와 달리 한 쪽의 말이 끝난 후에 상대방이 말하는 방식이고, 그 사이에 프로세싱하는 시간이 약간 걸리긴 하지만 적응하면 급한 성격을 고치는 데에도 도움이 되는 것 같아요. 무료 버전에서도 사용 가능하다는 점도 장점!

화상 영어를 하는 이유는 외국인과 회화 연습을 위해서 하는 경우가 대부분입니다. 즉 실용 영어 실력을 위해 시간과 돈을 쓴다는 것이죠. 영어에 관련된 학습 중에 도움이 되지 않는 방법은 없다고 생각합니다. 화상 영어 또한 꾸준히 한다면 도움이 되는 부분이 반드시 있을 것입니다. 아이가 영어를 배우면서 외국인과 대화하고 싶은 욕구가 강한 아이들도 있고 또는 레벨이 올라가면서 원어민 선생님과 수업을 통해 본인 실력을 테스트해보고 싶은 학생들도 있습니다. 이러한 욕구를 해소해주고 연습해보는 것 중에 한 방법이 화상 영어입니다.

그러나 아이들이 고학년이 되면서 화상 영어를 꾸준히 하기는 힘든 부분이 있습니다. 중·고등을 준비하는 단계로 진입하면 공부량이 늘어나기 때문입니다.

화상 영어를 한다면 최소 1년 이상 꾸준하게 하는 것을 권합니다. 몇 개월 해서 효과를 보기에는 어려운 방법입니다. 아이가 말하고자 하는 욕구가 커졌을 때가 완벽한 타이밍입니다. 학원이나 집에서 공부한 것들을 실제 회화에서 적용해보는 통로가 되면 좋습니다. 화상 영어가 가장 빛을 발할 때는 아이 스스로 동기부여되어 화면을 켰을 때입니다. 화상 영어를 알아볼 때 특히나 저학년의 경우

공부력, 초등 영어 솔루션 77

는 교재가 있는 화상 영어가 좋을 것입니다. 예습과 복습으로 무엇이 이루어지는지 눈에 보이는 커리큘럼이 있는 수업이 좋습니다.

선택의 문제예요.

원어민과 만나 대화를 해볼 기회가 없는 아이들의 경우 온라인으로 원어민 교사들과 만나 일대일로 직접 이야기를 나누며 자신이 익힌 영어 표현 등을 실제 활용해보는 경험을 적극적으로 해볼 수 있어 좋아요.

화상 영어를 선택할 때 몇 가지 확인해볼 만한 것들을 알려드릴게요.

① 우선 아이와 함께 수업하는 교사의 프로필이에요. 전문성을 어느 정도 갖추고 수업하는 분인지, 어떤 수업을 해왔는지 정도를 공개해주는 업체를 이용하세요.

② 아이가 받은 교육 내용에 대한 평가와 피드백이 어떻게 제공되는지, 도움이 되는 방향으로 잘 제공되는 업체인지 확인하세요.

③ 레벨 테스트가 있어서 아이의 수준에 적합한 수업이 제공되는지도 점검해보시고, 레벨 테스트 이후 체험 수업을 1~2회 정도 해보고 장기 등록을 결정하는 것도 좋은 방법이에요.

그런데, 최근에는 화상 영어 수업 외에도 아이들이 AI와 함께 관심 있는 주제로 충분히 영어 대화를 나눌 수 있습니다. 심지어 특정 인물에 대한 딥러닝을 마치고 생성된 AI로 얼굴을 마주하며 대화를 할 수 있는 시대까지 도래한 거죠.

곧 내가 좋아하는 연예인 또는 관심 있는 인플루언서의 AI 캐릭터로 원하는 만큼 대화를 주고받을 수 있게 될 거예요. 얼마 전 저도 소울머신(soulmahcine.com)이라는 사이트에서 AI와 한참 대화를 나눴는데, 꽤 흥미로웠거든요. 제가 좋아하는 할리우드 배우나 스포츠 스타와도 곧 대화를 나눌 수 있게 될 것 같습니다.

화상 영어는 아이의 영어 발화를 위해서 하는 것입니다. 학원에 다니지 않고 엄마표 영어를 하는 경우, 부모가 영어를 자유롭게 구사해 아이와 영어로 대화하지 않는 한, 영어로 말할 기회가 거의 없으므로 화상 영어를 일찍 시작하는 경우가 있습니다. 영어 소리 노출을 1~2년 정도 했고, 영어책도 꽤 읽었으니 이제는 말도 할 수 있어야 한다는 생각에 아이의 영어 말하기를 서두르게 됩니다. 만약 아이가 영어 소리를 차고 넘치게 들어 영어로 혼잣말하고, 대화하고 싶어 하는데 말할 상대가 없다면 화상 영어를 해도 괜찮습니다.

하지만 화상 영어를 통해 말하기 실력을 향상하고 싶은 거라면 아직은 시기가 이르다고 말해주고 싶습니다. 어릴수록 화상 영어에 집중할 수 있는 시간은 짧습니다. 어린아이가 대면이 아닌 비대면으로 하는 대화에 집중하는 것은 쉬운 일이 아닙니다. 그래서 유아나 초등 저학년을 대상으로 하는 화상 영어 시간은 20분 내지 길어야 30분을 넘기지 않습니다. 시간이 짧다는 생각이 들지만, 그 이상의 시간을 집중하는 것은 불가능합니다. 그렇다면 일주일에 두세

262

번, 20분~30분 원어민과 대화한다고 해서 아이의 영어 말하기 실력이 쉽게 늘까요?

유아기, 초등 저학년은 차고 넘치게 듣고 읽기가 우선입니다. 그와 함께 적절한 수준의 쓰기와 말하기도 곁들일 수 있지만, 이 시기의 화상 영어는 가성비가 매우 떨어집니다. 아이에게 영어 쓰기와 말하기를 강요하지 말고, 인풋에 신경을 써주세요. 쓰기와 말하기는 아이가 하고 싶은 대로 자유롭게 두어도 됩니다. 충분히 듣고 읽은 후에 자기 생각을 영어로 편안하게 말할 준비가 되었을 때 시작하는 것이 좋아요. 화상 영어는 말하기 실력을 높이기 위한 것이 아니라 말하고 싶은 아이가 쏟아내는 수단으로 활용하는 것이 효과적입니다.

55

학원 가기 싫어하는 아이,
계속 보내야 할까요?

영어 수업을 거부하는 유아의 사례입니다.

올리비아와의 첫 수업에서 《Ten Fat Sausages》라는 책을 펼쳤습니다. 소시지가 10개부터 하나씩 사라지며 10부터 0까지 수를 배우고 다양한 표현들을 익힐 수 있는 책이죠. 이렇게나 재미있는 책을 올리비아는 열기도 전에 손으로 닫아버렸습니다. 흥미를 유발할 기회조차 아이가 주지 않았죠. 이 책의 챈트를 틀어줬지만 이번엔 손가락으로 귀를 막아버렸어요. 첫 수업부터 저를 깊은 고민에 빠지게 했습니다. 근본적인 고민과 해결책이 필요한 상황에 놓이게 되었어요. 어떻게든 꺼져가는 영어의 불씨를 다시 일으켜야 했죠. 저는 세 가지 전략을 세웠습니다.

첫째, 영어의 긴장감을 낮춰주자.

둘째, 영어 활자에 집착하지 말자.

셋째, 처음부터 끝까지 흥미! 흥미! 흥미다!

수업은 100% 영어로 진행했습니다. 올리비아가 그냥 넘어갈 리 없었죠.

"영어말 싫어, 영어 말 하지 마세요."라고 올리비아는 소리쳤습니다. 저는 긴장감을 낮춰주기 위해 선생님은 영어로 하고 올리비아는 한국말로 대답해도 좋다고 했습니다. 이 조건은 1~2년이 넘도록 이어졌어요. 저는 영어로, 올리비아는 한국말로 수업을 이어갔습니다. 올리비아의 어머니는 아쉬워했지만, 수업 자체를 거부하기에 어쩔 수 없이 한 걸음 후퇴할 수밖에 없었습니다.

늘 시작은 아이가 하고 싶은 걸 무조건 하게 허락했습니다. 색칠 공부, 겨울왕국 엘사 놀이, 퍼즐, 카드 게임, 보드게임 등등 원하는 것을 먼저 할 수 있게 들어주고 조금씩 영어책으로 접근할 기회를 엿봤습니다.

한 2~3주 정도가 지나니 영어책을 펴놓는 것에 대한 거부감이 사라졌어요. 이때다 싶어 소리 나는 장난감 프라이팬과 코팅해둔 소시지 10개를 준비하고 《Ten Fat Sausages》 책의 내용대로 소시지를 구우며 놀이를 시작했어요. 나중에는 프라이팬에 구울 수 있는 모든 것을 가지고 놀기 시작했죠.

여기에서 기억할 것은 영어책에 나온 문장을 모두 다 읽어주려는 욕심을 버려야 한다는 것입니다. 문장을 다 읽기도 전에 아이는 이미 페이지를 넘겼습니다. 아이가 주도하는 대로 두었습니다. 어느 날은 허무하게 놀기만 했고 중간중간 엉망이 되는 날도 있었지만, 영어책에 대한 거부감은 점점 옅어졌어요. 최고의 방법은 아니더라도 최선의 방법이 된 것 같았습니다.

이렇게 2~3개월이 지나면서 올리비아는 영어책에 조금씩 자신도 모르게 빠져들기 시작했습니다. 소시지 책으로 수십 번 요리 놀이를 했고 3~4년이 지나도 이 챈트를 외워서 부를 정도로 각인이 되었습니다. 그 이후 저와 올리비아는 약 400권이 넘는 영어책을 함께 읽었고 후에는 독후 활동까지 하는 발전을 이루었습니다. 이 아이는 초1 정도에 리더스에서 챕터북을 자연스럽게 넘나들 정도로 영어책에 대한 거부감이 사라졌습니다.

영어를 싫어하는 아이들을 위해 최고가 아닌 최선의 방법을 선택해보세요. 분명 아이들은 서서히 변해갈 것입니다.

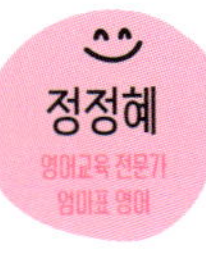

일단 왜 영어학원을 가지 싫어하는지 알아보세요. 지금 다니고 있는 영어학원에 가기 싫은 건지, 영어 자체에 흥미가 없는 건지 가늠을 해보는 것이 우선입니다. 영어학원이나 선생님과 문제가 있다면 당연히 학원을 바꾸는 것이 좋겠지요. 다수가 참여하는 대형 학원 수업과 소수가 참여하는 교습소, 공부방 수업 등을 비교해서 아이에게 맞는 곳을 선택해보세요. 만약 영어 공부가 하기 싫어서 그만두고 싶어 한다면 일단은 아이를 잘 달래보세요. 학원을 바꾸거나 잠시 쉬어도 영어를 아예 안 시킬 것이 아니라면 비슷한 상황에 금방 다시 처할 수 있기 때문이죠. 유치 단계나 저학년 단계라면 쉬어가도 괜찮습니다. 하지만 고학년일 경우는 어떤 방식으로든 영어 학습을 이어가도록 유도해야겠지요. 학원에 다니고 있다면 선생님에게 솔직하게 상황을 이

공부력, 초등 영어 솔루션 77

야기하고 도움을 청해보세요. 그리고 아이와 진솔하게 대화하면서 영어를 배운다는 것이 어떤 의미인지 이야기를 나누고, 아이가 흥미를 가지는 방식으로 영어 학습을 이어나갈 방법을 같이 연구해보는 노력이 필요합니다. 하지만 어떤 경우라도 영어 수업이 싫다는 의사를 강하게 표현하거나, 영어 수업 전후로 울음을 터트린다면 즉시 그만둬야겠지요. 영어가 아무리 중요해도 아이의 마음을 다치게 하면서까지 가르칠 수는 없으니까요.

아이가 영어 수업을 듣기 싫어한다면 가장 먼저 해야 할 일은, 아이에게 이유를 묻는 것입니다. 아이의 수준보다 높거나, 혹은 지나친 학습 위주의 수업이라면 아이가 흥미를 느끼지 못할 수 있습니다. 혹은 아이가 영어 자체를 싫어하는 것일지도 모릅니다. 영어 수업 형태의 문제가 아니라 아이가 영어 배움 자체에 흥미가 없을 수도 있습니다.

우선 아이에게 영어에 대한 흥미 자체가 없는 경우, 즉 영어를 배워야 하는 목적을 모른 채 영어를 배우고 있다면 아이와 영어를 배워야 하는 이유에 대해 대화해야 합니다. 이는 영어만의 이야기가 아닙니다. 모든 '배움'에는 목적이 있어야 하고, 그것이 아이들의 배움에 동기가 됩니다. 드물지만 배움이 즐거워 '배움' 자체가 목적이 되는 아이도 있습니다. 배움의 목적은 아이마다 다를 수 있습니다. 부모는 아이와 충분히 대화하며 아이가 '영어를 왜 배워야 하는지' 그 물음에 대한 답을 찾도록 도와주어야 합니다. 그리고 영어를 배우는 목적을 찾았다면 이제는 꾸준히 배움을 이어갈 수 있는 아이만의 방법을, 아이와 함께 찾아야 합니다.

영어를 배우는 방법은 다양합니다. 내 아이는 힘들어하는 수업을 다른 아이는 즐겁게 참여할 수 있습니다. 그렇다면 내 아이가 즐겁게 배울 방법, 수업도 분명 있습니다. 아이에게 맞는 방법을 찾으려면 우선 아이에 대한 관찰부터 시작해야 합니다. 아이가 평소에 무엇에 관심이 있는지, 어떤 형태의 배움을 좋아하는지는 부모가 가장 잘 알고 있습니다. 잘 모른다면 그동안 아이의 배움에 대한 관심이 부족했던 것입니다. 그렇다면 이제부터라도 아이를 유심히 관찰하며, 또 대화하며 아이에 대해 탐구해야 합니다. 학교 혹은 학원 선생님과의 상담을 통해 아이에 대해 조언을 구하는 방법도 있습니다. 그렇게 해서 아이가 좋아하는 주제를, 아이가 좋아하는 배움의 방법으로 시작해보는 것입니다. 부모가 보기에 공부에 도움이 되지 않는 것처럼 보이는 주제일지라도, 혹은 배움의 방법이 영어를 배우는 데 시간이 오래 걸리는 것처럼 느껴지더라도 기다려주어야 합니다. 모든 배움의 시작은 '즐거움'이어야 합니다. 배움이 내내 즐거울 수는 없습니다. 하지만 배움으로 들어서는 출발만큼은 즐거워야 시작할 수 있습니다. 아이가 즐거움을 느껴 영어와 친해지면 속도는 그때 높여도 되지 않을까요?

대응법은 나이와 학습 연차에 따라 달라요.

초등학교 저학년이고, 유치원부터 영어 노출이 꾸준히 있었던 아이가 학원에서 받고 있는 수업을 점점 어렵다고 느끼거나 과제량을 버겁다고 느껴 영어학원을 그만다니

공부력, 초등 영어 솔루션 77

고 싶어 하고 매 시간 울면서 싸우다 등원해야 하는 일이 생긴다면, 아이의 학습 정서가 더 나빠지지 않게 하는 게 더 중요하므로 학원 수업을 잠시 중지하라고 조언하겠습니다.

그리고 집에서 아이가 읽고 싶은 영어책을 읽거나 흥미를 보이는 애니메이션을 보면서 노출 시간을 늘려주는 것을 추천하겠어요. 그리고 가끔 놀이 방식 또는 체험 방식으로 진행하는 영어 수업에 참여하게 함으로써 관심이 끊어지지 않을 정도의 환경을 조성해주는 방법을 추천할 것 같아요.

그리고 초등학교 고학년 즈음에는 다시 아이의 학습에 대한 동기를 잘 만든 후 원으로 복귀시켜서 학습을 진행하라고 조언하고 싶습니다. 왜냐하면 저학년일수록 학습 정서 및 영어에 대한 감정이 나빠지지 않게 관리해주는 게 꾸준한 학습을 위해 매우 중요한 부분이기 때문이에요.

하지만, 초등학교 5학년 이상의 중학교 진학을 얼마 남겨두지 않은 친구가 학원에 가기 싫다고 한다면 좀 다르게 조언하겠습니다. 아이가 다니는 학원의 원장님과 강사진들과 충분히 소통해서 아이의 어려운 점 등을 함께 도와 해소시켜주려는 노력 등을 해보며 아이를 격려하며 기다려주라고 할 것 같습니다. 일시적으로 과제량을 줄여준다던가 수업의 난도를 조금 낮춰주더라도 아이가 꾸준히 학습을 지속할 수 있게 해주는 것은 학습 습관 형성을 위해서 중요하거든요. 이 시기에 학습 습관을 잘 만들어주는 것이 상급학교 진학후 영어 공부만큼 중요하다고 믿기 때문이에요. 그래서 아이가 쉽게 포기하지 않는 힘과 꾸준한 학습 의지를 갖출 수 있게 환경을 제공하면서 용기 있게 결단할 필요가 있어요.

입문
탐색
정착
혼돈
안정

고속 성장과 중도 포기의 갈림길에서

각종 공부법 고민

56

영어 거부증이 생긴 4세 아이예요.
영어책만 펼치면
책을 '탁' 하고 덮어버려요.

우선 잠시 영어를 내려놓는 것도 좋은 방법이라고 생각합니다. 하지만 조금 더 적극적으로 상황을 바꾸고 싶다면 다음 방법들을 시도해볼 수 있습니다. 엄마 혼자 도서관에 가서 마음에 드는 영어책을 골라 옵니다. 집에서 열심히 영어 그림책 소리 내어 읽기 연습을 합니다. 단, 정말 좋아하는 책으로 읽어야 합니다. 그래야 그 마음이 전달되거든요. "엄마는 영어 그림책이 너무너무 재미있어!"라고 온몸으로 외치는 거지요. 어린아이들일수록 엄마의 감정에 쉽게 동화되므로 정말 그렇게 재미있나 싶어서 다가올 겁니다.

여기서 주의할 점은 절대 아이에게 부담을 주면 안 된다는 것! 영어 그림책 그 자체를 그냥 즐기고, 아웃풋에 대한 기대는 내려놓으시길요. 아이가 영어에 흥미를 보이기 시작한 이후에도 속으로만 기뻐하고 담담하게 진행하세요. 퇴근한 아빠에게, 할아버지, 할머니에게 전화로, 영어 그림책을 읽어주었더니 아이가 영어로 말을 했다고 기쁨을 나누면 안 됩니다. 아이들은 엄마의 반응에 영향을 많이 받는데 너무 격한 반응은 처음에는 아이에게 기쁨을 주지만, 나중에는 영어로 엄마를 기쁘게 해야 한다는 부담이 생기고 이는 영어 거부증의 원인이 되기도 합니다.

루키라는 4세 유아가 있었어요. 그 당시 입주 베이비시터가 주 양육자였습니다. 학원 상담을 온 베이비시터가 저에게 그러더군요.

"선생님, 루키 어머니한테 영어책 CD를 틈틈이 집에서 듣게 하라고 하셨죠? 아이의 엄마가 거실은 물론이고 방마다 CD 플레이어를 사다놨어요. 그리고 차에 타면 무조건 영어 CD를 틀어주라고 저한테 당부하더라고요. 그런데 루키는 차만 타면 귀를 막아버려요. 집에서 영어 음원을 틀면 몇 분도 안 돼서 자기가 가서 스톱 버튼을 눌러버려요."

그 당시 루키에게 영어는 강요였고 부담이었던 것 같습니다. 상담을 하다 보면 대부분 영어 거부증이 생긴 아이들의 특징은 첫 영어가 너무 힘들었거나 선생님이 무서웠거나 영어로 매번 지적받고 혼났던 기억이 있는 경우입니다. 아이의 성격에 따라서 무난하게 넘어가는 아이도 있겠지만 예민한 성향이나 소심한 성향의 아이라면 더욱 영어가 즐겁고 재미있는 것이어야 합니다. 아이가 영어를 과하고 부담스럽게 느낀 건 아닐지 돌아봐야합니다. 그런 요소들이 있다면 과감하게 바꿔줘야 합니다. 영어를 거부하는데 어떻게 영어유치원을 보내고 영어학원을 보냅니까? 아이가 영어 거부증으로 틱 현상이 오는 아이들도 있습니다. 계속 영어를 시킨다는 것은 말 그대로 강요밖에는 남는 것이 없습니다.

차라리 이럴 때는 아무 아웃풋도 바라지 말고 우리말 동화책을 먼저 많이 읽어주고 엄마와 책 읽는 즐거움이 자리 잡히면 그때 영어 픽쳐북을 슬쩍 읽기만 하세요. 엄마가 먼저 재미있게 읽는 모습을 보여주세요. 거부감만 사라지면 서서히 흥미를 보일 수도 있습니다. 무슨 뜻인지 알려주지도 말고, 아무것도 바라지 말고 그냥 읽는 놀이로 생각할 수 있게 부담을 낮춰주세요.

내 아이가 영어를 거부하는 모습이 보인다면 아이의 눈높이가 아닌 엄마의 눈높이로 영어를 이끌고 있는 게 아닌지 돌아볼 필요가 있습니다.

아이가 영어를 거부하는 이유가 무엇인지부터 생각해보아야 합니다. 엄마가 들려주는 영어를 못 알아들어서인지, 엄마가 영어책을 너무 자주, 혹은 아이의 관심이 다른 것에 있을 때 마음을 살피지 않고 읽자고 해서인지, 아니면 우리말이 한참 느는 시기라 모국어가 더 편하고 재미있다고 느껴서인지 말예요.

엄마가 읽어주는 영어를 알아들을 수 없는 경우라면 들려주는 영어의 수준을 낮춰주세요. 혹시 책으로만 영어를 접하고 있다면 아이가 흥미를 느낄 만한 영어 자료를 활용하면 좋습니다. 4세라면 노래와 춤을 좋아하는 시기이니 엄마와 마더구스 노래 부르며 율동

하기, 〈super simple song〉 같은 재미있는 노래 영상 20~30분 보기, 그리고 그림책 한두 권 읽어주기 정도면 충분합니다.

아이가 계속 책을 거부한다면 한 박자 쉬어가야 합니다. 4세에 영어책을 읽지 않는다고 큰일 나지 않습니다. 대신 그 시간에 한글 책을 열심히 읽어주며 아이의 한글 이해 수준을 채워주는 시간으로 삼아도 좋습니다. 우리말 실력이 탄탄해야 영어도 잘 이해할 수 있으니까요. 하루 종일 들리는 말이 우리말이고 아이의 우리말 실력도 한창 성장하는 시기라 우리말이 더 편하고 즐거울 때입니다. 학교에서 부모님이 서로 다른 언어를 사용하는 가정의 아이들을 보면 저학년의 경우, 두 언어 모두 능숙하게 잘하기보다는 두 언어를 사용할 수 있지만 또래보다 언어 구사 수준이 살짝 부족한 경우가 종종 있습니다. 아이도 스스로 그렇게 생각합니다. 두 언어 다 잘하지 못한다고요. 4세라면 아직 우리말도 완벽하지 않은데, 영어까지 하는 것이 부담스러울 수 있어요. 그런 시기임을 엄마가 인지하고 한글 책을 읽으며 즐거운 대화를 통해 소통을 많이 하면 아이의 정서도 편안해지고 엄마와의 유대감도 돈독해질 거예요. 그런 정서적 유대감을 바탕으로 적당한 때가 언제일지 살펴보다가 슬며시 영어 노래도 다시 들려주고, 영상도 함께 보다가 재미있는 그림책도 읽어주세요. 영어에 초점을 맞추면 다른 것을 놓칠 수 있습니다. 4세엔 영어보다 중요한 것이 우리말과 정서적 안정임을 기억했으면 좋겠습니다.

57

영어 거부증이 생긴 초4 아이예요.
어떻게 해야 할까요?

초4는 무리가 되더라도 반드시 영어 공부를 해야 하는 나이예요. 영어 공부를 왜 해야 하는지를 충분히 설명하고, 영어를 배우는 방식에 아이의 의사를 일부 반영하는 것이 좋습니다. 엄마표든, 영어학원이든, 인터넷 강의이든 기존 학습 방식에 변화를 줘서 아이에게 부모가 네 의견을 존중한다는 것을 보여주는 것도 중요합니다.

그리고 아이가 왜 영어를 싫어하는지를 알아보세요. 아무리 배워도 파닉스를 익힐 수가 없어 스스로 책을 읽지 못하는 것은 아닌지, 암기력이 떨어져서 단어를 외우는 데에 어려움이 있는 것은 아닌지, 아이의 수준을 넘어서는 학습 흐름에 있지는 않은지 말이지요. 그리고 초등 고학년이면 한국어의 문해력이 국어를 넘어서 전 과목에 영향을 미치는 시기이므로 한국어의 문해력 수준에도 신경을 쓰는 것이 좋습니다.

초등 4학년이 영어 거부증이 생겼다는 질문에 제가 조바심이 나는 이유는 뭘까요? 오히려 신나게 놀다가도 이때쯤은 무엇인가 시작해야 할 나이일 텐데요. 저한테 오는 학생 중에 영어의 흥미도가 완전히 바닥인 상태에서 오는 아이들이 있습니다.

"○○는 학교에서 무슨 과목을 제일 좋아해?"
이 질문은 아이의 성향을 파악하기 좋은 질문입니다.
"저는 수학을 좋아해요."
수학을 좋아하는 아이들은 영어의 불규칙성을 싫어하는 경향이 있습니다. 또는 외우는 것을 좋아하지 않는 아이들도 있습니다.
"영어는 어때?"
"영어 진짜 싫어요. 너무 지루하고 재미없어요."

왜 이렇게 영어가 재미없게 되었을까를 고민하게 하는 아이들이 종종 나타납니다. 제가 만났던 이런 유형의 아이들은 대부분 저학년부터 시험 방식의 영어를 접했던 아이들입니다. 특히나 첫 영어를 잘못 접했을 경우가 많습니다. 초2 때부터 문법 문제집을 풀어왔다고 하지만 막상 레벨 테스트를 하면 문법의 기본 개념이 거의 없습니다. 3~4년 문법을 배운 아이가 드문드문 기억하는 것들이 있을 뿐입니다. 아이는 영어라는 것이 문제를 많이 풀고 단어 시험을 보는 것으로 인식하고 늘 점수화된 평가만을 봐왔던 것 같습니다. 영어에 대한 흥미를 애초부터 가진 적이 없는 것입니다.
만약 공부 방식이 억압적이었다면 편안한 분위기로 바꿔주고,

단어를 너무 많이 외우게 했다면 당분간 스트레스 없이 조금씩 이어가는 방식으로 바꿔줘야 합니다. 아이들은 또 노력하는 만큼 금세 변화되고 달라지기도 합니다. 그래서 아이들에게는 늘 희망이 있는 것입니다.

영어를 거부해서 다시는 영어책을 안 볼 것 같은 아이도 어느새 영어가 할 만하다고 마음을 바꾸기도 합니다. 가장 핵심은 왜 영어가 싫은지 원인 파악을 해서 같은 실수를 하지 않도록 하는 것입니다.

아이가 영어를 거부한다는 이유로 초등학교 4학년 아이한테 "그럼 영어는 중단하고 다시 흥미가 생길때까지 기다려보자"라고만 조언하기에는 아이의 학령 시기가 학습적으로 중요한 시기여서 저는 몇 가지를 조율한 후 꾸준히 진행하기를 권장합니다.

우선, 영어를 꾸준히 학습해온 4학년 아이라면 레벨을 점검해보시면 좋을 것 같아요. 우리 아이의 현재 학습 레벨이 전체적으로 어느 정도인지 그 레벨은 적당한 건지 확인해보시면 좋아요. 그리고, 유난히 쓰기처럼 아이가 부담스럽게 생각하는 과업이 전체에 영향을 미칠 수도 있어요.

두번째는 아이가 하루동안 소화하는 과제량은 점검해야 합니다. 아이가 다른 과목에 대한 학습 부담감 때문에 다 해내기에 버거워서 영어마저 싫어지게 된 건 아닌지요? 아이의 상황에 맞게 과제의 양을 조절해서 꾸준히 지속하는 것이 중단보다 훨씬 좋으니, 다소 그 양이 미진하게 느껴지시더라도 당분간 아이와 합의하에 조절해

공부력, 초등 영어 솔루션 77

보시는 걸 권장해요.

마지막으로 가장 조심스럽지만 제가 꼭 짚고 넘어가시라고 하는 부분은 바로 학부모 당사자의 기대와 욕심이 아이에게 부담스럽지 않았는지에 대한 점검이에요. 아이를 가르치는 직업인 저에게도 해당되는 내용입니다. 어느 순간 더 잘하는 다른 아이와 비교한 건 아닌지, 더 잘했으면 좋겠다라는 마음에 가끔은 아이의 실수를 부드럽게 일깨우기보다 핀잔과 호통으로 아이의 학습 정서를 해치고 있는 건 아닌지 말예요. 사랑하는 아이의 긍정적인 학습 정서를 위해 내 욕심을 앞세우는 일은 없는지 꼭 한 번씩 정기적으로 점검하기로 해요.

58

지금 읽고 있는 책이 아이 수준에 맞는지
어떻게 알아보나요?

우선 아이에게 한번 물어봐주세요. 책의 내용이 잘 이해가 되는지, 그리고 어렵지는 않은지요. 아이가 어렵다고 하지는 않지만, 책의 이해도를 묻는 질문에 자꾸 틀린답을 내놓는다면 다음 책을 고를 때는 조금 더 쉬운 책을 읽게 도와주세요.

저는 아이들이 책을 읽고 있을 때 표정이나 집중하는 모습 등으로 아이가 책을 잘 이해하고 있는지를 판단하기도 합니다. 어렵고 안 읽히는 책을 억지로 읽고 있을 때 아이들은 자꾸 딴짓을 하면서 집중하기 어려워하고, 읽다가 졸려서 잠들기도 해요. 그럴 때 저는 아이가 피곤해서 집중을 못 하는 건지, 책의 내용이 이해하기 어렵고 지루하게 느끼는지 등 아이의 의견을 많이 수렴해요.

이런 방법들이 애매하고 기준이 없는 것 같아서 답답하다면 아이의 독서 레벨을 평가해보는 것도 좋은 방법이에요. Lexile이나

공부력, 초등 영어 솔루션 77

S.R. test가 많이 알려진 테스트예요. 주변에 이런 테스트가 가능한 영어 독서 전문 학원이나 지역 도서관을 찾아서 테스트를 받아본 후 결과에 대한 설명을 들어보면 아이의 독서 레벨에 대해 참고할 만한 정보를 얻으실 수 있을 거예요.

대부분 유료로 진행하는 이런 테스트들은 1년에 한두 번 정도면 충분하니 너무 절대 의존하지 말고, 아이의 실제 이해도를 많이 참고해서 읽기 지도를 하시는 걸 권장해요.

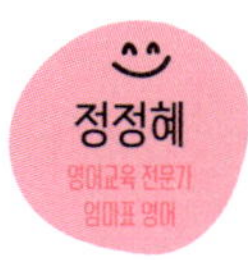

아이가 스스로 책을 골라 끝까지 읽었다면, 그 아이는 자기 수준에 맞는 책을 읽은 겁니다. 더 생각할 것도 없이 이게 끝입니다. 수준에 맞지 않는, 이해하지 못하는 책을 스스로 골라 끝까지 읽는 것은 어른인 우리에게도 어려운 일이기 때문이지요. 그리고 다독에서 책의 수준은 독자에 따라 그 범위가 아주 넓답니다. 아주 쉬운 책도 괜찮고, 특별히 좋아하는 주제의 책이라면 다소 어렵더라도 읽어낼 수 있답니다. 아이가 고른 책이라면 수준에 대해 크게 걱정하지 않아도 됩니다. 그리고 책 속에 적당한 소재가 있다면 그것으로 함께 대화하면 됩니다. 그것으로 충분합니다.

정독은 아이 수준보다 높은 책을 골라 학습으로 접근하는 형식이기 때문에 너무 쉽거나 너무 어려운 수준의 책을 고르지 않도록 유의해야겠지요. 예를 들어 AR 1.5 수준의 책을 읽고 있는 아이라면 1점대 후반, 혹은 2점대 초반 정도의 책을 골라 정독 책 읽기를 진행하면 됩니다.

아이의 수준에 맞는 책을 고를 때 우선으로 고려할 점은 우리말 책으로 읽었을 때 이해할 수 있는 내용인가 하는 점입니다. 아이가 영어 어휘를 많이 외우고 안다고 해도 배경지식이 어려우면 책을 읽어도 이해하지 못할 가능성이 큽니다. 이해를 못 하면 재미가 없을 것이고 끝까지 읽지도 못하고 재미없다, 어렵다, 읽기 싫다 등의 반응을 할 것입니다. 아이들 성향에 따라서는 하나하나 검색도 하고 이해하려고 애쓰는 아이도 있겠지만 대부분은 책 읽기가 싫다고 할 것입니다.

반대의 경우도 아이가 책을 읽고 시시하다, 재미없다고 할 수 있습니다. 이 경우는 우리말 독서가 많이 앞서 있고, 영어는 그 정도의 레벨에 못 미쳐서 본인의 지적인 수준보다 훨씬 낮은 책을 읽을 때입니다. 이런 경우가 더 어려운 경우라고 봅니다. 본인의 수준은 챕터북을 읽어야 하거나 소설을 읽어야 하는데 영어 수준은 리더스 정도에 있는 경우에 해당됩니다.

어떤 책이 내 아이의 수준에 맞는가를 가장 확실하게 체크할 수 있는 방법은 먼저 그 책의 어휘의 난이도를 보세요. 책을 펼쳤을 때 모르는 어휘가 거의 없어야 하는 것이 맞는 읽기 레벨인데, 많은 경우 모르는 단어 투성이인 책을 읽게 하는 것이 현실입니다. 이것 또한 사교육에서 학부모들의 니즈를 만족시키기 위한 경쟁으로 인식되는 것이 아닌가 생각합니다.

아이가 보는 영어 영상과 읽고 있는 책의 수준이 맞는지 알 수 있는 가장 확실한 방법은 '아이의 반응'

입니다. 청독이든 묵독이든 아이가 재미있게 집중해서 읽는다면 이해하는 데 무리가 없는 것입니다. 이해하지 못하는 영상과 책을 보거나 읽고 있을 아이가 있을까요? 아이가 재미없다거나 읽기 싫다고 하지 않으면 읽도록 두면 됩니다. 아이가 제대로 읽고 있는지 궁금해서, 읽는 책마다 퀴즈를 풀리거나 내용을 확인하는 것은 절대 하지 않아야 합니다. 어른도 읽는 책마다 읽고 나면 항상 퀴즈를 풀어야 한다고 생각해보세요. 책을 부담 없이 즐길 수 있을까요?

요즘은 온라인 영어도서관 프로그램이 잘 되어 있어 적당한 연령에 활용하면 도움이 되지만, 지양해야 할 것은 책마다 퀴즈를 풀어 체크하는 것입니다. 저도 잠시 온라인 독서 프로그램을 이용했지만 북 퀴즈는 하나도 풀게 하지 않았습니다. 책은 그저 즐겁게 읽는 것이라는 생각을 갖게 해주고 싶어서였습니다.

그래도 아이가 잘 이해하고 있는지 궁금하다면 가장 좋은 방법은 '대화'입니다. 엄마도 어떤 내용인지 궁금한데, 읽는 것보다 네가 들려주는 게 더 재미있다며 스토리를 들려달라고 하고, 그중 대화거리로 적당한 소재가 있다면 그것으로 함께 대화하면 됩니다. 그것으로 충분합니다.

59

책을 다 읽었는데도
북 퀴즈는 다 틀리는 아이,
왜 이럴까요?

책을 다 읽었는데, 심지어 방금 읽었는데 내용을 잘 기억하지 못하는 아이들이 있습니다. 아이가 책을 읽으며 딴생각을 한 것이죠. 의무감으로 앉아서 페이지를 대충대충 훑어보고 아무거나 클릭합니다. 그러면 답이 틀리겠죠. 그럼 다시 다른 답을 클릭합니다. 내용도 모르고 아무거나 눌러 책을 마치 다 읽은 것처럼 말이죠. 영어책을 읽으라고 하니 억지로 읽는 경우입니다. 책에 흥미도 없고 별로 노력할 생각도 없는 상태입니다. 이런 아이들은 책을 다 읽고 북 퀴즈를 맞힐 준비가 안 되어 있습니다.

아이가 책을 열심히 읽었는데 퀴즈를 잘 못 맞히지 못한다면 일단 그 책이 아이의 레벨에 맞는지 의문이 생깁니다. 말 그대로 글자만 읽고 그 책이 담고 있는 의미나 사실 파악이 어려운 것이죠. 조금의 추상적인 사고가 바탕이 되어야 하는 내용이라면 더더욱 어려움이 있을 것입니다. 이럴 때는 지금의 단계보다 한 단계 낮은 레벨로 잠시 이동하는 것도 방법입니다.

또는 아이가 본인의 실력보다 글을 빨리 읽어버리는 것은 아닌지 체크해보면 좋습니다.

모국어 독서 능력도 검토해봐야 합니다. 국어가 안 되면 수학도, 영어도 안 된다라는 얘기를 들어보신 적이 있나요? 우리말 책을 읽고도 방금 배운 내용을 정리하기 힘들어한다면 영어도 될 수가 없습니다. 단순하게 외워서 알 수 있는 것은 저학년 때 잠깐입니다. 모국어로 문해력을 갖추어가고 있는 것인지가 핵심입니다.

영어 독서는 모국어 독서와 함께 성장해야 한다는 것을 기억해야 합니다.

북 퀴즈를 풀게 하는 것은 책을 얼마나 아이가 잘 이해했는지를 확인하는 데 그 목적이 있습니다. 또 아이가 퀴즈를 풀다가 책을 더 잘 이해하게 되기도 합니다. 가장 널리 활용되는 북 퀴즈는 AR 퀴즈이고요.

그런데 이 퀴즈 정답률이 낮은 아이들이 있어요. 그럴 때는 다음과 같은 것들을 한번 확인해 보세요.

아이가 책을 너무 대충 읽고 퀴즈를 푼 것은 아니었는지 말이에요. 그럴 때는 아이한테 한번 책을 다시 읽으라고만 해도 정답률이 올라가 있을 거예요.

만약 아이가 본인의 수준에 맞는 책을 골라서 읽거나 쉬운 책을 읽고도 북 퀴즈의 정답을 잘 못 맞힐 때는 한번 질문을 아이가 잘 이해했는지 확인해보시는 게 필요해요. 질문을 읽어보고 무엇을 요구하는지 모르는 것 같다면 아이는 책을 이해하지 못해서라기보다는 질문을 이해하지 못해서 퀴즈를 풀지 못하는 걸 거예요.

질문을 이해했음에도 퀴즈의 정답을 못 맞히는 경우에는 보기로 나와 있는 문장이나 단어들까지도 읽고 제대로 이해했는지 물어봐 주세요.

이런 경우에는 아이가 퀴즈를 풀 때 사전을 활용할 수 있게 허락해주셔도 좋아요. 엄마랑 함께 질문과 보기를 함께 읽고 이해해볼 수 있는 연습을 한 후에 정답을 스스로 고르게 해주는 것도 괜찮아요.

하지만, 질문과 보기의 내용을 다 이해했음에도 오답을 고르는 경우는 모국어 능력에 더 큰 이유가 있어요. 그래서 모국어 독서를 통한 문해력 향상은 늘 함께 고민해볼 중요한 문제입니다.

책을 읽고 북 퀴즈를 풀었는데 정답률이 낮은 아이, 혹시 아이가 책을 읽고 매번 북 퀴즈를 풀고 있나요? 이야기책을 읽는 목적은 즐거움입니다. 재미있는 내용을 영어로 읽으며 자연스럽게 영어를 습득하도록 하기 위함이지요. 재미있는 이야기는 모든 내용을 정확하게 기억하며 읽는 책이 아닙니다. 그런데 책을 읽고 항상 북 퀴즈를 풀어야 한다면 아이들은 책 읽기는 문제를 풀기 위해 읽어야 하는 것이라고 느낄 것입니다. 그런 책 읽기가 즐거울 수 있을까요?

대한민국에서 공교육을 통해 대학에 가려면 어려운 지문을 빠른 속도로 읽고 정확하게 이해하는 능력, 즉 독해력이 필수입니다. 독

286

해력을 기를 방법은 오직 독서뿐입니다. 좋은 책을 꾸준히 읽으며 자신의 배경지식을 활용해 글쓴이가 전달하고자 하는 바를 정확하게 이해하는 과정을 반복함으로써 독해력이 향상됩니다. 독해력을 향상하기 위한 유일한 방법이 독서이므로 우리가 아이에게 줄 수 있는 가장 확실한 열쇠는 독서를 좋아하게 하는 것과 꾸준하게 읽도록 하는 것입니다. 독서가 즐거워지려면 독서는 책 읽는 행위 그 자체로 끝나야 합니다. 책을 읽은 후 무언가를 해야 한다는 부담감이 없어야 합니다. 물론, 즐거운 독후 활동이나 독서록 쓰기 등 의미 있는 활동들로 연계되는 것은 좋습니다. 하지만 이것 역시 아이가 즐거워할 때 의미가 있습니다.

책을 읽고 내용을 파악하기 위한 책 읽기는 학습적인 접근입니다. 책을 읽고 내용을 분석해 주어진 질문에 정확한 답을 찾는 연습을 하는 것입니다. 독해 스킬에 대한 연습도 분명 필요합니다. 중학년 이상, 챕터북 읽기 수준이 되면 시중의 리딩 교재 등을 활용해 정독으로 글을 읽는 연습과 문제 푸는 연습을 할 수 있습니다. 하지만 너무 서둘러 시작하지 않아도 됩니다. 지금은 책을 읽고 북 퀴즈를 풀기보다는 책 읽기 자체의 즐거움을 누릴 수 있는 여유를 주세요. 그리고 퀴즈보다는 책 내용에 대해 아이와 대화하는 것이 더 깊은 사고력을 기르는 데 도움이 됩니다. 책은 언제나 책 읽기 자체의 즐거움으로 두면 좋겠습니다.

60

영어책도
자꾸 만화책으로만 보려는 아이가
걱정스러워요.

걱정하지 마세요. 아이가 영어책을 읽고 있다는 것이 가장 중요하지요. 그리고 만화, 그래픽노블이 어때서요. 1992년에 퓰리처상을 받은 《MAUS》, 2020년에 뉴베리상을 수상한 《New Kid》 모두 그래픽노블입니다. 사실 만화와 그래픽노블은 명확하게 구분하기 힘든데, 신문에 실리던 슈퍼맨 등의 만화를 모아 엮은 얇은 책이 만화의 시작이죠. 하지만 그래픽노블이라는 용어가 본격적으로 사용되기 시작한 1980년대 이후에 나온, 만화 형식의 다소 두꺼운 책들은 그래픽노블로 불리게 됩니다. 《MAUS》가 퓰리처상을 받은 후 그래픽노블의 위상은 높아져서, 근래 명작이라고 부를 만한 책들이 다수 출간되었습니다.

특히 이민자 가정의 아이들, 읽기에 어려움을 겪고 있는 아이들이 읽기 쉽게 접근할 수 있는 매개가 될 수 있어 더 주목받고 있지요. 거의 모든 리더스에 그래픽노블 라인이 추가되고 있고, 스콜래스틱 시리즈물에 그래픽노블 브렌치인 〈Graphix〉가 더해졌습니다. 문학부터 비문학까지 다루는 내용 또한 다양하지요. 《Magic Tree House》나 《The Baby-Sitters Club》, 《Goosebumps》 등 수십 년간 사랑받았던 작품이 그래픽노블로 새로 출시되는 경우도 점점 많아지고 있습니다. 이제 그래픽노블은 '만화책'이라며 옆으로 치워두기에는 아까운 책이 되었어요. 주로 AR 2점대부터 선택할 수 있으니, 아이가 다양한 그래픽노블을 접하도록 도와주세요. 그래픽노블은 아이즈너 수상작이 유명하다는 점도 알고 계시길요!

그래도 걱정이 된다면 아이가 책을 고를 때, 3권 중에 한 권은 그래픽노블이 아닌 책을 고르게 하는 것도 좋겠지요. 그리고 징검다리 책으로 그림의 비중이 높아 그래픽노블에 한 발을 담근, 일러스트레이티드 챕터북을 읽게 하는 것도 좋아요.

아이가 만화책을 본 지 얼마나 오래되었을까 궁금해집니다. 1~2년 넘게 만화책만 보았을까요? 우리말 책, 영어책 모든 책을 만화책으로만 보고 있을까요? 손가락 몇 번만 터치하면 너무 재미있는 영상들이 온라인상에 매일매일 쏟아져나오니까요. 아이들이 긴 글을 읽어내기가 물리적으로 힘든 세상에 살고 있습니다.

아이가 영어책을 만화로 보는 것은 크게 문제가 되지 않는다고 생각합니다. 학부모의 로망은 영어로 쓰인 긴 글을 아이가 책상에 앉아 진득하게 읽는 모습이겠지만 실제로는 드문 광경입니다. 영어책을 엄마와 잘 읽던 아이도 점점 독서의 흥미를 잃어가기도 합니다. 대부분은 손에 핸드폰을 쥐고 있거나 패드가 있습니다.

아이들이 만화 형태로 쉽게 페이지를 넘기는 것이 도움이 안 될 것 같고 뭔가 2% 부족함을 느낄 수도 있습니다. 하지만 영어를 만화 형태로 출판하는 그래픽노블의 책들을 몇 권 보시면 생각이 달라질 수 있습니다. 아이들이 책에 흥미를 느낄 수 있도록 만든 캐릭터들과 그림들을 통해 쉽게 유추할 수 있는 영어 표현들로 이루어져 있습니다. 그 안의 스토리 중에 아이가 좋아요 버튼을 순간이 올 수 있다는 것입니다.

예를 들어 아이가 미스터리를 풀어가는 내용을 좋아한다고 한다면 그런 버튼이 있는 유사한 책으로 자연스럽게 건너갈 수도 있습니다. 만화책이 다른 책의 징검다리 역할을 할 수 있게 도와줄 수 있습니다. 여기서 아주 중요한 것은 그 버튼이 눌리는 순간을 부모가 놓치면 연결되기 어려울 것입니다. 특히나 만화책만 보려는 아이는 부모가 함께 책 읽어주는 시간을 많이 만들어야 합니다. 만화책을 본다고 걱정하는 것보다는 우리 아이에게 발견되는 그 버튼을 관찰하고 연결고리를 찾게 해주는 것이 도움이 될 것입니다.

호기심과 흥미롭다는 장점 외에 지속적으로 만화책으로 학습하려는 부분에는 단점들이 있어요. 흥미 위주의 만화책만 읽으면 아이가 깊게 사고하지 않으려 한다든가 다양한 어휘에 대한 학습이 지연된다든가와 같은 그런 단점들이 있습니다. 우선 아이에게 만화책을 읽지 말라고 하기 보다는 단점을 보완하기 위한 노력을 하면서 아이의 취향을 존중해주는 게 좋아요.

영어책 읽기의 목적이 언어 실력 향상에도 있는데, 영어책도 만화로 읽게 되면 너무 단순화되고 짧은 문장들을 반복적으로 보게됩니다. 이런 부분을 보완하기 위해서 해당 주제와 관련한 다양한 동화책, 인터넷 자료, 신문 기사 등의 매체를 함께 다뤄주면 도움이 될 거예요. 이런 자료들을 아이의 언어 수준에 맞게 선택해서 아이의 호기심을 자극해주고, 점차 레벨을 높여 다양한 도서들을 활용해 주세요.

아이가 만화책 보기만을 고집할 때는 너무 단호하게 만화를 못보게 하는 것보다는 타협점을 찾는 게 좋겠지요? 예를 들면 만화책 2권을 읽으면 꼭 리더스북 1권을 읽기로 하는 거죠.

학부모 상담을 할 때 학부모님께서 자주하는 질문 중 하나가 독서에 관한 질문입니다. 그중 만화책만 보는 자녀에 대한 고민도 꽤 많습니다. 전문가에 따라 의견도 다양합니다. 만화라도 읽어서 책에 흥미를 붙일 수 있다면 만화책도 좋다는 의견이 있는가 하면 만화는 되도록 읽지 않도록 하는 게 좋다는 의견도 있습니다.

요즘은 학부모님도 학생도 독서가 중요하다는 것은 모두 알고 있습니다. 학교 현장에서 보면 전보다 많은 아이들이 책을 읽고 있습니다. 그런데 읽는 책의 종류가 한정적입니다. 학습만화를 좋아하는 친구들이 많고, 또는 재미 위주의 이야기책, 혹은 판타지 소설 등이 인기가 많습니다. 독서도 흥미 위주로 하는 분위기가 느껴집니다.

아이가 독서를 좋아하며 다양한 분야의 책을 잘 읽는다면 만화를 읽는 것은 아무런 문제가 되지 않습니다. 그런데 줄글 읽기를 어려워하는 경우 만화라도 읽으면 다행이라는 생각으로 계속 만화로만 독서를 한다면 독서를 통해 길러야 하는 문해력을 기르기 어렵습니다.

이런 고민을 하는 학부모님께 제가 제안하는 방법은 '몇 대 몇 책 읽기' 방법입니다. 부모가 권하는 책을 몇 권 읽으면 아이가 원하는 책 몇 권을 읽도록 해주는 겁니다. 이때 책의 비율을 부모님 마음대로 정하면 안 되고 아이와 대화를 통해 약속하는 게 중요합니다. 이런 시스템을 만들어 아이가 만화가 아닌 줄글로 된 책을 읽는 경험을 하도록 이끌어주셔야 합니다.

61

온라인 독서 프로그램
잘 고르는 방법이 궁금해요.

국내 독서 기반 온라인 프로그램들은 문제 유형 등은 모두 유사한데, 사이트 운영 방식에 따라 차이가 생깁니다. 집중 시간이 짧고 소리에 민감한 학습자라면 영상 기반 온라인 프로그램인 리틀팍스를 추천해요. 유치 단계 아이나 저학년생에게 더 적합해요.

문제 풀이 양이 많지 않고, 강제성이 없으며 영국식 미국식 오디오가 제공되는 리딩앤도 추천해요. 리딩앤은 전체 보유책 권수는 적지만 《ORT》(옥스포드 리딩트리 시리즈) 등 리딩앤에서만 볼 수 있는 책들이 있습니다. 참고로 강제성이 없는 온라인 프로그램은 부담은 적지만, 스스로 꾸준히 노력하지 않으면 학습 효과는 낮습니다.

리딩게이트는 오프라인으로 원서를 읽고 온라인으로 문제를 푸는 방식인데, 보유 원서량이 가장 많고 레벨도 다양하고 한 번에 풀어야 하는 문제량도 많아요. 60점을 넘기지 못하면 문제를 처음부터 다시 푸는 방식을 취하고 있어 학습 효과가 확실한 프로그램입니다.

가성비 좋은 라즈키즈, 논픽션 책이 많고 문제량이 적은 아이들 이북도 좋은 선택입니다.

가장 재미있는 곳은 말하기 중심이고, 게임처럼 진행되는 호두에요. 호두를 하려면 영어 타자가 가능해야 하고, 게임의 중독성을 감안했을 때 초등 2학년 이상에게 권합니다.

현장에서 만난 아이 중에서는 학원에 다니지 않고 엄마표 영어를 진행하면서 리딩게이트로 상당히 높은 수준에 이른 아이를 만난 적도 있고, 외국에서 살다 왔다고 확신할 만큼 스피킹 실력이 높은데 스피킹에 특화된 리틀팍스만 열심히 했다는 아이를 만난 적도 있답니다. 온라인 영어 학습 프로그램은 모두 무료 체험 기간을 두고 있으니, 아이와 함께 체험해보고 아이에게 가장 잘 맞는 것을 고르면 됩니다.

온라인 독서를 하는 연령대는 대부분 다독을 하는 저학년~중학년의 연령대가 가장 많을 것 같습니다. 아이들이 저학년인 것을 감안해서 생각해본다면 온라인상 도서를 펼쳐 음원도 듣고 소리 내어 따라 읽을 수 있게 녹음 기능이 있는 온라인 독서 프로그램을 고르는 게 가장 좋다고 생각합니다. 책을 읽고 녹음하여 제대로 음독하는지도 체크하고 어휘 학습, 내용 이해를 위한 퀴즈를 풀면 아이들이 자연스럽게 책 한 권을 소화했다고 봐도 좋습니다. 아이들이 지루하지 않게 연습할 수 있

294

는 프로그램이면 가장 좋습니다.

녹음 기능이 없는 온라인 독서 프로그램은 아이들이 눈으로만 보고 클릭하는 순간 특별한 노력 없이 음원이 나옵니다. 수동적으로 귀는 열려 있고, 아이들은 듣습니다. 청독이 잘 이루어지면 좋은데 실제로 학원이나 학교 기관에서 어쩔 수 없이 하는 경우도 많다는 것을 기억해야 합니다. 특히나 온라인으로 이루어지는 학습은 관리가 되지 않으면 생각보다 효과가 작습니다.

실제로 아이들이 학원이나 학교에서 온라인 도서관으로 시간을 때우고 읽은 것처럼 아무거나 클릭해버리기도 합니다. 프로그램 자체에서 이렇게 하지 못하게 되어 있는 경우도 있지만 아무거나 클릭하고 되돌아가 다시 다른 걸 클릭해서 넘어가기도 합니다. 선생님이 이끌어주는 수업도 집중하기 힘든데 어린아이들이 동기부여도 안 되어 있는 상황에서 온전하게 집중해서 혼자 온라인 학습을 한다는 것은 생각보다 힘들 수 있습니다. 아이의 성향을 고려해서 맞는 독서 프로그램을 찾길 바랍니다.

아무리 잘 골라도 아이들은 늘 새로운 프로그램을 가장 좋아합니다. 그래서 아무리 할인 폭이 크더라도 장기간 사용할 수 있는 옵션을 결제하지 말라고 조언해요.

예를 들어 한 달 이용료는 3만 5천 원짜리 프로그램이 1년 이용료는 15만 원이라고 하면 대부분 1년 이용료를 결제하는 게 큰 이득이라고 느끼기 마련이지요. 그런데, 함정은 온라인 독서 프로그램을 아이가 흥미롭게 이용하는 기간은 생각보다 짧다는 거예요. 그래서 1년 결제 후 아이가 두 달 정도 이용 후 흐지부지 되어버린다면 결국 할인 혜택을 받았다고 보기 힘드니 너무 가격에만 선택 기준을 두지 말라고 조언하는 편이에요.

온라인 독서 프로그램 중 책을 아이가 자유롭게 선택해서 읽는 방법과 레벨별로 정교하게 추천 도서들을 매달 자동 큐레이션해주는 방법이 있는데 두 가지 모두 장단점이 있어요. 아이가 읽는 모든 책을 자율적으로 선택해서 읽게 되는 시스템은 아이들이 많은 책들을 제한 없이 선택해서 즐길 수 있다는 장점이 있지만, 아이들이 일부러 자신의 레벨에 맞지 않는 너무 쉬운 책들만 골라서 읽으려고 한다든지 또는 대충 읽다가 닫아버리고 다른 책들을 여는 행동만 반복적으로 하는 단점이 생길 수가 있어요. 그래서 저는 되도록이면 아이들의 레벨에 맞게 매달 자동으로 10권 씩 학습할 도서를 미리 지정해서 진행하는 온라인 프로그램을 사용하고 있어요. 그럼 쉬운 책이라도 아이가 차근차근 지정 도서들을 먼저 읽고 학습해요. 그리고 이후에는 자율적으로 선택해서 도서를 읽게 하지요.

하지만, 관리해주는 사람이 없다면 아이들은 최저 읽기 훈련량도 충분히 소화하지 못하고 얼마든지 대충 넘어갈 수 있다는 게 온라인 독서 프로그램의 맹점이 될 수 있어요. 그래서 작지만 아이들의 독서 학습 권장을 위해서 포인트가 누적되거나 게임적 요소가 있는 건 좋다고 생각해요. 예를 들어 책을 읽고 받은 포인트를 모아서 실제로 편의점 상품권 같은 걸로 교환해서 친구들과 과자도 사 먹을 수도 있거나, 누적 권수가 많아지면 아이들이 즐길 수 있는 액티비티가 열리는 경우가 이런 좋은 예시가 되겠네요.

온라인 독서 프로그램을 활용해서 읽기 연습을 충분히 지속하기 위해서는 동기 부여와 적절한 관리가 가장 중요해요. 그래서 혹시 비용을 따로 지불하고라도 관리 교사가 있는 프로그램을 이용하는 걸 권장해요.

온라인 독서 프로그램은 보통 노트북이나 태블릿으로 진행돼요. 이 때문에 아이들이 혹시나 요즘처럼 중독성 넘치는 게임이나 영상물이 넘쳐나는 시기에 과제를 하다가 나쁜 영향을 받게 되지는 않을까 걱정하시는 것도 잘 알아요. 그런데, 책 읽기 연습 단계에서는 많은 책을 음원과 함께 지루하지 않게 스스로 읽는 훈련이 필수예요. 이런 훈련 단계에서는 생각보다 다양하고 많은 책들을 아이들에게 음원과 함께 매번 제공하는 일이 여의치 않을 수 있어요. 그럴 때 이런 온라인 독서 프로그램이 좋은 대안이 되어주기 때문에 요즘엔 엄마표 영어를 하는 아이들뿐 아니라 영어학원을 다니는 아이들도 모두 온라인 독서 프로그램을 이용하는 편이에요. 관리가 편리한 이런 온라인 독서 프로그램의 장점만 쏙쏙 빼먹기 위해서는 몇 가지 주의할 사항이 있어요.

온라인 독서 프로그램을 사용해 독서 학습하는 시간을 미리 정해두는 것이에요.

그리고, 영상물 시청 때와 마찬가지로 온라인 독서 프로그램을 아이가 하고 있을 때 곁에서 동반하여 아이의 학습을 응원해주는 것이 좋아요.

꼭 해야 하는 것은 아니지만, 좋은 점이 많은 온라인 독서 프로그램은 읽기 훈련에 도움이 되니 바람직한 방향으로 시도해보세요.

62

종이책이 비싸서
이북(e-book)으로 책을 읽고 있어요.
이북으로 책을 읽어도 괜찮겠지요?

종이책에 익숙한 사람이라면 이북에 좀처럼 마음이 열리지 않습니다. 전자책이라는 이야기만 들어도 왠지 눈이 피로해지는 느낌을 받습니다. 하지만 경제적인 측면이나 상황 등을 고려해서 이북을 추천하는 사람들이 많습니다. 종이책을 읽거나 이북을 읽거나 독서의 퀄리티 측면에서는 동일하다는 의견이 많습니다.

다만 아이들의 경우 이북으로 책을 볼 때 어쨌든 전자기기 화면을 오래 쳐다보게 되므로 시력이 나빠지지 않을까 우려할 수 있습니다. 시력 보호용으로 이북이 나와 있습니다. 자기 전이나 어두운 곳에서 이북을 켜놓고 읽는 것만 조심시키면 좋을 것 같습니다.

이북으로 책 읽는 것에 익숙해지면 너무 편리하고 좋다는 이야기를 많이 합니다. 종이책은 출판사가 만든 폰트 사이즈를 독자가 확대하거나 축소시킬 수 없지만 전자책은 글자 크기를 자유자재로 나에게 맞게 볼 수 있기 때문에 특히 원서의 경우 글자 크기가 작은 편이라 이렇게 글자를 내 시력에 맞게 확대해서 볼 수 있는 장점이 있습니다.

갑자기 읽고 싶은 책을 서점이나 도서관에 갈 필요 없이 바로 볼 수 있다는 점도 시간을 아껴주는 장점입니다. 읽고 싶은 책을 그 순간 펼치지 못하면 금세 시큰둥해지고 마음이 변할 때도 있으니까요.

읽고 싶은 책을 여러 권 챙겨 여행길을 떠난 경험이 있다면 전자책이 얼마나 편리한지 금세 이해가 될 것 같습니다. 2박3일 여행에 읽고 싶은 책들을 챙겨갔건만 하지 않아도 되는 노동을 한 느낌이 랄까요. 어차피 다 읽지도 못할 책들을 욕심을 부려 챙겨가서 그대로 들고 돌아오는 경험을 전자책일 경우에는 할 필요가 없습니다. 이것도 저에게는 큰 장점으로 생각됩니다. 언제든 잠깐 전자책을 펼쳐볼 수 있으니까요.

이북 활용도는 연령대에 따라 다를 수 있습니다. 개인적으로 유아나 초등 저학년의 경우에는 종이책이 익숙해진 후에 이북을 접하는 게 좋다고 생각합니다.

저는 이북을 주로 읽습니다. 아이들도 각 매체의 장단점을 고려하여 독서 경험을 다양하게 즐길 수 있도록 도와주는 것이 중요하다고 생각해요.

그런데 종이책 읽기의 장점은 책 냄새와 종이 질감을 직접 느낄 수 있다는 것이에요. 책을 기억할 수 있는 감각은 시각적인 부분 외에 후각과 미각까지 확장됩니다. 손으로 직접 쥐어볼 수 있는 종이

책의 감각과 책장을 넘기며 느꼈던 종이의 질감은 책을 즐길 수 있는 기분 좋은 촉각을 선사하죠. 책마다 미세하게 다른 종이 냄새와 책을 읽을 때 엄마가 내주셨던 따뜻한 코코아 한 잔이 그 책을 추억할 수 있는 따뜻하고 달콤한 감각으로 기억될 수 있어요.

그리고 현실적으로 눈의 피로도를 고려해야 하는데, 기기를 활용한 이북 읽기보다는 종이책 읽기가 눈의 피로감이 적어서, 장시간 집중해서 읽기에는 종이책이 더 적합해보여요. 아이들의 경우 기기를 활용해 읽다가 집중력이 흐려질 때도 있는데, 종이책은 이런 부분이 없어서 집중력이 부족한 아이들에게는 종이책 읽기가 도움이 될 것 같아요.

이런 장단점을 충분히 이해하고 아이들이 최대한 편안한 환경에서 독서를 즐길 수 있도록 이북과 종이책을 함께 사용해주시면 좋겠어요.

영어책 읽기에 도움이 되는 이북 사이트 'epic'을 추천해드릴게요. 방대한 도서가 다양한 형태로 제공되어 있고, 실제 종이책으로 존재하는 책들도 이북 형태로 제공되어 같은 책을 다르게 읽을 수 있는 경험을 제공해요. 이런 부분이 아이들에게 다양한 독서 경험을 쌓을 수 있게 해주는 좋은 자원이라고 생각해요.

63

온라인 독서 프로그램으로
책을 잘 읽고 있어요.
종이책은 안 읽어도 되겠지요?

정정혜
영어교육 전문가
엄마표 영어

오~ 종이책도 읽어야 해요. 종이책이 가진 장점이 얼마나 큰데요. 이 질문을 "종이책 말고 이북으로 책을 읽어도 되나요?"로 바꾼다면 제 대답은 예스입니다. 이북은 책은 책인데 노트북이나 핸드폰, 태블릿을 통해보는 책이지요.

하지만 온라인 독서 프로그램이라면 이야기가 다릅니다. 여기서는 집중 듣기에 가까운 방법으로 책을 읽어주기 때문에 능동적 독서가 주는 여러 가지 장점을 살리기 어려워요. 종이책을 같이 읽게 해주세요. 책의 내용을 음미하는 여유, 상상하고 예측할 시간, 그림을 보는 즐거움, 모르는 단어를 문맥 안에서 여러 번 읽으며 유추할 기회, 모두 스스로 독서를 할 때 우리 안에서 일어나는 일이지요.

온라인 독서의 장점도 많이 있습니다. 온라인상에서 언제 어디서든 시공간을 초월하여 책을 볼 수 있다는 장점이 존재하기 때문에 서점에 시간을 내어 갈 필요도 없고 도서관에 가서 책을 빌릴 수고로움도 덜 수 있으니까요.

그러나 아이가 어리다면 책을 읽는 것이 오직 정보를 습득하고 지식만을 얻는다고 생각하면 아쉬움이 남습니다. 엄마와 함께 책을 고르는 과정, 서로 대화가 오가고, 도서관에 들러 좋아하는 책들을 둘러보고 읽는 기억들, 이런 것들도 독서의 과정입니다.

온라인으로 엄마와 함께 독서를 하는 것은 한계가 있습니다. 종이책을 한 장씩 넘겨가며 읽는 행위에는 정서적인 부분이 작용합니다. 온라인 독서라고 하면 보통 아이가 혼자 앉아서 모니터를 보며 읽는 모습이 연상됩니다. 온라인 독서를 현명하게 이용하는 사람들도 존재하겠지만 오롯이 온라인 독서에만 의존하는 것은 어린 연령대의 아이들에게 독서의 정서가 잘 자리 잡힐지 의문입니다. 즉 온라인 독서만으로 책을 좋아하는 아이가 될 수 있을까라는 의구심이 듭니다.

독서 시간 중 가장 의미 있는 시간은 내용을 명확하게 알고 이해하는 것도 있지만, 그 독서를 통해서 부모와 함께 대화가 이루어지고 질문이 이어지는 시간 입니다. 책 한권을 펼쳤을 때 처음부터 끝까지 완벽하게 읽어야 한다기보다 책을 매개로 서로 대화가 이어지는 과정이지요.

조금 큰 연령대의 아이들이나 성인의 경우 독립적으로 독서를 하므로 온라인의 장점이 극대화될 수 있습니다. 어린 연령대의 아이들이라면 종이책으로 처음 읽는 경험을 해주고, 많은 책을 다독할 때 온라인 독서를 보조 역할로 하는 게 가장 좋다고 생각합니다.

온라인으로 독서를 잘하고 있다고 해도 결국 텍스트가 복잡해지는 수준의 도서들은 종이책으로 읽었을 때 훨씬 집중과 이해도가 높다고 해요.

과거의 경험이 살며시 떠오르네요. 어릴 적 대형 서점에 가면 저는 하루 종일 서가를 빙글빙글 돌면서 마음에 드는 책을 읽는다기보다는 그냥 보고 느끼면서 기분 좋게 몰입했습니다. 이런 경험이 제 가방 속에 언제든 시간 나면 읽고 싶은 책 한 권을 넣고 다니는 습관을 만들기도 했지요. 전문가들은 책에 대한 어릴 적 긍정적인 경험이 평생 독자로 아이들을 자라게 하는 데 도움이 된다고 해요.

내 아이가 집중력이 좋고, 무한한 상상력을 지닌 창의적 인재로 자라서 평생 독자로 인생을 풍성하게 살 수 있게 하고 싶으시다면 물성을 지닌 종이책 읽기 경험을 중요하게 생각하고 제공해 주세요.

초기 단계 책은 몇 페이지 안 되는 분량이라 하루에 읽어야 할 권수가 많습니다. 이때 활용하기 좋은 것이 수준별로 책이 잘 분류돼 있고, 다양한 시리즈를 한눈에 볼 수 있는 온라인 독서 프로그램입니다.

아이가 한 권을 읽어보고 마음에 들면 시리즈 책을 이어서 읽을 수 있고, 음원이 제공되어 음원을 구하는 수고와 읽어주어야 하는 부담을 덜 수 있습니다. 온라인 독서는 음원의 소리를 들으며 책을 읽는 청독의 형태입니다. 청독으로 책을 읽으면 해독(글자를 파닉스에 비추어 소리를 내어 읽음)의 수고로움을 덜 수 있어 내용 이해에 더 집중할 수 있고, 발음, 강세, 억양 등 자연스러운 읽기 방법을 습득하게 됩니다. 온라인 독서 프로그램을 이용하면 읽은 기록을 확인할 수 있어 아이의 취향을 파악하기 좋습니다. 또한 휴대성이 좋아 언제 어디서든 간편하게 책을 읽을 수 있습니다.

그러나 패드나 컴퓨터를 오래 보아야 하므로 시력 저하와 책을 읽다 게임이나 유튜브 등으로 빠지지는 않을까 걱정이 되기도 합니다. 아이가 온라인 독서를 할 때는 어른이 옆에 있어주는 것이 좋습니다. 감시하라는 것이 아니라 이렇게 옆에 있으면 읽고 나서 책에 관한 이야기를 나누기 좋으니까요.

하지만 아이들이 온라인 독서 프로그램을 이용해 책 읽는 것을 좋아하고 잘 읽는다고 해서 그것에만 의지한 독서는 위험합니다. 영어 독서 초기에는 음원의 도움을 받아 편하고 쉽게 읽는 온라인 독서가 분명 도움이 되지만, 나중에는 음원이 없는 책은 읽지 않으려고 하는 잘못된 습관이 형성될 수 있습니다.

독서의 궁극적인 목적은 책을 읽으며 사고하는 것입니다. 결국은 음원의 도움 없이 책을 읽으며 스스로 사고하는 과정이 독서이므로, 독서의 궁극 목적에 도달하기 위해서는 반드시 종이책 독서와 병행해야 합니다. 앞으로 살면서 많은 책을 읽어야 하는데, 그 모든 책을 음원에 의지할 수 없고, 결국은 독서의 형태가 묵독으로 가야 하기 때문에 어린이는 종이의 물성을 직접 느끼며 혼자 읽는 경험이 꼭 필요합니다.

온라인 독서 프로그램은 영어를 배우는 초반에 적절히 활용하고

 공부력, 초등 영어 솔루션 77

점점 종이책의 비중을 높여가는 형태의 영어책 읽기가 되도록 부모
님이 균형을 맞추어 조절해주세요.

64

무자막으로 영화를 보는 것이 좋다는데, 아이가 자꾸 자막을 보려 해요.

한글 자막으로 영어 영상을 보는 것은 영어 학습에 도움이 안 됩니다. 이 방식이 효과적이었다면 영화 좋아하는 한국인들은 다 영어를 잘하게 되었을 겁니다. 영어 학습을 목적으로 한다면 영어 자막이나 무자막으로 영화를 봐야 합니다.

그런데 아이가 유치원생이면 거부하는 아이를 데리고 무자막이나 영어 자막으로 영화를 보게 하는 것은 아주 힘들어요. 그래도 도전을 해봅시다. 일단 캐릭터의 성격이 강한 베스트셀러 영어 그림책을 함께 읽어요. 《Peter Rabbit》, 《Little Bear》, 《Harold and the Purple Crayon》, 《Madeleine》, 《Fancy Nancy》, 《Pete the Cat》, 《Llama Llama》 등은 그림책을 기반으로 한 시리즈 영어 영상이니 그림책으로 캐릭터와 일단 사랑에 빠지면 관련 영어 영상을 볼 가능성이 조금 커집니다. 다음으로는 유튜브에서 5분 전후로 볼

306

수 있는 짧고 쉬운 영상을 시도합니다. 둘 다 실패한다면 아쉽지만 조금 더 큰 후에 다시 시도하는 것으로 해요.

아이가 초등학생이라면 조금 강하게 밀어붙여도 됩니다. 당근과 채찍을 잘 사용해보세요. 비위도 맞춰주고 잘 달래고 필요하다면 뇌물도 좀 써야겠지요. 영어 영상 보기가 즐거운 경험이 될 수 있도록 영화를 볼 때마다 특별한 간식도 준비하고, 여름이면 에어컨 빵빵하게 틀어주고 말이죠. 그리고 가랑비에 옷 젖듯이 조금씩 시간을 늘려가는 방식이 좋아요. 규칙적으로 매일 영상을 보도록 해야겠다는 목표가 생긴다면 방법은 어떻게든 찾아질 겁니다. 영상 보기는 공부하듯이 정자세를 유지할 필요 없이 편하게 자투리 시간을 이용하면 되니 부지런히 움직이면 반드시 실행할 수 있답니다. 유튜브를 활용해도 좋지만, 넷플릭스, 쿠팡플레이, 디즈니플러스 등을 통해보다 긴 호흡으로 영상을 이용하는 것이 좋겠지요.

김현지
초중등
영어학원장

무자막 영화하면 떠오르는 에피소드가 있습니다. 제 딸아이도 유아 때부터 무자막으로 영화를 보곤 했습니다. 어느 날 초1 딸이 친구 집에서 겨울왕국을 보고 온 날이었습니다.

"엄마! 엄마! 엘사가 한국말을 할 수 있어." 그 눈빛이 아직도 기억납니다. 영화는 늘 영어로만 들어왔기에 한국어 더빙으로 말하는 엘사를 처음 본 것이었죠. 혼자 얼마나 웃었는지 모릅니다.

처음부터 딸아이가 흥미롭게 무자막 영화를 본 것은 아닙니다. 4세 때 처음 〈니모를 찾아서〉라는 영화를 함께 보는데 각종 해양

생물들이 얼마나 다채롭고 예쁜지 바닷속을 보는 것만으로도 교육적인 장면이 많이 있는 영화였습니다.

무자막으로 이 영화를 틀었더니 무슨 말인지 이해는 못 하고 니모가 하는 말이 궁금하니 계속 질문을 하기 시작했습니다. 영화 시작 후 20분쯤이 지나니 흥미를 잃어버리고 딴짓을 하더군요. 내용이 전혀 이해되지 않기 때문에 흥미를 갖지 못하는 모습을 보고 한국어 더빙으로 먼저 영화를 보여줬습니다. 그 이후 아이는 이 영화의 스토리를 이해한 거죠. 며칠이 지나 이제는 영화를 무자막 영어로 보여줬습니다.

그랬더니 니모가 스킨스쿠버에게 잡혀가는 순간 그리고 다시 우여곡절 끝에 아버지를 만나는 순간 펑펑 우는 것이 아닙니까. 내용을 완전히 이해했고 영화 스토리에 감동까지 받은 것이죠. 사실 4세 아이가 영화를 보고 펑펑 우는 모습에 당황했던 기억도 납니다. 슬퍼서 운 게 아니고 니모가 다시 아빠를 만나서 너무 행복해서 운다는 말까지 했으니까요.

아이가 알아듣지 못해서 흥미를 금세 잃어버리는 경우는 먼저 내용 이해가 될 수 있게 한국어로 보여주고 그다음 무자막으로 재시청할 수 있게 해주면 좋을 것 같습니다. 아이들 성향에 따라 더빙을 계속 틀어달라고 떼쓸 수도 있지만 "더빙은 딱 한 번만 티브이에서 나온대"라고 설명하면 어떨까요?

영화를 무자막으로 감상하는 것은 듣기 실력을 높이는 데 효과적인 방법이에요. 영어 실력이 부족해도 등장인물들의 비언어적인 표현과 효과음 등에서 힌트를 얻어 내용을 이해하면서 즐길 수 있어서 많은 아이가 좋아하지요.

이렇게 좋다니 우리 아이와도 영화를 무자막으로 집중해서 즐겨야지 마음먹고 시도해보다가 아이가 영화에 집중도 못하고 자꾸 이해가 안 된다고 자막을 틀어달라는 요구만 할 때 당황스러울 수 있어요. 자막 없이 영화를 감상하는 방법은 분명 훌륭한 영어 공부 방법이긴 하지만, 아이들은 생각보다 집중력이 짧고, 내용에 깊이 빠져들지 못하면 집중력뿐 아니라 흥미조차도 생기지 않아 영화를 끝까지 즐기기 어려울 수 있어요. 그래서 우선 영화보다는 10분~20분 정도의 짧은 애니메이션 시리즈의 에피소드 한 개 정도를 아이와 함께 즐기는 훈련을 해보시는 게 1시간이 훌쩍 넘는 영화를 보는 것보다 수월할 수 있어요.

이때 아이가 흥미 있어할 만한 애니메이션을 고르는 것이 중요하고, 아이가 이해할 수 있을 만한 수준인지 살펴보는 건 필수겠지요? 영상물을 보기 전에 누가 나오는지, 제목은 뭔지 제목에서 예상할 수 있는 영상 속 내용은 어떤 것일지 추측해보고, 함께 아이와 이야기 나누면서 영상을 보게 되면 훨씬 더 잘 이해하고, 집중해서 즐기는 영상물이 생길 수 있어요.

미리 내용을 어느 정도 알면 주인공들의 대사를 훨씬 정확하게 이해할 수 있습니다. 이를 직접 경험해본 저는 책으로 원작이 있는 작품들의 경우 일부러 책을 아이들과 충분히 읽고, 그 영화를 함께 반복해서 감상하며 이야기도 많이 나눠요. 이런 방식으로 반복하다

보면 어느새 아이들은 자막이 없다는 사실도 불편하지 않을 만큼 편안하게 영화를 감상하고 있을 거예요. 시리즈도 좋습니다. 시리즈가 좋은 이유는 등장인물이나 내용의 구조가 비슷하기 때문에 1편만 잘 소화하면 그 뒤부터는 어렵지 않게 집중해서 보니까요.

65

영어 영상물 시청 주의점에는
무엇이 있을까요?

첫째 미취학 아동의 경우 너무 오랜 시간 영상에 노출되지 않도록 해주세요. 영어는 잡고 다른 부분을 놓칠 수 있어요.

둘째 아이의 취향을 존중해주세요. 세심하게 살펴서 좋아하는 영상을 찾아내는 노력을 소홀히 하지 마세요.

셋째 한글 자막은 기본적으로 안 됩니다. 아이와 약속을 정해서 한 영상을 10번 보면 한글이나 영어 자막을 보여주겠다고 약속하는 방식으로 원칙을 정하는 것이 좋습니다.

넷째 영어 공부처럼 영상을 정자세로 보게 하거나, 자꾸 내용을 확인하지 마세요. 영상 보기는 흘려듣기처럼 '노출'에 초점을 두고 진행하면 됩니다.

다섯째 아이의 영어 수준과 영상의 수준을 맞출 수도 없고 맞출 필요도 없습니다. 아이가 쉬운 영상만을 보려고 하면 쉬운 영상을 찾아 보여주고, 특별히 가리지 않는다면 수준과 관계없이 아이들에게 인기 있는 영상을 보여주면 됩니다.

여섯째 아이가 영어 영상을 이제 막 보기 시작했다면 처음 얼마간은 아이와 함께 영상을 보세요. 아이들은 모두 엄마와 함께 시간을 보내는 것을 좋아해요. 같이 즐기고, 같이 놀라고, 같이 슬퍼하고, 같이 내용에 관해 이야기하는 시간을 가지면서 영어 영상 보기에 서서히 젖어 들게 유도해주세요.

우리는 현재 영상 시청에 대한 우려가 많은 시대에 살고 있습니다. 어디를 가도 아이들이 손에 휴대전화를 쥐고, 아주 어린 나이부터 다양한 영상에 노출되어 있습니다. 게다가 영어에 관련된 많은 공부 방법 중에 영어 영상으로 영어를 노출시키는 방법이 있습니다. 물론 영어에 도움이 되는 부분이 있기 때문에 영상을 금지할 수가 없고 내 아이만 산속에 사는 자연인처럼 키우기도 어렵습니다. 영어 영상물 시청 시 몇 가지 주의점이 있습니다.

첫째, 영상 노출 시간입니다. 미취학 어린이에게 최대 1시간 이상의 영상 노출은 좋지 않습니다. 특히 어릴수록 아직 모국어가 확고하게 자리 잡지 못한 연령일수록 더욱 영상 시청을 조심해야 합니다. 타이머를 세팅해놓고 매일 일정 시간만 영어 영상에 노출시킨다는 생각으로 접근하는 게 좋습니다.

둘째, 영어 영상을 온라인 베이비 시터로 사용하면 곤란합니다. 영상을 틀어주고 엄마는 다른 일을 보는 것이죠. 영상 시청 시 엄마가 함께 보며 같이 질문도 하고 같이 따라 하기도 하고 영어 영상을 매개로 엄마와 소통하며 봐야 합니다. 아이가 영상 자체에 너무 몰입되지 않게 가이드 역할을 해주셔야 합니다. 초점 없이 멍하니 영상을 보는 모습이 나타난다면 화려하고 빠르게 화면이 변하는 영상에 너무 몰입된 것이 아닌지 관찰하셔야 합니다.

영어 영상은 특히 어린아이들에게 양날의 검이 될 수 있다는 점을 기억해야 합니다. 영어 영상으로 소리를 들었을 때 책보다는 시간 대비 영어 노출양이 압도적으로 더 많은 것이 사실입니다. 영어 소리에 귀를 트이게 하는데, 영어 영상을 잘 활용하면 가성비가 아주 좋은 방법이 됩니다. 하지만 엄마가 지치고 피곤해서 아이에게 영어 영상을 틀어주고 뒤돌아보니 벌써 1~2시간이 지나버리는 경우도 있습니다. 처음에는 잘 관리하다가 갈수록 영어 영상에 아이를 방치하는 경우가 생길 것입니다. 특히나 모국어가 자리 잡기 전인 3~4세에 영상 시청은 부모의 철저한 관리하에 이루어져야 한다는 것을 반드시 기억하시길 바랍니다.

영상물 시청은 영어 실력 향상에 도움이 되는 좋은 방법이지만, 그것들이 자극적이고 중독성이 강해서 영어책 읽기의 흥미를 떨어뜨리기도 해요.

시간을 아끼고 싶다는 마음에 아이가 식사하는 중에 영상물을 틀어주는 경우도 가끔 있으신가요? 되도록 아이가 영상물을 다른 일과 병행해서 하지 않게 해주시는 게 좋아요. 하지만 식사가 아닌, 가벼운 스낵을 함께 즐기는 정도는 아이가 그 시간을 오히려 더 긍정적으로 생각하게 할 수도 있어요. 따뜻한 코코아 한 잔과 거실에서 엄마랑 보던 만화영화 시간이 아이에게도 좋은 추억으로 남을 것 같지 않나요? 아이와 함께 아이가 좋아할 만한 영상물을 매일 습관처럼 다정하게 즐겨주는 것만으로도 우리 아이의 영어는 달라질 수 있어요.

영어 영상물을 시청하는 목적은 영어가 모국어가 아닌 상황에서, 인위적으로 영어 소리에 노출되는 환경을 만들어주고자 함입니다. 아이를 영어 소리에 꾸준하게 노출하여 서서히 익숙해지게 하고, 듣고 바로 알아들을 수 있도록 하기 위함입니다. 흔히 영어 귀가 뚫린다는 말로 표현되지요. 영어 소리 매체는 오디오 음원도 있고 영상물도 있는데, 영어를 처음 접하는 시기는 오디오보다는 영상물이 훨씬 효과적입니다. 오디오를 병행할 수 있지만 주된 노출 환경은 영상물이어야 합니다. 오디오는 오로지 소리에만 의존하기 때문에 내용 파악이 어렵습니다. 영상물은 낯선 언어를 화면과 함께 봄으로써 내용을 유추할 수 있기 때문에 이해하기 수월합니다. 영어 영상물 시청을 위해 준비해야 할 것, 지켜야 할 원칙, 주의할 점에는 어떤 것이 있을까요?

① 영상 목록을 미리 만들어둘 것.
② 아이 수준에 맞을 것.
③ 매일, 일정 시간, 꾸준히 볼 것.
④ 자막 없이 볼 것.

314

⑤ 영상은 부모님과 함께 볼 것.

현재 아이의 영어 수준에서 무리 없이 알아들을 만한 영상 목록을 만들어야 합니다. 혹시나 아이가 재미없어하면 언제든 바로 다음 영상을 보여줄 수 있도록 준비해 두어야 합니다.

영상 노출 시간은 아이의 연령에 맞추어 정해야 합니다. 유아기는 하루 1시간 정도면 충분합니다. 아이가 영상을 즐겨봐서 조금 더 보여주고 싶지만, 한 번에 길게 보는 것이 부담된다면 하루에 두 번 정도로 나누어 보여주는 방법도 괜찮습니다. 초등학생의 경우 주중에는 1시간, 주말에 영화를 보는 경우는 한 번에 2시간가량이 될 수도 있습니다. 하루 영상 노출 적정 시간을 정했다면 매일 꾸준히 보는 원칙을 지켜야 합니다.

그리고 영상은 자막 없이 보아야 합니다. 그래야 온전히 소리에만 집중할 수 있습니다. 특히 한글 자막을 띄워 놓고 보는 영어 영상은 효과가 없습니다. 알아듣기 어려운 영어 소리와 읽기 쉬운 한글이 있다면 어디에 집중하게 될까요? 그리고 번역된 우리말로는 영어의 뉘앙스를 정확히 전달하는 데 한계가 있습니다. 영어 표현을 그 자체로 받아들이고 이해하게 하려면 온전한 영어로 듣는 게 좋습니다.

영상을 볼 때는 반드시 부모님이 함께 시청해야 합니다. 아이 혼자 보게 두면 집중해서 보지 못하거나, 자칫 시간이 길어져 방치될 수 있습니다. 영상을 시청하는 아이의 반응을 보아야 어떤 시리즈물을 좋아하는지, 아이의 수준에 맞는지 파악할 수 있고, 그래야 다음 영상을 준비할 수 있습니다. 그리고 무엇보다 아이와 대화하기 위해 영상을 함께 보아야 합니다. 아이가 재미있게 보는 영상의 내용을 알아야 대화를 할 수 있겠지요? 모르는 낱말, 혹은 문화를 설명해줄 수도 있고, 때로는 영상을 보며 떠오른 아이의 경험을 듣게 될 수도 있습니다. 어릴수록 책 읽기, 영상 보기는 행위 그 자체도 중요하지만, 그것을 통해 아이와 나누는 대화가 더욱 중요합니다. 아이가 자라도 가능하다면 영상은 함께 보는 것이 좋습니다. 자녀와의 관계는 대화가 전부이기도 하니까요.

66

같은 영화를 계속 보려고 해요.
영화도 책처럼 골고루 보는 게 좋겠지요?

이건 정말로 개인차가 큰 부분이에요. 어떤 사람은 같은 것을 보고 또 보는 것을 즐기고, 어떤 사람은 내용을 다 잊어버렸더라도 예전에 본 영화는 다시는 안 보려고 하지요. 즐거움의 측면에서 보자면 취향대로 하면 되겠지요. 학습적인 측면에서 보자면 목적에 따라 다르게 접근할 필요가 있습니다. 한 영화를 여러 번에 걸쳐 보면, 시간이 지날수록 더 잘 이해하게 되어 어휘나 표현 등을 정확하게 익히게 되고 영어에 대한 자신감도 상승하겠지요. 하지만 다양한 영상을 통해 영미권의 문화적 배경지식을 습득하거나, 상황에서 따른 다채로운 영어 표현을 익히는 데에는 한계가 있어요. 여러 영화를 골고루 보는 경우는 반대로 생각하면 됩니다.

아이가 같은 영화를 계속 보려고 하면 그대로 둬도 됩니다. 저는 작년에 놀랄 만큼 영어를 잘하는 2학년 여자아이를 가르치게 되었어요. 엄마표로 그렇게 영어를 잘하게 되었다는 사실을 알고 궁금 증이 발동하여 아이의 언니와 어머니까지 모두 만나서 비법 탐구에 들어갔어요. 두 아이를 정말 깜짝 놀랄 만큼 잘 키워낸 그 어머니야 말로 엄마표 영어책을 출간해야 하는데 생각하면서 말이지요. 그분 이야기로는 큰 아이가 초2 때 1년 동안 매일 같은 영화만 보다가 그 내용을 다 외워버렸고, 그때가 영어 학습에서 변곡점이 되었다고 하더군요. 제 딸도 같은 영화를 반복해서 보는 것을 좋아해서 같은 영화를 10번 이상 보는 경우가 많았어요. 그리고 그래 봐야 몇 년 동안 한 영화만을 보지는 않으니까 크게 걱정할 필요는 없답니다.

반대로 늘 새로운 영화만 보려고 하는 아이는 어떻게 해야 할까 요? 같은 영화를 여러 번 본 것과 비슷한 효과를 낼 수 있고 지루함 은 덜어낼 방법이 있을까요? 네 있습니다! 〈피터 래빗(Peter Rabbit)〉, 〈리틀 베어(Little Bear)〉, 〈페파 피그(Peppa Pig)〉 같은 시리즈 영상을 보 는 경우가 바로 여기에 해당합니다. 매회 다른 이야기지만 배경지 식이 있어 내용을 이해하기 쉽고, 어휘 수준이나 영어 표현이 반복 되는 경우가 많아 학습에도 효과적이지요.

저는 오히려 같은 영화를 여러 번 반복해서 보는 것이 영어 실력 자체를 향상시키는 데 좋다고 생각합 니다. 영화 한편을 통달한다면 얼마나 많은 양의 어휘 와 표현에 익숙해질지 생각해보시면 좋겠습니다. 또한 영화로 영어 를 학습하는 가장 큰 강점은 실제 원어민의 말 속도와 소리에 익숙 해진다는 점입니다. 아이가 왜 그 영화를 좋아하는지 긍정적인 시

그널로 봐줘야 합니다.

한때 영화 한 편을 100번을 봤다, 랩톱이 망가지도록 섀도잉을 했다 등등 이런 학습 방식이 엄청나게 유행했던 시절도 있었습니다. 저 개인적으로도 영화 섀도잉을 많이 했던 경험이 있고 같은 영화를 50번 이상 본 적도 있습니다. 처음에 잘 들리지 않았던 표현이나 말의 속도도 여러 회 거듭날수록 잘 들리는 경험을 쌓게 됩니다. 책도 정독의 효과가 있듯이 영화도 비슷하다고 생각합니다.

아이가 자신만의 취향이 생긴다는 것은 좋은 면이 있습니다. 엄마가 틀어주는 것, 엄마가 좋다고 하는 것만 따라 하는 순종적인 아이들도 있지만 자신의 의견이 강하고 어리지만 자기가 무엇을 좋아하는지 안다는 것은 희망적입니다. 같은 영화를 보더라도 본인의 취향에 맞는 것을 여러 번 반복해서 본다면 능동적인 태도로 스펀지처럼 흡수할 가능성이 큽니다. 어떤 분야의 덕후가 되어간다는 것은 그 매개가 되어 세상을 연결해주는 통로가 될 수 있으니까요. 그런 존중이 아이가 영어를 진심으로 좋아하는 사람으로 자라는 경험이 되게 할 수 있습니다. 같은 영화를 보는 아이의 취향을 존중해주고 또 다른 관심사가 생겼을 때 엄마가 슬쩍 연결고리를 만들어준다면 걱정할 필요가 없습니다.

저는 사람들을 관찰하고 그들이 하는 대사들을 들으면서 참신한 표현을 모으는 걸 즐기는 것 같아요. 여러분은 여러분의 취향을 언제 깨달으셨나요? 어쩌면 어릴 적부터 나도 모르게 관심이 생겨 반복해서 선택하고 즐기다가 깨닫게 된 개인적인 선호도가 취향이 아닐까요? 같은 영화만 보는 것은 우리 아이에게 이런 선호도가 생겼기 때문일 겁니다.

취향을 반영한 영화나 영상물의 반복 시청을 통해서 아이들은 내용에 대한 이해를 더 깊게 할 수 있고요, 맥락을 더 잘 파악한 상태에서 정확하게 활용할 수 있는 말이나 표현 등을 잘 모을 수 있게 되지요. 그러니 아이의 취향이 생겼다는 건 사실 걱정할 일은 아니에요.

다만, 아이가 어렸을 때는 다양한 콘텐츠와 경험을 제공해 호기심을 자극해주고 창의성을 발전시켜주려는 노력이 중요해요. 그래서 적절한 균형을 찾아서 아이의 선호도와 발전 단계에 맞는 콘텐츠와 경험을 제공하는 것이 이상적이라고 할 수 있어요. 다양한 경험을 하며 생긴 특별한 선호도를 우린 취향이라고 하니까요. 내 아이의 진짜 취향 발견하기, 도전해볼까요?

67

편식처럼
영어책도 취향대로만 보려는 아이,
어떻게 할까요?

편식은 특정 주제에 깊이 파고드는 편식과 특정 장르, 혹은 특정 형태의 책만 읽는 편식으로 나뉠 수 있겠군요. 아이가 상어나 공룡, 우주 등 특정 주제에 푹 빠져 온갖 책을 다 읽으려 하는 경우라면, 지식에 목마른 그 아이를 응원하며 지켜보면 됩니다. 관심 있는 분야에 대해 읽어가다 보면 결국 자신의 읽기 수준보다 높은 책까지도 읽게 될 것이고, 당연히 영어 실력도 늘고 어쩌면 미래의 직업을 찾을 수도 있겠지요! 그래 봐야 아이가 영원히 한 주제만 파고들 수는 없거든요.

판타지 등의 특정 장르나 코믹스처럼 특정 형태의 책만 읽는 경우를 볼까요? 사실 모든 아이가 책 읽기를 좋아하는 것은 아니지요. 그래서 아이가 혼자서 '영어책'을 골라 읽는다면, 그 자체로 고마운 일이라고 생각하고 읽고 싶은 책을 마음껏 읽도록 해도 좋아요. 왜냐하면, 우리에겐 아직 '정독'이라는 옵션이 남아 있기 때문이죠! 픽션을 좋아하면 논픽션 책을, 그래픽노블만 좋아하면 원서 리더스나 챕터북을 골라 정독으로 읽으면 되지요. 100% 엄마표 영어라면 온라인 영어 독서 프로그램이나 리딩 교재로 다양한 책을 접하도록 하고, 영어학원에 다닌다면 학원에서 다양한 책을 접하도록 해줄 겁니다. 그리고 무엇보다 한글 독서가 탄탄하게 이루어지고 있다면, 영어 실력 향상을 목적으로 하는 영어 독서에는 조금 너그러워져도 괜찮다고 생각해요. 편식이든 아니든 아이가 영어책을 읽는다는 것이 가장 중요하거든요!

이 질문을 보는 순간, 저 자신이 뜨끔했습니다. 저도 책을 편식해서 봤던 시절이 있었기 때문입니다. 저는 소설을 잘 읽지 않습니다. 다큐멘터리를 좋아하고 사실을 주제로 한 글이 저에게는 더 흥미롭기 때문입니다. 문학을 싫어하는 건 아니지만 이상하게 소설에 흥미를 느끼지 못합니다. 책을 편식하는 아이들의 마음을 이해하기에 옹호하는 글을 쓰고 싶어집니다.

알게 모르게 아이들은 커갈수록 자신의 관심 분야가 생깁니다. 말로 다 표현하지 못해도 어떤 부분 때문에 그 책을 좋아하는지, 어떤 부분 때문에 그 연예인을 좋아하는지, 나름의 이유가 다 있습니다. 책을 하나도 안 읽는 아이라면 걱정이 많아질 테지만 일단 관심 분야가 있다는 의미로 해석되기 때문에 걱정할 상황이 아니라고 생각됩니다. 어떤 분야의 책만 본다는 것도 영원하게 이어질 부분이 아닙니다. 한동안 관심을 두다가도 또 다른 관심사가 생기고, 편식하는 것처럼 책을 한 분야만 보다가 어느 순간 책 내용 속에서 새로운 관심사와 연결되는 경우가 있기 때문입니다.

독서 경험이 있는 사람이라면 무슨 의미인지 쉽게 이해할 것입니다. 책을 읽다 보면 책 내용 속에서 다른 책이나 지식을 언급하기도 하고 그 책이 궁금해서 찾아 읽어보기도 합니다. 어떤 분야에 흥미가 높다는 것은 오히려 좋은 신호이기도 합니다.

A라는 학생은 곤충 박사님이라고 할 정도로 곤충에 관심이 많습니다. 아마도 어렸을 때부터 곤충에 관한 책을 많이 읽었을 것이라고 누구나 상상할 수 있습니다. 곤충에 대해 누구보다도 많은 지식을 갖고 있습니다. 아이들 사이에서도 곤충이 나오면 A학생에게 물어봅니다. 본인의 지식을 유지하고 뽐내기 위해서라도 독서를 계속 이어갈 것이고 내용도 깊이 있게 바뀔 것입니다.

아이들이 편식처럼 책을 읽는다고 해도 오랜 기간 이어질 행동은 아니기 때문에 걱정으로 받아들이기보다 변화의 시점이 왔을 때 부모가 새로운 관심사로 자연스럽게 연결될 수 있게 지켜봐주는 게 좋습니다.

저는 편독하는 아이들을 향한 학부모와 교사가 할 수 있는 조치는 편식하는 아이들을 향한 우리의 노력과 크게 다르지 않다고 생각해요.

아이가 좋아하는 도서가 주로 정보를 얻기 위한 책이라면, 저는 일상생활 에피소드가 펼쳐지는 학원물 동화나 환타지 소설 같은 것들을 골라서 아이에게 실감 나게 읽어주려고 노력해요. 스스로는 읽지 않으려고 하지만, 이야기로 듣는 것을 즐기는 아이들은 의외로 많거든요.

그런데, 이렇게 읽어주는 것만으로는 학습이라고 하기에 한계가 느껴질 때가 있어요. 그럴 때 저는 시중에 나와 있는 다양한 리딩 학습서를 활용하기도 해요. 리딩 학습서의 장점은 다양한 배경지식을 읽기 단계에 맞춰 아이가 배울 수 있게 해주고, 책 읽기를 위해 꼭 필요한 읽기의 기술들을 다양하게 익힐 수 있게 해주거든요. 그렇게 익히고 쌓여가는 배경지식 등을 활용해서 다독을 권장합니다. 이때 아이들에게 지나치게 자율권을 많이 주다 보면 또 결국 아이는 편독할 가능성이 높습니다. 그래서 저는 아이에게 선택권을 주되 제가 미리 어느 정도 균형을 맞춰서 책 바구니에 책을 담아놓고 그 안에서 도서를 고르게 해요. 아이의 취향과 레벨을 고려한 도서들이 당연히 포함될 수 있게 하는 배려는 필수이고요.

그리고 저는 아이가 취향이 생길 만큼 독서한다는 것과 자신의 취향을 반영해서 책을 고르는 부분을 많이 칭찬해요. 아이가 왜 그 책들을 좋아하는지 묻기도 하고, 많이 읽으라고 권장하기도 해요. 또한 제가 좋아하는 취향의 책 이야기도 들어봐 주길 바란다며 다른 책들도 보게 하고요. 아이를 인정하고 긍정적인 눈으로 먼저 바라봐주고 시작하면 생각보다 모든 일이 술술 수월하게 풀릴 때가 많아요.

편독하는 아이에게 "세상에! 너는 벌써 기호라는 게 있는 아이구나!"라고 감탄하면서 시작해보세요.

독서에 관해서는 다양한 의견이 있습니다. 독서 방법, 독서의 분야, 책의 형식에 대해 사람마다 의견이 다릅니다. 누군가는 다독이 중요하다고 하고, 어떤 이는 다독보다는 정독이 중요하다고 말합니다. 또 다양한 분야의 책을 읽어야 한다고 생각하는 사람은 좋아하는 분야의 책만 편식하는 것에 대해 우려를 표하지만, 반대로 편식도 취향이니 괜찮다고 하는 의견도 있습니다. 학습만화는 되도록 읽으면 안 된다고 하는 의견과 달리 만화라도 읽어서 독서에 흥미를 갖게 해야 한다는 의견도 있습니다.

나이가 어린 초기 독자일수록 책을 편식하는 것은 어쩌면 당연한 것이라고 생각합니다. 아직 세상에 얼마나 다양한 주제가 있는지 모르며, 그 모든 것을 접할 시간과 기회가 부족했으므로 내가 경험한 것, 혹은 알고 있는 것 중 좋아하는 주제에 관심이 갈 수밖에 없습니다. 하나의 주제에 대한 책을 오랜 기간, 많이 보는 것은 그 주제에 대한 지식이 쌓여가는 과정입니다. 하나의 주제에 대한 지식이 깊어져 더 이상 궁금한 게 없으면 또 다른 주제에 관심이 생기기 마련입니다. 혹은 하나의 주제에 관한 책을 읽다 보면 그와 연관된 다른 주제에도 궁금함이 생겨 관련 주제에 관한 책도 읽게 되면서 자연스레 관심 있는 주제의 범위가 확장되어갑니다. 처음 관심을 가진 분야에 관해 깊이 있는 독서를 충분히 한 뒤 자연스럽게 다른 분야의 독서로 이어진다면, 한동안의 독서 편식은 존중해주어야 한다고 생각합니다.

그리고 영어책으로 꼭 다양한 주제의 책을 읽어야 할까요? 내가 편안하게 읽을 수 있는 주제는 영어책으로 읽고 조금 어렵게 느껴지는 주제는 한글책으로 읽어도 됩니다. 한글책으로 읽어 충분한 배경지식이 쌓이면 시간이 조금 흐른 뒤 같은 주제의 영어책을 더욱 쉽게 읽을 수 있습니다.

학교에서 보면 고학년의 경우, 좋아하는 분야가 확고해 그 외의 주제에 대해서는 전혀 관심을 보이지 않거나, 학습만화에 너무 길들여져 문고형 책은 잘 읽지 못하는 아이들이 있습니다. 이런 학생의 학부모님과 상담할 때 제안하는 방법은 '아이 책 : 부모 책' 독서 약속을 정하는 것입니다. 우선, 부모님이 아이의 독서에 대해 우려하는 부분을 아이에게 솔직하게 이야기합니다. 그러고서 아이가 원하는 책 몇 권을 읽으면 부모님께서 권하는 책도 읽어보자고 제안합니다. 대신 처음에는 아이가 원하는 책과 부모님이 권하는 책을 몇 대 몇으로 할 것인지를 아이가 정하도록 합니다. 편식이 심한 아이의 경우에는 다양한 분야의 책을 권하되, 낯선 주제이므로 쉽고 재미있는 책을 골라주려는 부모님의 노력이 필요합니다.

학습만화에 길든 아이는 문장을 읽는 것 자체가 어려울 수 있습니다. 만화는 글보다는 그림이 주가 되고 글은 보조적인 역할을 합니다. 그래서 문고형 도서보다 글을 읽는 데 에너지가 훨씬 덜 듭니다. 줄글로 된 책은 문장을 읽으면서 내용을 이해하려면 만화보다 고도의 집중력이 필요합니다. 그런데 짧은 문장의 만화에 익숙해진 아이는 문고형 도서를 읽으려고 해도 이내 집중력이 흩어져 재미를 느끼기 어렵습니다. 그래서 약속이니까 억지로 읽지만 제대로 된 독서가 이루어지지 않을 수 있습니다.

이런 경우 독자의 나이를 불문하고 '읽어주기'가 효과적인 방법입니다. 학교에서 고학년도 서사가 긴 책을 교사가 읽어주면 무척 흥미롭게 듣습니다. 같은 책인데 혼자 읽는 것보다 선생님이 읽어주는 게 훨씬 재미있다고 말합니다. 읽기 어려워하거나 덜 흥미로워하는 책에 익숙해지고 편해질 때까지 부모님이 읽어주거나, 직접 읽어주기 어려운 책은 책 읽어주는 유튜브 영상이나 오디오북을 활용해 아이가 듣는 독서(청독)를 할 수 있도록 해주세요. 그러고서 아이가 선택한 책과 부모가 권하는 책의 비율이 비슷해질 때까지 함께 읽고 꾸준히 대화하기를 권합니다.

68

쓰기를 너무 싫어하는 아이,
그냥 내버려둬도 될까요?

글쓰기를 싫어하는 아이 중에는 글자 쓰기 자체를 싫어하는 경우가 있습니다. 유아의 대소근육 운동 발달 단계에서 보자면 만 4세와 5세부터 한글로 자신의 이름과 몇몇 글자와 숫자를 쓰기 시작한다고 해요. 영어의 경우 한글보다 1년 정도 늦게 쓰기 능력이 발달한다고 하니 아이의 소근육 운동 기술이 어느 수준에 와 있는지 먼저 확인해보세요.

충분히 글자를 쓸 나이가 되었다면 한글 글씨체를 한번 들여다보세요. 한글 쓰기를 싫어하거나 한글 글씨체가 형편없다면 영어 쓰기도 같은 문제점을 가지고 있겠지요. 더구나 영어는 위로 올라가는 b, d, f, h 같은 알파벳과 아래로 내려가는 g, j, p, q 같은 알파벳들이 있어 더욱 쓰기가 어렵습니다. 바꾸어 말하면 올라가는 알파벳과 내려가는 알파벳만 잘 구분해도 그럴듯하게 쓸 수 있다는 뜻이기도 하지요. 네, 맞습니다! 알파벳과 파닉스를 배울 때부터 3줄짜리 칸을 잘 활용해서 쓰기를 배우는 것이 좋습니다. 그리고 알파벳 하나를 쓸 때도 쓰는 순서가 글자의 모양에 큰 영향을 미치므로 알파벳을 획순에 맞게 잘 쓰고 있는지 확인해주세요.

어느 정도 작문이 가능한 아이들도 백지에 글을 쓰는 것보다 2줄이나 3줄이 그어진 종이에 글씨를 적으면 훨씬 정돈된 글씨체를 보여줍니다. 그러니 시중에 나와 있는 3줄 영어 노트를 잘 활용하면 판독 가능한 글씨체에 한결 가깝게 다가갈 수 있습니다.

또 다른 경우는 아이가 정말로 무엇을 써야 할지 모를 때입니다. 영어 실력이 부족해서일 수도 있고, 쓰기 아이디어가 없어서일 수도 있겠지요. 이때는 챗GPT의 도움을 받아도 좋습니다. 질문을 하면 여러 개의 답변을 주르륵 제시하는데 그중 적합한 것을 고르면 된답니다. 예1) 영어책 《Hi, Fly Guy》를 읽은 초등 2학년 아이에게 쓰기를 가르치고 싶어. 어떻게 하면 좋을까?

답변 ① **스토리 순서 쓰기**(Sequencing Writing)

책 내용을 4~6장면으로 나누고, 각 장면에 한 문장 쓰기

예: 1. Buzz looked for a pet.

2. He saw a fly.

3. The fly could say "Buzz."

4. Buzz took Fly Guy home.

챕터1의 내용에서 줄거리를 대표하는 4개의 문장을 뽑아 적어보는 활동으로 1점대 책을 읽는 우리나라 아이들에게 꼭 맞는 활동이지요? 예2) 챕터북 《Magic Tree House》 1권을 읽고 있는 초등

4학년 남자아이야. 책 내용은 잘 이해하는데 글쓰기를 싫어해. 어떻게 도와줄까?

 미션형 글쓰기

'글쓰기'가 아니라 '퀘스트 완료'로 보이게 하면 참여도가 올라가요.

예: "고고학자 탐사 보고서 만들기"

1. 발견한 공룡 이름

2. 크기·색깔

3. 먹는 것

4. 내가 도망친 이유→ 각 항목 한 문장씩만 쓰게 하기

정말 기가 막히지요? 아이의 쓰기 연습, 이제는 챗GPT의 도움을 받아봅시다!

김현지
초중등
영어학원장

쓰기를 싫어하는 아이들이 있습니다. '이 아이들이 왜 쓰기를 싫어할까? 언제부터 쓰기를 이렇게나 싫어하게 되었을까?' 여러 고민을 했던 기억이 납니다.

첫 번째, 아이가 혹시 완벽주의자적인 성향이어서, 글을 쓰다 보면 당연히 오류가 발생하고 고쳐나가야 하는 과정이 동반되기 마련인데 빨간 볼펜의 피드백이 싫어서 그런 것은 아닌지 생각합니다. 지인이 성인 때 대학에서 논문을 쓰는데 교수에게 가혹한 피드백을 수없이 듣고 난 후에 학교를 졸업하고도 글 쓰는 것이 두려워졌다는 얘기한 적이 있습니다.

공부력, 초등 영어 솔루션 77

글을 잘 못 썼다고 혼났던 경험, 자신의 글이 엉망이라는 평가를 받고 또 스스로 그렇게 느끼는 경험이 되었다면 글을 쓸 때마다 낮은 자존감을 끌어올리기 힘들 수 있습니다. 혹시 내 아이가 무의식적으로 글을 쓰는 것에 대해 부담감을 갖고 있는 건 아닌지 대화를 해볼 필요가 있습니다. 글을 쓰기 싫어한다고 그냥 내버려둘 수는 없습니다.

두 번째, 쓰는 행위 자체가 높은 집중력을 요하는 것이기 때문에 힘들어서 그런 건 아닐까 생각합니다. 쓴다는 행위는 능동적인 행위입니다. 쓰여 있는 것은 그냥 읽으면 되고 주어진 것을 해석하라면 하는 것은 수동적인 경우이지만 아무것도 없는 백지에 무엇인가 쓴다는 행위는 상당히 능동적이고 높은 집중력과 사고를 요합니다.

실제로 수업 시간에도 글을 쓸 때 아이들이 막막해하는 이유이기도 합니다. '뭘 어떻게 하라는 거지?' 시작부터 높은 벽이 눈앞에 있는 듯 아이들은 썼다가 지우기를 반복합니다. 안타까운 것은 영어뿐 아니라 한국의 공교육 과정에서 자기의 생각을 글로 쓰는 과정을 거의 연습하지 않기 때문에 유독 쓰기 영역이 다른 영역에 비해 발달하지 못한다고 생각합니다. 말은 청산유수로 잘해도 글을 잘 쓰는 아이들은 찾아보기 힘듭니다. 공부를 잘하는 아이들도 쓰기가 약한 경우가 많습니다.

글쓰기를 싫어하는 아이들은 부담감을 최대한 줄여줘야 한다고 생각합니다. 그리고 막연하게 글을 쓰기보다는 한 단계 한 단계 접근할 수 있도록 이끌어줄 필요가 있습니다. 시중에 나와 있는 라이팅 교재만 봐도 단계별로 부담 없이 쓸 수 있게 구성되어 있습니다. 단어 하나씩 써보고 연습하다가 문장 연습, 하나의 문단, 에세이까지 차근차근 연습할 수 있게 되어 있습니다. 일주일에 한 번 정도로 꾸준히만 해도 글 쓰는 습관이 생기고 부담감이 줄어들 수 있습니다.

아이가 어리면 소근육 발달이 덜 되어 운필력이 약합니다. 한글도 써야 하는데, 영어까지 써야 한다면 손이 아프고 힘들 거예요. 운필력 부족이 문제라면 대필의 방법을 활용하면 됩니다. 아이가 영어로 하는 말을 엄마가 대신 받아 적는 것이죠. 그러면 아이는 자신의 말이 어른의 글로 표현된 것을 보며 올바르게 표기된 어휘나 문장을 배우게 됩니다.

운필력은 있는 나이인데, 영어로 글쓰기를 싫어한다면 아직 글로 쓸 만큼 채워진 것이 없고 쓰기를 단계별로 배운 경험이 없어 무엇을 어떻게 써야 할지 모르기 때문입니다. 쓰기는 충분히 듣고 읽는 것이 바탕이 되어야만 가능합니다. 채워진 게 부족한데 쓰기를 강요하면 나올 게 없으니 괴롭겠지요. 혹은 아이의 수준보다 높은 수준의 글쓰기 형식을 요구하고 있지는 않은지, 꼼꼼한 첨삭으로 틀리는 것에 대한 두려움이 있는지 살펴보세요. 아직 채워진 것이 부족하다면 충분히 듣고 읽은 후에 쓰기를 시도해야 합니다.

듣고 읽기가 충분한데 글쓰기를 싫어하는 아이는 숙제나 공부, 또는 평가처럼 느껴서 거부할 수 있습니다. 그럴 때는 실제 생활 속에서 글이 어떻게 사용되는지 경험할 수 있는 글쓰기 방법을 활용해보세요. 일기 쓰기, 친구에게 편지 쓰기, 생일 초대장 쓰기 등 실생활에서 활용할 수 있는 살아 있는 글쓰기를 통해 흥미를 유발해보세요.

초등학교 1학년 국어 시간에는 바른 모양으로 글자 쓰기 연습을 꾸준히 합니다. 아직 운필력이 약한 아이들이 글자를 쓰는 것은 매우 고된 일입니다. 그래서 글자 쓰기 연습을 할 때 아이들에게 알려주는 몇 가지 방법이 있습니다.

바른 글씨체로 글자를 쓰려면 우선 자세가 반듯해야 합니다. 아이들이 글자를 쓰는 자세를 보면 노트를 90°로 돌려놓고 쓰거나, 책상 모서리 쪽으로 몸을 잔뜩 구부리고 쓰는 등 자세가 각양각색입니다. 자세가 틀어지니 글씨의 방향이 비뚤어지고 필체도 엉망이 됩니다. 반듯한 자세로 앉아서 노트를 바르게 두고 써야 합니다. 운동도 악기도 자세가 중요하듯, 바른 글씨체도 자세가 가장 중요합니다.

둘째는 아이들이 손에 힘을 너무 많이 주고 씁니다. 그래서 조금만 써도 손가락, 어깨, 목까지 아프다고 합니다. 아이들에게 글자를 진하게 쓰지 않아도 되니 손에 힘을 빼고 부드럽게 써보라고 가르쳐줍니다. 손에 힘만 빼도 글자 쓰는 속도가 훨씬 빨라지고 필체도 부드러워집니다.

셋째는 획순을 지켜 쓰라고 얘기해줍니다. 어떻게 써도 같은 모양이라 상관없다고 생각해 마음대로 쓰는 아이들이 많습니다. 하지만 획순을 지켜 쓴 글자와 아닌 글자는 확연히 다르게 보입니다. 그래서 글자의 올바른 획순을 알고 지켜서 써야 글씨가 예쁘다고 알려줍니다.

넷째는 글자는 의사소통 도구라는 것을 알려줍니다. 일기처럼 나만 보는 글도 있지만, 편지처럼 다른 사람에게 보여주기 위해 쓰는 글이 더 많습니다. 남이 읽을 수 없는 글자는 의미가 없으니, 누구라도 알아볼 수 있게 바르게 써야 한다고 알려주면 아이들이 글자를 바르게 써야 한다는 것을 알고 바른 글씨체를 쓰기 위해 노력합니다.

영어도 바른 획순이 있고, 영어 소문자는 글자에 따라 높낮이가 다릅니다. 그래서 4선 노트에 바른 획순으로 영어 대소문자를 쓰는 연습부터 해야 합니다. 그리고 바른 글씨체가 왜 중요한지 설명하고, 위에 얘기한 방법들로 바른 글씨체를 만들어가도록 도와주세요.

69

초등 3학년 아이의 비위를 맞추고
잘 달래가며 엄마표로 진행하고 있어요.
엄마표 영어는 원래 이렇게
'비굴하게' 하나요?

이 질문의 포인트는 '언제까지'도 아니고, '비굴하게'도 아니라 '잘 진행하고 있어요'입니다. 가혹한 답이지만 잘 진행하고 있다면 지금 잘하고 있는 겁니다. 그래도 답이 너무 짧으니 끝없이 비위를 맞춰주며 비굴하게 엄마표 영어를 진행했던 제 경험을 공유해보겠습니다.

우리 아이가 며칠 전에 말끝에 "영어를 너무 쉽게 배워서 다른 아이들에게 미안하고 불공평한"이라는 표현을 쓴 적이 있습니다. 듣고 있던 이 엄마는 '발끈'했습니다. '쉽게' 배웠다니! 내가 얼마나 고생을 했는데! 유튜브와 넷플릭스가 없던 그 시절에, 인터넷으로 만 원에 3편씩 대여해주는 비디오를 빌려오면 자기 취향 아니라고 쳐다보지도 않던 너! 매직 트리 하우스 오디오 테이프 세트를 샀는데 첫 권을 펼쳐보더니 읽기 싫다며 덮어버린 너! 오디오라도 듣게 하려고 했더니 그 아름답고 잔잔한 메리 포프 오스본의 목소리가 느리고 지루하다며 하나도 안 들어준 너! 오디오북 고를 때 특정 목소리와, 특정 속도를 꼭 고집하던 너! 남들 다 하는 집중 듣기도 6학년 될 때까지 하루에 몇 번씩 비굴하게 들이밀면 겨우 조금씩 듣던 너! 중등 영단어집 고를 때도 몇 번을 실패한 후, 겨우 이미지를 이용한 디딤돌 영어단어장에 안착한 일이며, 동물 주인공만 좋아하는 비디오 취향 영역을 넓혀주려고 재미도 없는 영상을 같이 보고, 매일매일 상황을 봐가며 오늘은 뭘 들이밀까 고민하던 내 모습이 떠올라 발끈을 넘어 울컥했던 순간이었지요. 다른 집 아이들은 부모가 골라주는 교재를 잘 따라 하더구만….

육아에서도 아이가 성향에 따라 짜증을 잘 부리고 엄마를 더 힘들게 하는 경우가 있듯이 엄마표 영어에서도 육아와 비슷하게 다양한 케이스가 존재합니다. '어느 집 아이는 엄마와 무난하게 어려움 없이 영어를 잘 이어가는 것 같은데 내 아이는 왜 이렇게 나를 힘들게 하지'라고 생각되고 버거운 마음이 들기도 하죠.

아이의 비위를 맞춰가며 엄마표 영어를 하는 것은 한계가 있다고 생각합니다. 초3이면 아직은 어린 나이이기 때문에 어른 입장에서 한 발짝 물러나 이해하고 비위를 맞춘다고 하지만 조금 더 있으면 사실 엄마 인내심에 바닥이 드러날 수 있습니다. 아이에게 도움이 되고자 시작한 엄마표 영어가 서로에게 화내고 짜증 내는 도화선으로 전락할 수도 있는 것입니다.

엄마표 영어를 하기 이전에 엄마 자신의 마음을 잘 알아야 할 필요가 있습니다.

- 엄마표 영어를 왜 꼭 해야 하나?
- 아이를 보면 조급한 마음이 드는가?
- 다른 아이와 비교하는 마음이 들지는 않는가?

혹시 이러한 엄마의 마음이 아이한테 전달되고 있는 건 아닌지 고민해보셔야 합니다.

무조건 노력하라고 말하기에는 너무나 아이들의 성향이 다양하고 엄마와 아이의 정서적인 관계도 다양합니다. 그런 것을 모두 배제하고 엄마가 노력해서 엄마표 영어를 해보라고 하는 것은 힘든 일입니다.

특히나 정서적인 측면이 개인적으로 가장 우려됩니다. '엄마의 정서가 건강한 사람인가? 너그러움을 가지고 아이를 장기적으로 지켜볼 수 있는가?' 하는 점을 정직하게 들여다봐야 합니다. 아이가 조금만 내 뜻대로 안 되면 화가 치밀어 오르고, 내 아이가 한심해보인다면 엄마표 영어는 애초에 시작하지 않기를 조언합니다.

엄마 스스로 '비굴하게 언제까지 이렇게 해야' 하나 하고 한숨이 나온다면 이제는 아이가 엄마가 아닌 다른 전문가에게 배워야 할 때가 온 것입니다. 아이가 학원을 간다고 엄마표 영어가 끝난 것이 아닙니다. 아이가 어떻게 배워가는지 가정에서 도움이 될 만한 것들을 고민하고 조력해야 하는 시기가 된 것입니다.

입문

탐색

정착

혼돈

안정

기초 영어에서 내신 영어까지 로드맵

성적을 올리는 공부법

70

어휘가 영어 실력이라는데
책만 읽어서
언제 어휘력이 늘어요?

영어에서 어휘는 전쟁터에서의 총알 같은 것입니다. 아무리 좋은 총을 가지고 있어도 총알이 없으면 그 총은 무용지물입니다. 가장 이상적인 방법은 책을 읽으면서 그 안에서 내용이 유추되고 문맥 속에서 뜻을 알아내고 기억하는 것입니다. 하지만 이렇게 책을 읽으며 어휘를 습득하는 건 속도가 너무 느리다는 측면도 있습니다.

어떤 아이들은 하루에 단어를 40개씩 외운다, 누구는 100개씩 외운다, 이런 얘기를 들으면 우리 아이는 일주일에 고작 10단어도 못 외우는 것 같은데 하고 불안한 마음이 들기도 하죠. 어휘를 학습한다는 범주를 어디까지 정해놓느냐에 따라서도 다르다고 생각합니다. 단어 하나를 한국어 뜻 하나와 매치해서 간단하게 외우는 것이냐 아니면 영영 뜻풀이를 보고 해석하여 뜻을 알아낼 수 있느냐, 그 단어를 가지고 영작을 할 수 있느냐, 그 단어를 이용해 말해볼 수 있느냐에 따라 어휘 공부를 했다고 말할 수 있는 것입니다.

어휘 학습에서 가장 효율적이라고 말할 수 있는 왕도가 있을지 모르겠습니다. 어휘 학습은 반복밖에는 방법이 없습니다. 성적이 우수한 학생들도 계속 잊어먹는 것이 어휘니까요. 같은 어휘 책을 여러 번 회독하여 내 것으로 만드는 것이 방법이라면 방법입니다.

요즘 학교나 학원에서는 클래스카드라는 앱을 많이 사용합니다. 무료로 다운받으면 많은 학습 자료가 들어 있고, 폰만 있어도 어디서든지 어휘 공부를 할 수 있습니다.

다양한 방법들이 있지만, 영어 어휘는 맥락에 따라 다른 의미로 사용되기도 하기 때문에 맥락 안에서 이해하는 것이 가장 좋은 방법이에요. 그래서 아이들이 책을 읽으면서 맥락 속에서 어휘를 익히고 자연스럽게 만나게 하는 게 정말 좋은 방법이라고 많은 전문가들이 추천하고 있어요. 그런데, 맥락 속에서 인지한 단어들도 독서량의 부족과 같은 이유 등으로 반복적으로 만날 기회가 없다면 아이들의 장기 기억 장치에 남아 있는 단어들은 생각만큼 많지 않을 거예요. 그래서 학부모가 보기에는 아이 어휘의 양이 너무 적고 습득 속도가 너무 느리게 느껴질 수 있어요.

이런 점들을 보완하기 위해서 약간의 요령을 발휘해보면 좋은 방법을 소개해보려고 해요.

아이들이 읽는 책의 수준에서 출현 빈도가 높은 단어들로 이루어진 단어 모음 교재 같은 것을 책 읽기와 병행하며 학습하면 도움이 되기도 해요. 이런 교재를 고를 때는 출현 빈도가 높은 순으로 적당한 예문과 이미지가 함께 있는 걸 고르시면 좋아요. 그리고 되도록 그런 단어들을 주제별로 묶어서 학습하는 게 좋습니다. 요즘에는 출판사에서도 이런 부분을 충족시키는 좋은 교재들을 정말 많이 출판하고 있어요. 이렇게 잘 고른 교재를 활용하면 좋은 점은 적당한 예문을 통해 아이들이 빠르게 그 단어의 활용을 확인할 수 있다는 점이에요. 이렇게 출현 빈도가 높은 단어들로 정리된 단어 교재들로 미리 학습하면 아이가 영어 독서를 할 때 이미 학습된 단어들을 만나게 될 확률이 매우 높아지죠. 맥락이 있는 상태에서 자신이 익힌 단어들을 반복적으로 만나게 되는 경험이 좀 더 빈번해질 수밖에 없겠지요?

또 이런 단어 교재들을 그냥 한번 훑어보는 정도로 사용하지 말고, 여러 번 반복해서 활용하는 걸 권장해요. 처음에는 그냥 발음하고 단어들의 예문을 이해하며 의미를 기억하는 것에 의의를 두고, 두 번째 활용 시에는 교재에서 제공하는 예문을 보고, 타깃 단어의 의미를 기억해보는 훈련을 해보면 좋아요. 그리고 마지막으로는 해당 단어로 자신이 직접 자신만의 문장을 만들어서 써보는 걸 권장해요. 교재 안의 각 단어에 제공되는 이미지가 있다면 그 이미지를 해당 단어를 사용해서 묘사하는 문장을 써보게 하는 것도 좋은 방법이에요. 이렇게 단어 공부를 하게 되면 단어의 올바른 활용까지 확실하게 익힐 수 있게 되어 아이들의 읽기 실력뿐 아니라 쓰기 능력까지 전반적으로 향상되는 걸 발견할 수 있어요.

71

영어 단어 시험이 영어 공부에
도움이 될까요?

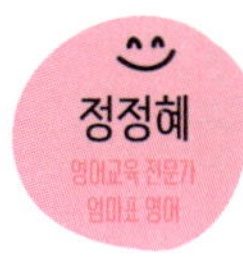

효과적인 어휘 학습 방법에 대한 이론에 따르면 뜻과 함께 반복적으로 어휘를 외우는 전통적 학습 방식, 동의어나 반의어처럼 같은 카테고리에 들어가는 어휘 등을 함께 익히는 연상법, 다독처럼 한 단어를 여러 문장에서 만나면서 익히는 우연적 어휘 학습법, 이미지와 소리를 같이 접하는 온라인 어휘 학습법, 모두 유용하다고 합니다.

그러니 단어 시험을 보기 위해 여러 번 반복하여 어휘를 외우는 등의 전통적 어휘 학습 방식은 영어 공부에 도움이 됩니다. 다만 어휘를 효율적으로 익히는 방식이 사람마다 다르다는 것을 기억해주세요. 단어 시험은 죽어라고 못 보는데, 이상하게 그 외 부분에서 뛰어난 아이들도 많이 있습니다. 단어 시험은 100점인데 책의 내용은 이해하지 못하는 아이들도 많지요. 단어 시험을 치르는 방식으로 어휘를 익히는 데에 어려움을 겪는 아이라면 단순 스펠링 암기보다는 이미지를 이용해서 상황 안에서 어휘를 익히거나 다독을 통해 맥락 안에서 새로운 어휘를 익히는 방식을 사용하도록 유도해주세요.

영어를 처음 시작하는 어린아이들 같은 경우는 성향에 따라 시험 자체의 난이도보다 시험이라는 행위 자체가 큰 스트레스로 다가올 수 있습니다. 시작부터 아이들에게 영어 시험을 잘 봐야 한다고 인식시킬 필요는 없습니다. 아직 항아리에 물이 차지도 않았는데 바가지로 물을 퍼내려 하면 항아리 밑만 벅벅 긁고 결국 물은 퍼낼 수 없습니다.

영어의 인풋 양이 어느 정도 쌓였다면 아이들은 단어의 소리와 그림으로 그 단어를 이해하고 이미 말할 수 있습니다. 스펠링의 오류나 영어 딕테이션은 어려울 수 있지만 그동안 노출되었던 단어의 의미는 테스트를 거치지 않고도 많이 이해하고 자연스럽게 스며들어 있습니다. 여기까지는 어린아이가 학습자인 경우에 해당합니다. 영어에 노출이 충분한 이후에 다양한 방식으로 어휘를 확인하는 방식을 고민해야 합니다.

영어에서 학습으로 영어를 하든 즐거움으로 영어를 하든 영어를 함에 있어서 어휘는 굉장히 중요합니다. 원서 수업 또는 영어 학습서로 하는 시험 영어 등등 레벨이 올라간다는 의미는 어휘의 양과 수준이 직결되어 있습니다.

예를 들어 CNN 뉴스를 본다고 생각해보면 북한에 대한 기사가 나올 때, 주로 묘사되는 단어들이 있습니다. 장거리 미사일, 핵실험, 독재, 군사, 북한, 남한, 한반도, 고립된 국가 등 특정 단어들이 계속

공부력, 초등 영어 솔루션 77

반복적으로 나옵니다. 이러한 단어들을 이해하지 못하면 아무리 뉴스를 듣고 있어도 정확히 무슨 소리인지 알 수가 없습니다. 영어에서 단어가 차지하는 비율은 생각보다 상당히 높습니다.

영어 단어 시험은 어떤 방식의 수업을 하든 상관없이 꼭 해야 하는 것입니다. 영어를 듣고, 읽고 무슨 단어인지 의미를 알아야 하고, 정확히 쓸 줄도 알아야 합니다. 학창 시절에 시험이라는 녀석이 길목마다 조용히 아이들을 기다리고 있습니다. 피해갈 수 없다면 대비해서 충격받지 않게 도와주어야 합니다. 단어의 확인 과정, 즉 시험은 선택이 아닌 필수입니다.

학생들의 어휘를 테스트해보면 유난히 오류가 많은 아이들이 있습니다. 이런 경우는 어휘를 눈으로 외우고 입으로는 외우지 않은 경우가 많습니다. 맞은 어휘도 발음할 줄 모르는 경우가 많습니다. 어휘를 배워나갈 때 반드시 발음과 함께 외워야 함을 강조하고 싶습니다. 요즘 출판되는 어휘 책들은 대부분 QR코드가 있어 휴대전화만 있으면 언제든지 발음을 들어볼 수 있고 예문까지 다 읽어줍니다. 적극적으로 활용해보길 추천합니다.

우리의 학창 시절을 떠올려보면 공부를 아주 좋아하지 않는 친구들도 결국 시험 기간이 되면 시험을 위해 공부를 했던 것 같지 않나요? 시험은 우선 단기적으로는 동기가 되어 공부하게 합니다. 그리고 시험 공부를 하면서 비로소 어떤 내용을 배웠는지 잘 알게 되기도 하고요. 이런 시험의 순기능적 역할을 잘 활용하면 아이들은 적당한 목표 설정과 함께 스스로 동기 부여하는 것을 배우게 돼요. 영어 단어 시험도 의미 있게 보게 한다면 아이들의 실력 향상에 분명 도움이 된답니다. 영어 단어 시험을 볼 때는 예문까지 함께 쓰게 하는 방식으로 보는 게 좋아요. 얼마 전 저희 원에 새로 들어온 학생이 쓴 문장을 여러분께 공유해볼게요. "I spend a box to him."이라는 문장을 spend라는 단어가 들어간 자신만의 예문이라고 써서 보여줬어요. 아마 아이는 '나는 그에게 상자 한 개를 보내요.'라는 의미의 문장을 쓰고 싶었겠지요?

그런데 왜 아이는 send라는 동사를 사용하지 않고, spend라는 동사를 썼을까요? spend라는 단어의 의미 중 '~(시간)을 보내다', '~(돈, 시간 등)을 쓰다'가 있는데, 그냥 활용 예문이나 맥락 없이 '보내다'라고 외워버리고 그 의미를 자신이 생각하는 대로 기억하고 활용한 거였어요. 그래서 올바른 예문을 꼭 함께 살펴보는 건 아주 중요해요. 그래서 저는 영어 단어 시험보다는 영어 문장 시험 같은 걸 자주 보는 편이에요.

그리고, 영어 단어 시험을 보면서 아이들은 자신이 이미 알고 있다고 생각했던 단어들이 시험을 통해서 잘 알지 못했다는 걸 인지하게 되는 등 단어 시험은 학습적으로도 도움이 돼요. 확실히 아는 것과 모르는 것을 스스로 깨닫게 해주는 점이 시험의 순기능이지요.

마지막으로 아이들은 정말 놀라운 능력을 가지고 있다는 거예요. 처음에는 5개도 버거워서 못 쓰던 단어들을 시험이 거듭될수록 수십 문장을 거침없이 쓸 수 있게 되기도 하거든요. 아이들도 스스로 성취감을 느끼고 학습을 지속하게 만드는 데 영단어 시험은 영어 공부에 분명 도움이 되는 부분이 있으니, 아이가 시험의 과정을

 공부력, 초등 영어 솔루션 77

충분히 즐길 수 있도록 시험의 순기능에 집중하면서 영단어 시험을 올바르게 활용해보세요.

초등 고학년 교실 풍경 중 하나가 쉬는 시간에 영어 단어를 외우며 괴로워하는 아이들 모습입니다. 머리를 부여잡거나, 책상에 얼굴을 파묻거나, 땅이 꺼져라 한숨을 쉬기도 합니다. 이유를 물으면 오늘 학원에서 단어 시험 봐야 한다고 말하며 울상을 짓습니다. 아이들이 손에 들고 있는 단어장은 대부분 영어 단어와 한글 뜻이 1:1 대응으로 적힌 단어집입니다. 허공을 보고 되뇌거나 반복해서 여러 번 쓰며 입으로 중얼중얼 외웁니다.

과연 아이들이 일주일 후에도 그 단어를 기억할까요? 맥락 없이 영어 낱말과 우리말 뜻을 마구잡이로 외우는 단어는 금방 휘발됩니다. 어휘는 반드시 문장과 함께, 맥락 속에서 공부해야 기억하기 쉽습니다. 맥락 속에서 공부하기 가장 좋은 방법은 책을 읽으며 자연스럽게 어휘를 습득하는 것이지요. 특히 초기 단계에서는 이 방법이 어휘 늘리기에 가장 효과적입니다.

하지만 학년이 올라갈수록 알아야 하는 어휘의 양은 많아지고 중·고등, 그리고 대입을 대비해야 하므로 어휘 학습은 꼭 필요합니다. 중학년 이상, 읽기 수준이 중기 수준이 되면 어휘 학습서를 활용하는 것이 좋습니다. 학습해야 할 어휘가 들어 있는 텍스트를 읽고 어휘의 내용을 유추한 뒤, 영어로 단어를 풀이해놓은 원서 어휘 학습서들이 있습니다. 글을 읽고 어휘를 학습할 수 있는 구조라 맥락 속에서 어휘의 뜻을 이해하며 공부할 수 있는 장점이 있습니다.

6학년 담임일 때 유독 단어 외우기가 괴롭다고 일기에 자주 쓰던 여학생에게 영어책은 읽고 있는지 물어본 적이 있습니다. 읽고 있다며 내민 책이 리딩 교재였어요. 그래서 얼리챕터북을 보여주며 이런 책들은 읽어본 적 없는지 물었더니 영어로도 이야기 책이 있냐며 소스라치게 놀라던 아이의 표정이 지금도 생생하게 기억납니다. 초등까지는 영어책을 많이 읽고, 원서 어휘 학습서를 이용해 어휘를 확장해가는 방법이 좋습니다.

72

영어 문법은
언제부터 가르쳐주면 좋을까요?

영어 문법은 어느 정도 추상적인 사고 능력이 되는 시기에 시작하는 것이 좋다고 생각합니다. 흔히 말하는 문법 수업은 상당히 추상적인 영역입니다. 한자어의 의미도 알아야 제대로 된 문법 용어도 이해할 수 있습니다. 중1 수준의 문법을 가르치려고 하면 to 부정사, 동명사, 접속사 등 설명하면 할수록 아이들의 표정은 미궁 속으로 빠져드는 듯 합니다.

본격적인 문법 수업은 초등 5~6학년부터 시작해도 늦지 않습니다. 저학년에 문법 문제집을 여러 권을 풀고 온 학생들을 만날 때가 많습니다. 대부분 "문법은 재미없고 점점 어려워요"라고 이야기합니다. 모국어처럼 우리말 배우듯 영어 문법을 배우면 얼마나 좋을까요? 하지만 대부분의 아이는 영어 인풋이 절대적으로 부족합니다. 모국어를 총동원하여 이해하고 적용해야 그나마 이해를 할 수 있습니다.

실제로 초등 저학년부터 외국에서 4년 이상 국제학교를 다녔고 한국에 와서 국제중학교를 다니는 학생도 문법을 배울 때 어려움을 겪는 모습을 봤습니다. 그만큼 문법은 아이들에게 어려운 영역입니다. 학생들을 관찰하다 보면 어느 정도 영어의 연차가 쌓인 친구들은 알게 모르게 영어의 문법적인 요소에 노출이 될 수밖에 없습니다. 조금 더 호기심이 있는 아이들은 질문하기 시작합니다. I have a sister. she has a sister. "왜 she has예요? 왜 have가 아니예요?" 본인 스스로 어떤 패턴들을 찾기도 하고 차이점을 발견하기도 합니다. 이러한 단순한 규칙의 영역은 물론 저학년도 충분히 설명하고 이해시킬 수 있습니다.

하지만 점점 이해력을 요하는 내용으로 넘어가면 갑자기 길을 잃어버리기도 합니다. 억지로 외우게 하고 문제를 풀리게 할 수도 있지만 길게 가지 못하는 방식입니다. 영어를 너무 싫어하는 아이로 변해갈 수 있는 것입니다. 충분한 소리와 수많은 영어 문장을 접한 아이들은 실제로 문법 수업에서도 많이 봤던 문장이기 때문에 거부감이 덜합니다. 예를 들어 'I've been shopping online.'이라는 문장을 아이들이 쓰고 이해합니다. 현재완료 진행형을 설명하지 않아도 상황에 맞게 받아들입니다. 나중에 고학년이 되어 그래머 수업을 시작했을 때 이 문장이 이런 문법이라고 하는구나 하고 거부감없이 받아들이는 거죠. 이미 봤고 써봤던 문장을 분석하는 것이라 익숙하게 받아들이는 효과가 있습니다.

문법 수업은 영어의 소리나 문장들에 많이 노출되고 쌓인 후에 시작해도 늦지 않습니다. 적어도 수업을 듣고 버틸 수 있는 의지가 있는 연령대에 시작해야 한다고 생각합니다.

1. 문법이 처음인 초등학생에게 추천하고 싶은 문법 교재는 A*List의 《ONE 포인트 GRAMMAR》 시리즈입니다. 한 번에 개념 하나씩 연습하도록 구성되어 문법을 처음 하는 초등 학년에게도 부담 없는 교재입니다. 1권이 끝나면 모의고사가 책에 포함되어 있습니다.

2. 《Grammar Inside》는 스테디셀러입니다. 8품사나, 문장의 성분, 구와 절이 책 맨 앞장에 레벨마다 정리되어 있는 것이 이 책의 장점입니다. 초등 고학년에 적합한 교재입니다.

3. 《천일문 중등 Grammar》가 2025년 개정판으로 업그레이드되었고, 앞쪽에 중요한 문장의 형식 등을 정리해놓았으며, 중요한 문법 예문들을 연습하기에 좋습니다. 중학생에게 추천합니다.

4. 《Grammar Vista》는 개념을 그래픽화시켜놓은 책이고 하나의 문법 챕터마다 매핑(mapping)할 수 있게 되어 있어 아이들 스스로 배웠던 내용을 정리하는 데 좋은 책입니다. 중학생에게 추천합니다.

영어 문법은 기본적으로 영어로 간단한 문장을 말할 수 있고, 영어책을 읽으며 올바른 문장들을 많이 접해본 아이들에게 문법을 가르쳐주는 게 좋아요. 문법 규칙에 대한 명료한 지식은 없어도 아이들은 영어책 읽기를 통해 만난 많은 문장들을 통해 감각적으로 문장의 구조와 규칙에 대해 습득하는 부분들이 있거든요. 그때 스스로 알고는 있었으나 설명하기는 힘들었던 문법적 규칙을 명확하게 알게 되면 아이들은 자신이 쓴 글의 문법적 오류를 수정할 수도 있고, 책의 내용을 조금 더 깊게 이해할 수 있게 되기도 해요.

하지만, 초등학교 아이들에게 문법을 가르칠 때 그 목표를 올바른 표현을 위한 규칙에 초점을 두고 읽기와 쓰기에 연결되는 문법 지도로 방향을 잡으시길 권합니다. 입시를 위해 공부해야 하는 영어 문법과는 조금 방향성을 달리 하는 게 아이들이 문법을 어려워하지 않고, 배운 내용을 활용하는 데 익숙해질 수 있게 도와주거든요.

영어 학습 2년 차 정도의 초등학교 2학년 아이가 쉬운 영어책을 읽는 중에 명사의 단수와 복수형만 가볍게 설명해줘도 아이는 정말 편안하게 받아들여요. 대명사의 격 변화도 그동안 만나왔던 문장들 덕분에 쉽게 잘 이해해요. 문법에 대한 이해를 아이가 잘 한다고 해서 그것이 매번 오류 없이 매끈한 글을 쓴다는 것을 의미하지는 않아요. 다만, 아이가 영어책을 읽거나 글을 쓰고 수정하는 작업을 할 때에 명료한 문법적 설명을 듣지 못한 이전과는 다르게 약간의 설명만 덧붙여줘도 아이는 자신의 오류를 스스로 수정할 수 있을 정도는 될 수 있어요. 말귀를 알아듣는 아이가 되어 있는 거지요. 영어 문장에 대해 설명할 때 아이도 이해할 수 있는 일종의 공용어가 생겼다고나 할까요?

보통 시중의 리더스 2단계를 읽는 영어 학습 1년 차~2년 차의 초등학생 2학년 이상의 인지력을 가지고 있는 아이라면 쉬운 문법 내용부터 지도가 가능해요. 그리고, 챕터북 읽기를 즐기는 영어 학습 3년 차 이상의 아이라면 책의 내용을 조금 더 깊게 잘 이해할 수 있는 문법적 지식을 본격적으로 가르쳐도 잘 받아들여요.

그리고, 입시 영어를 준비하기 위한 문법적인 내용은 초등학교 5~6학년 정도가 적당하다고 생각해요. 읽기 수준이 높으면 높을수록 입시 영어를 위한 문법 학습은 조금 늦게 해도 괜찮아요. 수능 시험을 치르거나 고등 수준의 독해를 위해서 필요한 읽기 수준은 생각보다 중등 읽기 수준과는 그 차이가 크게 나거든요. 그래서 초등학교를 졸업하기 전에 최대한 읽기의 수준을 높이는 게 목표가 되어야 고등 수준의 영어 학습을 하는 데도 어려움이 없어요.

하지만, 초등학교 5학년 2학기쯤에 영어 읽기의 수준이 리더스 3단계~4단계 또는 얼리챕터북을 읽고 이해하는 정도면 저는 중등 초급 문법부터 가르치기 시작합니다. 그리고 이때 배우게 되는 문법 내용들이 문장 안에서 어떻게 사용되는지 꼼꼼하게 설명해줍니다. 이 정도 수준의 아이들은 의외로 명시적으로 배운 문법적 규칙들을 통해 읽기의 실력이 높아지기도 하고 문장에 대한 해석이 정확해지기도 하는 등 문법 수업으로 읽기 실력에 시너지가 생기는 레벨이거든요.

영어에 대한 기본적인 기술 능력이 없는 상태에서 영문법을 접하고 어려운 문제 풀이로 영어 문법에 대한 두려움이 있는 학부모 세대가 아이들에게 문법을 가르치는 건 별로 도움이 안 되고 오히려 영어 학습의 흥미를 떨어뜨리는 지름길이라고 생각하는 분들이 생각보다 많은 것 같아요. 그래서 저는 우리의 아이들은 우리와 다른 세대를 살고 있고, 우리와는 다른 영어 학습 이력을 가지고 있으니, 아이들의 능력을 믿으시고, 아이들의 문법 지도를 함께 고민해보시면 좋을 것 같아요.

문법은 어휘와 마찬가지로 책을 읽으며 자연스럽게 습득이 가능합니다. 초등 1학년 아이들도 국어에서

문장 구조를 배우지만 문장 성분의 이름을 배우지 않습니다. 낱말
이 섞여 있는 것을 어순에 맞게 배열하는 것을 배울 때 어려워하거
나 못 하는 학생은 거의 없습니다. 그것은 국어 문법을 정식으로 배
우기 전, 독서와 우리말 사용을 통해 직관적으로 알게 되었기 때문
입니다. 이처럼 반복적으로 사용하는 구문이나 문법은 책이나 일상
생활을 통해 자연스럽게 습득됩니다. 영어 역시 영어책을 꾸준히
읽다 보면, 시제, 단·복수 등을 무의식중에 깨닫게 되고 옳은 표현
을 알게 됩니다.

초등까지는 책을 읽으며 자연스러운 영어 사용을 배우면 되지만
중학교에 진학하면 내신 시험을 봐야 합니다. 이것은 별도의 대비가
필요합니다. 문법 용어를 알고 정확한 문법적 표현을 알아야 문제를
풀 수 있습니다. 초등 5학년 국어에서 '문장 성분의 이해와 성분 사
이의 호응 관계가 올바른 문장'을 배우지만 주어, 목적어, 서술어 정
도입니다. 우리말도 문법은 중학교에서 정식으로 배웁니다. 5학년
국어에서 문법을 배우므로 영어 문법도 5학년 이후가 좋습니다. 너
무 이른 나이에 정확한 영어 사용을 위해 문법을 가르치는 방식은
습득이 아닌 학습입니다. 아직 영어를 충분히 알아듣지도, 말하지도
못하는데, 문법부터 배우면 아이가 영어를 어려워하게 됩니다.

문법 공부에 선행되어야 할 것은 충분한 책 읽기입니다. 아이들
은 우리말을 사용하고 책을 읽으면서 자연스러운 어순이나, 문법을
알게 됩니다. 책을 통해 이미 감각적으로 알고 있는 문법을 체계적
으로 정리하는 순서로 공부하는 것이 효과적인 방법입니다.

73

문법은 원서를 읽으면서
자연스럽게 배울 수 없나요?

유아 때부터 많은 픽쳐북과 《ORT(Oxford Reading Tree)》 9단계까지 여러 번 반복해서 읽었던 아이가 있었습니다. ORT의 매직키가 나오는 레벨부터는 책에 대한 흥미도가 높아져서 읽었던 책들도 수없이 반복해서 읽다 보니 책에 나오는 어려운 어휘들도 유추해서 다 알아내는 모습을 보였습니다. 이렇게 많은 책을 읽었던 아이가 대형 어학원에서 레벨 테스트를 본 것이죠. 결과는 문법 실력이 상당히 높게 나왔습니다. 그 학원에 4세 영어유치원부터 8세까지 다닌 아이들의 레벨보다도 그래머 실력이 높게 나왔습니다. 이 아이의 어머니와 저는 의아한 결과라고 생각했습니다. 왜냐하면 한 번도 그래머를 배운 적이 없기 때문입니다.

이 아이는 책을 통해 자연스럽게 문법적인 요소가 모국어처럼 습득된 것 같았습니다. 물론 저학년이기 때문에 어려운 문법을 테스트

한 건 아니겠지만 아이가 여러 번 책 속에 등장했던 표현들에서 문법의 규칙도 받아들이고 있었다는 것을 확인할 수 있었습니다.

- She likes to have candies.
- He likes to eat pizza.
- I like to eat cake.

이렇게 He와 She는 likes를 쓴다, 3인칭 단수다, 이런 문법 용어는 모르지만 정확하게 문장을 쓸 수 있었다는 겁니다. 그런데 한 가지 의문이 생깁니다. 그럼 계속 문법을 이런 방식으로 가르쳐도 될까요?

시험에 바로 적용할 수 있는 방법으로는 미흡한 방식이기도 합니다. 중·고등학교에서 나오는 내신 시험은 이렇게 감으로 풀 수 있는 문제가 아니기 때문입니다. 감으로 문법에 접근했다가 낭패를 보는 경우가 있습니다. 그렇기 때문에 외국에서 살다 온 리터니들이 그래머 시험을 잘 못 보는 경우가 바로 이런 사례에 해당합니다.

아이가 한국에서 시험을 보는 교육체계에 속해 있다면 문법 수업도 당연히 해야 합니다. 문법은 글을 정확하게 이해하고 쓸 수 있는 밑거름이 된다는 것을 기억해야 합니다. 감으로 문법을 받아들이기에는 영어환경 자체가 턱없이 부족합니다. 모국어를 총동원해서 이해해야 하는 영역이 문법 수업입니다. 자연스럽게 습득되는 수준에서 만족되는 시험이면 얼마나 좋겠습니까. 현실을 직시하고 준비하는 것이 내 아이가 덜 고생하는 방법입니다.

공부력, 초등 영어 솔루션 77

영어 원서는 아이들이 영어의 문법과 구조를 자연스럽게 경험하고 익힐 수 있는 좋은 수단 중 하나예요. 그런데, 문법과 구조적인 익힘을 목표로 두고 있다면 쉬운 책을 선택해서 반복적으로 읽는 것이 권장할 만한 방법이에요. 쉽지만 아이들이 흥미를 가질 만한 주제의 책을 골라서 같이 읽고 문법적인 부분을 초점으로 대화를 나누며 규칙을 발견하게 하는 것은 원서로 문법을 자연스럽게 배울 수 있는 좋은 방법이 될 수 있어요.

예를 들어 3인칭 단수가 주어인 문장에서 현재형 일반동사의 변화에 대한 문법을 아이와 이야기 나누고 싶다면 3인칭 주어가 많은 쉬운 책을 골라서 같이 읽고, 동사의 변화 부분에 대한 규칙을 찾아본 후 가볍게 규칙을 정리해주는 언급을 해주는 방식으로 문법 지도를 할 수 있어요. 그리고 원서를 많이 읽으며 이미 올바른 문장에 대한 노출이 충분히 있는 아이들의 경우 문법적인 설명을 듣거나 규칙을 발견하는 대화를 나눌 때 큰 흥미를 보이며 자신이 사용하는 문장이 왜 그렇게 쓰였는지 설명하는 것까지도 아주 잘하는 모습을 발견할 수도 있어요.

74

초등 5학년이에요.
원어민 수업을 그만하고
한국식 문법 공부를 시작해야겠죠?

아이가 원어민 수업을 좋아한다면, 이에 따라 영어에 흥미를 잘 유지하고 잘 배우고 있다면 고민이 되는 시점입니다. 대부분의 학생은 고학년으로 갈수록 공부량이 점점 증가하게 되지 줄어들지는 않습니다. 원어민 수업이라 하면 대부분 회화 수업을 이야기할 것 같습니다. 회화 수업도 원어민과 하고, 그동안 실용 영어 위주의 수업을 했다면 고학년 때 지금의 위치를 파악하여 학교 시험에 어느 정도는 적응할 수 있는 상태로 전환되어야 할 시점입니다.

여기서 많은 학부모님이 갈등하고 어떻게 할지 고민이 많습니다. 두 마리 토끼를 잡을 수 있다면 얼마나 좋겠습니까? 중학교에 들어가서도 영어 회화의 미련을 못 버리고 회화 중심의 학원에 다니다가 중2가 되어 내신시험이 눈앞에 다가왔을 때 너무나 걱정하는 분들을 많이 보았습니다.

제가 그동안 만났던 두 마리 토끼를 잡았던 사례는 4세부터 영어유치원을 시작으로 엄청나게 많은 시간과 비용을 들여 회화를 초등단계에서 어느 정도 완성시킨 경우입니다. 물론 엄마와 아이가 함께 외국에 1~2년 유학을 하고 돌아온 경우도 포함입니다.

문법 수업은 한국 선생님과 하는 것이 우리나라의 실정에 맞다고 생각합니다. 원어민 선생님과 문법 수업을 하기에는 한계점이 많이 있습니다. 아이들이 봐야 할 학교 시험은 한국 선생님이 내는 문제라는 것이 변함없으니까요.

원어민 친구한테 문법 문제를 물어보면 왜 그런지 잘 설명하지 못하는 경우가 많습니다. 그냥 "우리는 이렇게 써."라고 설명합니다. 우리도 한국어를 사용하면서 문법적으로 설명해줄 수 있는 사람이 몇이나 될까요? 문법은 한국에서 영어를 가르치는 한국인 선생님에게 배우는 것이 가장 시행착오가 적은 방법인 것 같습니다.

초등 고학년이 되어 생각해보면 답이 나올 것입니다. 내 아이가 중학교에 가서 내신 시험 점수가 60점 70점이어도 엄마의 멘털에 문제없다, 나는 굳건하게 회화 수업을 계속 시킬 자신이 있다, 한다면 계속 원어민 수업을 해도 좋습니다. 영어에 대한 나름의 철학이 있다면 그것 또한 길이 될 것입니다. 하지만 벌써 60~70점 시험지를 보고 충격을 받을 모습을 상상한다면 공부 방법이 전환되어야 합니다. 아이의 입장도 고려해야 합니다. 원어민과 소통은 되는데 본인의 시험 점수가 다른 아이들보다 터무니없이 낮다면 스스로 자존감도 낮아지고 영어 수업도 잘 못 알아들을 수 있습니다. 이런 상황에서 아이가 영어를 좋아하기는 힘들 수 있습니다. 선택하고 집중하여 중학교에 대비가 되는 방향을 보길 바랍니다.

75

라이팅을 잘하려면
어떻게 공부해야 하나요?

영어 글쓰기를 잘하려면 일단 머릿속에 영어가 있어야 합니다. 말로 할 수 없는 내용을 적을 수는 없기 때문이지요. 또 꾸준하게 글쓰기 훈련을 해야 합니다. 우리는 모두 한국어를 완벽하게 구사하지만, 무엇인가에 대해 글을 쓰려고 하면 갑자기 막막해지지요? 한국 아이들이 열심히 논술 학원에 다니는 이유입니다.

어느 정도의 영어 실력이 있을 때 본격적인 글쓰기가 가능하지만, 그전에도 부모가 해줄 수 있는 일들이 있습니다. 글쓰기의 첫 단계는 따라 쓰기예요. 책을 읽고 가장 좋았던 부분을 따라 쓰거나 책 표지 뒷면에 있는 책 소개 문구(Book blurb)를 따라 쓰는 것을 추천해요. 그리고 매일 단어 하나를 정해서 그 단어가 들어간 문장을 찾아서 영어 공책에 3개 적어보기 등을 해볼 수 있어요.

다음 단계는 간단하게 북리포트를 쓰는 경우입니다. 책을 읽을 때마다 북리포트를 쓰면 독서 기록도 되고, 글 쓰는 습관도 잡히고, 아이의 실력이 늘어가는 모습을 볼 수 있어요. 이 외에도 북 블럽을 세 번 소리 내어 읽은 후 기억나는 대로 적어보는 것도 좋은 활동입니다. 이해한 내용을 자연스럽게 나만의 언어로 표현하게 되거든요.

북리포트나 북 블럽 쓰기에 익숙해지면 영어 일기 쓰기에 도전해봅니다. 영어 일기 쓰기나 단계별 쓰기 교재를 활용하는 것까지가 부모가 집에서 해줄 수 있는 부분입니다. 아이의 영어 실력이 늘어갈수록 사고력을 키우는 다양한 형태의 글쓰기와 교정(proofreading)이 필요한데 이때는 외부의 도움을 받는 것이 좋습니다. 단순 교정은 챗GPT의 도움을 받으면 됩니다.

A라는 저학년 학생이 있었습니다. 국제학교 다니던 아이였습니다. 학교에서 에세이를 쓰는 대회가 있었는데, 주제가 나의 가장 친한 친구에 대한 이야기였습니다. 주제를 두고 브레인스토밍을 시작했습니다. 아이는 대답을 하면서 의문의 표정을 지었습니다. '왜 선생님이 글을 써야 하는 시간에 계속 질문을 하지?'라는 표정이었습니다.

글을 쓰기 전에 어떤 글을 쓸 것인지 재료들을 생각해보는 경험이 낯설었던 것입니다. 이렇게 어떤 주제로 글을 쓸 때 연필부터 잡고 억지로 생각을 짜내는 경험을 하게 하는 것은 글쓰기에 대한 거부감을 키우는 일입니다.

주제를 두고 질문과 대답을 확장하면서 브레인스토밍을 하고 이 과정에서 나온 이야기를 간단하게 메모해둡니다. 그러면 훨씬 글을 편안하게 쓸 수 있습니다. 이 첫 단추를 잘 끼우면 글쓰기에 막연함을 제거해주기 때문에 좋은 출발이 될 수 있습니다.

한국의 공교육에서 우리말 글쓰기 과정이 많이 없다는 점을 감안해보면 모국어로도 아이들이 글쓰기를 별로 하지 않습니다. 우리말로 글쓰기 힘들어하는 아이들은 영어 글쓰기도 힘들어합니다. 라이팅을 잘하려면 많이 써보는 것밖에는 왕도가 없습니다. 어릴수록 부담스럽지 않게 시작하라는 조언을 하고 싶습니다. 매일 한 줄로 일기 쓰기, 세 줄 쓰기, 오늘 생각했던 것 중에 세 가지를 단어로 표현하기, 여기서 조금 더 발전하면 세네 줄 영어 일기 써보기를 시작해보는 것이죠. 영어로 글을 쓸 때는 언제든 사전에 표현을 찾아볼 수 있다고 알려 주는 게 좋습니다. 편하고 부담 없이 시작해서 완벽함보다는 자주 많이 써보는 연습을 하는 게 좋습니다. 가정에서 처음 시작할 때 막막하다면 시중에 나와 있는 라이팅 교재를 가지고 레벨별로 차근차근히 해보는 것도 방법입니다.

제가 현장에서 만난 아이들 중 영어로 글을 잘 쓰는 아이들은 대부분 모국어인 한글로도 글을 잘 쓰는 아이였어요. 글로 생각을 표현하는 부분은 결국 영어 학습 외에 좋은 글을 쓰는 기술적인 학습까지 고루 이루어져야 잘 해 나갈 수 있습니다.

아이들은 대부분 모국어로도 글을 쓰는 걸 좋아하지 않아요. 그래서 영어로 글을 잘 쓰기 위해서는 글쓰기 자체를 즐길 수 있는 환경을 조성할 필요가 있어요. 아이들이 가장 쉽게 매일 조금씩 쓸 수 있는 경험적 글쓰기는 바로 일기 쓰기예요. 한글로 일기 쓰기를 하고 있다면 영어 일기 쓰기에 도전해서 매일 일정 분량의 글을 지속적으로 쓰게 하는 것이 것은 영어 글쓰기 능력을 향상시키는 데 도움이 될 것입니다. 그런데, 영어로 일기 쓰기를 도전할 때 아이들은 '도대체 이 말을 영어로 어떻게 써야 하지' 하면서 고민하고 어려워합니다. 평소에 영어 말하기가 익숙한 아이들은 훨씬 쉽게 문장을 씁니다.

내가 말로 하는 것이 결국 글이 될 수 있다는 것을 아이들이 깨닫게 되면 글쓰기는 더 이상 어려운 것이 아닌, 말하듯 자연스러운 활동이 될 수 있습니다. 그래서 영어 글쓰기 연습을 하기 전에 충분한 말로 자신이 하고 싶은 이야기를 할 수 있도록 평소 연습하는 것이 필요해요. 그리고 아이가 자신의 이야기를 혼자 글로 표현하지 못할 때, 아이의 말을 듣고 엄마나 교사가 칠판에 문장으로 적어주면 아이는 칠판에 있는 문장들을 활용해서 자신이 쓰고 싶은 글을 완성할 수 있게 돼요. 아이들은 영어로 글을 쓰는 걸 많이 어렵다고 느낄 수 있는데, 이런 어려움은 결국 꾸준히 쉽고 짧은 분량의 글을 계속 씀으로써 수월해지게 됩니다. 그리고 무엇보다 아이의 글을 평가하는 일보다는 열렬한 독자로 정성껏 아이의 글을 읽고, 격려해주시길 바라요.

나의 글을 좋아해 주는 독자를 위해 글을 쓰는 경험이 쌓이면 아이가 글쓰기를 긍정적으로 생각하게 되고 자신감도 갖게 될 거예요. 여러분도 SNS에 올린 짧은 글에 팔로워들이 정성 어린 댓글을 남기거나 좋아요를 누르면 힘을 얻잖아요. 내 아이가 쓴 글의 열혈 구독자로 '좋아요'와 '댓글'을 진정성 있게 남겨주는 연습이 아이의 글쓰기 능력 향상에 도움이 된다는 것을 잊지 마세요.

언어 습득은 보통 듣기-말하기-읽기-쓰기 순으로 이루어집니다. 하지만 네 영역이 순차적으로 발달하는 것은 아닙니다. 그래서 초기부터 읽기와 쓰기 수준의 격차가 너무 벌어지지 않도록 다양한 쓰기 활동을 하는 것이 좋습니다.

처음에는 영어 표현을 잘 모르기 때문에 아이 스스로 쓰는 것은 어렵습니다. 초기 단계에는 적절한 쓰기 방법 몇 가지를 활용해보세요. 부모님이 책을 읽어주면 아이는 재미있었던 장면을 그림으로 그리고 쓸 수 있는 낱말을 몇 개 씁니다. 당연히 소리 나는 대로 쓰거나 철자를 틀리게 씁니다. 그러면 부모님이 그림 아래에 올바른 철자로 낱말을 써줍니다. 어른이 제대로 쓴 낱말을 보며 아이는 파닉스도 익히고 문자로 어떻게 쓰는지 보며 어휘의 철자도 익힙니다. 낱말 쓰기 다음은 책을 읽고 재미있는 한두 문장 따라 쓰기입니다. 재미있거나 기억에 남는 문장을 보고 따라 쓰는 것은 어렵지 않아 부담 없이 할 수 있습니다. 초기에 읽는 책은 패턴 문장이 많습니다. 이런 문장 중 몇 개의 낱말만 빈칸으로 만들어 아이가 원하는 낱말로 바꾸어 써보는 활동도 해보세요. 또 어순을 익히기에 좋은 센텐스 퍼즐 놀이도 있습니다. 단어 카드를 흩어놓고 어순에 맞게 문장을 만드는 활동입니다. 초기에는 놀이처럼 부담되지 않을 정도로만 가볍게 쓰기 활동을 하면 됩니다.

리더스, 얼리챕터북이나 챕터북 정도를 읽는 수준이 되면 일부분 자유롭게 쓰도록 허용하는 글쓰기를 합니다. 다양한 그래픽 오거나이저를 활용해 가이드에 따라 글을 요약, 정리하는 연습을 하면 자유롭게 글을 쓰는 데 도움이 됩니다. 그리고 한 문단 외워 쓰기도 있습니다. 이런 활동은 아직 문장을 만들어 쓰지 못하는 아이에게 쓰는 부담을 덜어주고, 완전한 문장을 따라 쓰거나 외우기 때문에 올바른 문장을 배우는 효과도 있습니다. 더욱 다양하고 즐거운 방법들도 많습니다. 책 표지 만들고 뒤표지에 간단한 소개 문구 쓰기, 등장인물이나 작가에게 편지 쓰기, 등장인물 중 소개하고 싶은 인물에 대한 글쓰기, 재미있는 장면을 그리고 간단하게 글로 쓰기, 인물의 대화를 상상해 대본 쓰기, 인물이나 배경을 바꾸어 이야기 쓰기 등 다양한 형태의 글쓰기를 하면 지루하지 않게 쓰기 활동을 할 수 있습니다. 그리고 아이들은 책 만들기를 좋아합니다. 읽은 책의 재미있는 표현이나 문장을 가져와 조금 바꿔 쓰거나, 새로운 이야기를 만들어 나만의 그림책을 만들면 개인 책을 출간해주는 사이트를 이용해 책으로 만들어 주세요. 자신이 그리고 쓴 글이 ISBN이 있는 정식 책으로 만들어져 온라인 서점에서도 판매되는 것을 보면 매우 신기해하고 뿌듯해합니다.

쓰기의 최종 목적은 주제를 가지고 자신의 생각을 자유롭게 쓰는 것입니다. 처음부터 완벽한 형식, 완전한 문장을 쓰도록 강요하거나, 고쳐주지 말고, 한동안은 편안한 마음으로 끄적여 쓸 수 있게 해주세요. 만화를 그려도 되고, 짧은 메모를 낙서처럼 써도 됩니다. 중요한 건 짧게라도 꾸준히 무언가를 써보도록 하는 것입니다. 쓰는 동안 책을 읽으며 리딩 레벨이 올라감에 따라 스스로 자신이 쓴 글을 교정할 수 있습니다. 자유롭게 쓰기 시작한 초반에는 너무 꼼꼼한 교정은 도움이 되지 않습니다.

좋은 글을 쓰려면 좋은 글을 많이 읽어야 합니다. 그래서 쓰기 전 충분히 읽어야 합니다. 자유롭게 글을 쓸 때는 모델이 될 만한 글을 보여주면 도움이 됩니다. 또는 글을 쓰기 전 어떤 내용으로 쓸지 부모님과 충분히 대화한 후 쓰면 훨씬 쉽게 쓸 수 있습니다. 초등 저학년 일기 쓰기를 지도할 때 부모님께 항상 말씀드리는 것이 쓰기 전 충분히 대화하고 나서 쓰기입니다. 대화하면서 쓸 내용을 생각하고 정리가 되면 글로 옮겨 쓰는 것이 훨씬 수월합니다. 자유롭게 글 쓰는 것을 부담스러워하지 않을 때까지는 쓰기를 강요하지 말고, 부담이 덜한 재미있는 쓰기 활동을 꾸준히 하는 게 좋습니다.

76

아이의 라이팅,
수정해줘야 하나요?

김현지
초중등
영어학원장

초등학교 1학년의 그림일기를 본 적이 있나요? 각자 개성 있는 그림에 오늘 있었던 내용을 몇 문장 써놓습니다. 맞춤법도 틀리고 띄어쓰기도 틀리고, 보고 있자면 귀엽기도 하고 개성이 넘치지만 오류를 고쳐주고 싶은 마음이 듭니다.

아이가 그림일기 숙제를 내면 빨간색 펜으로 여기저기 첨삭이 되어 돌아옵니다. 선생님에 따라 초1의 그림일기를 첨삭하지 않고 내용만 확인하고 아이와 소통하는 경우가 있고 어떤 선생님은 초1부터 틀린 부분을 다 고쳐주기도 합니다. 이 또한 글쓰기에 대한 나름의 생각이 조금씩 다르기 때문일 것입니다.

스피킹에서도 비슷한 상황이 벌어집니다. 비기너 학생이 영어로 말할 때 조금씩 오류가 나올 텐데, 말할 때마다 바로바로 고쳐주는 사람도 있고 특별히 고쳐주기보다는 모델링할 수 있게 바른 문장을 다시 한번 따라 말할 수 있게 접근하는 사람도 있습니다. 바로바로 오류를 고쳤을 때 아이가 주눅들어 입을 닫아버릴까 봐 계속 틀리는 오류를 그냥 내버려두기도 하는데, 지켜보는 학부모나 선생님은 가슴이 답답해집니다. 정작 아이들은 편안한 마음으로 말하기 시작했는데 말이죠.

처음 글쓰기를 시작한 아이들에게 빨간펜 '피바다'는 피하는 게 좋습니다. 글을 처음 몇 자 적어보다 그만 겁이 날 수 있고 글을 쓰는 것이 커다란 벽처럼 느껴질 수 있으니까요. 편한 마음으로 글을 쓸 수 있게 틀려도 된다, 자유롭게 써도 괜찮다는 인식을 먼저 심어주는 게 좋습니다. 그동안 영어를 많이 듣고 읽었던 아이들이라면 쓰기는 준비가 되어 있다고 짐작할 수 있습니다. 처음부터 완벽함을 추구하느라 발목이 잡혀버릴 수 있습니다.

아이들이 문장을 많이 써보고 자기 생각이 드러나는 글들을 쓰기 시작하면서 글의 흐름이나 문법적인 오류, 대체할 수 있는 적절한 어휘 등을 첨삭해줄 수 있습니다. 이 정도의 레벨이 된다면 첨삭이 들어가도 받아들일 수 있고 그 오류를 고칠 의지가 있는 단계가 됩니다. 그 이전에는 첨삭 내용을 자기 것으로 만드는 아이들은 흔치 않습니다. 아무리 선생님이 첨삭을 힘들여서 해도 아이들은 틀렸다는 것만 인식하고, 그것을 다시 틀리지 않기 위해 신경 쓰는 아이들은 드뭅니다. 본인의 필요로 중요한 글쓰기를 하는 것이라면 조금 더 잘해보려는 의지가 생길 수는 있습니다.

처음 글을 쓸 때는 글쓰는 행위 자체가 좋은 것이다라는 생각을 심어주고, 쓰기가 한참 익숙해지는 단계가 되면 첨삭을 조금씩 진행하고 한번에 여러 개를 고친다는 생각보다는 이번에는 '동사를

공부력, 초등 영어 솔루션 77

체크하기’ 다음에는 ‘시제를 체크하기’ 이런 식으로 나누어서 해보는 것도 하나의 방법이 됩니다.

일단 영어 학습 1~2년 차 정도의 초급 아이들의 경우는 철자와 문장 구조의 오류를 알려주는 게 좋아요. 아직 다양한 단어들을 정확하게 철자로 써본 경험이 부족한 아이들에게 파닉스 원리를 복습해볼 수 있는 기회를 갖게 해주고, 철자의 패턴을 익히는 등의 경험을 풍부하게 해줄 수 있는 의도를 가진 첨삭을 추천합니다. 그리고 기본 문장의 구조가 잘 자리 잡을 수 있도록 문장 구조에 오류가 있는 경우 부드럽게 아이가 쓰고 싶었던 문장이 어떤 내용이었는지 물어보고 올바른 구조의 쉬운 문장으로 수정해주시면 좋아요. 예를 들면 아이들이 많이 하는 실수들 중 이런 문장이 있어요. “They are help my brother.” be동사와 일반동사의 개념이 확실하지 않아서 흔히 하는 문법적 오류지요. 이럴 때 일반동사가 들어간 다른 문장의 예시들을 보여주면서 “They help my brother.”라고 수정할 수 있게 도와주시면 좋아요. “I am swim.” 이런 문장도 “I swim.”이라고 고치면서요. 초급 단계 아이들의 문장을 첨삭 지도할 때 부드러운 말투와 상냥한 어조는 필수인 거 아시죠? 아이의 마음이 다치지 않을 수 있게 창의적으로 자기 생각을 표현한 부분을 힘주어 칭찬해주시는 것이 중요합니다. 이 단계에서의 글쓰기는 사실 분량을 채우는 연습을 아이가 거부하지 않고 성실하게 해냈다는 것만으로도 무한 칭찬을 받기에 충분한 이유가 되니까요. 다음으로, 중급 단계 정도의 아이의 글에서 첨삭 포인트는 문장들 간의 논리적인 연결을 고려하면 좋아요. 이때 아이들에게 다양한 접속사를 가르칠 수 있게 되지요. 그래서 문장 간의 논리적인 연결에 초점을 두고 아이가 스스로 자신의 글을 자연스럽게 다듬어볼 수 있는 기회를 주는 건 도움이 될 거예요. 그리고 이 단계를 지나서는 조금 더 명료한 글을 만들기 위해서 글의 구조를 어떻게 다듬는 게 좋을지, 또는 어떤 어휘로 표현하는 것이 좋을지에 관해 심화된 첨삭 지도를 하는 게 좋아요. 나의 영어 실력이 좋지 않은데 이런 첨삭이 너무 어렵지는 않을까 걱정하고 계신다면 전혀 그러실 필요가 없는 시대가 왔어요. 우리에게는 AI가 있거든요. 아이의 글을 방금 제가 말한 초점에 맞춰서 AI에게 첨삭을 요청하면 친절한 설명과 함께 도움을줄 거예요.

쓰기는 언어 영역 중 가장 마지막에 완성되는 어려운 영역입니다. 초반의 글쓰기는 정확성보다는 유창성에 초점을 맞춰야 합니다. 아이가 듣고 읽은 언어를 글로 표현하는 것을 규칙이나 문법에 맞춰 통제하면 유창성이 차단됩니다. 자유롭게 쓰고자 하는 의지가 꺾여 글쓰기를 싫어하게 됩니다. 마음껏 쓸 수 있게 두는 게 좋습니다. 아이가 본격적으로 자신의 생각을 담은 글을 쓰기 시작하면 문법이나 글의 구조에 맞추어 쓰도록 지도해주는 것이 필요합니다. 도움을 받을 선생님이 있다면 첨삭 지도를 받아 좋은 글로 다듬어가는 과정을 거치며 글 쓰기 실력을 다질 수 있을 것입니다. 엄마표로 집에서 혼자 글을 쓴다면 ChatGPT나 DeepL 등 생성형 AI를 이용하는 방법도 있습니다.

엄마표 영어로 가르쳤더니
리딩 레벨만 높대요.
앞으로 어떻게 지도해야 할까요?

엄마표로 영어를 진행하면 아이의 실력을 점검할 수단이 없어 SR 테스트 또는 Lexile 테스트를 주로 이용합니다. 이 테스트들은 읽기 능력에 따른 수준별 독서 프로그램을 활용하기 위한 목적으로 만든 테스트로, 아이의 읽기 능력을 평가하기 위한 도구입니다. 따라서 평가의 초점이 읽기 능력에 국한되어 있습니다. 아이들은 테스트를 보고 리딩 레벨을 확인하면 레벨을 한 단계 올리기 위해 열심히 독서를 합니다. 그리고 오래 지나지 않아 다시 테스트를 보는 것을 반복하기도 합니다. 이런 현상을 주변에서 종종 보거나 듣습니다. 어느 순간부터 리딩 레벨에 관심이 쏠려 오로지 책 읽기에만 몰두하고 있는 것은 아닌지, 자신의 엄마표 영어를 돌아보아야 합니다. SR 지수, 혹은 Lexile 지수가 아이의 영어 실력을 말해주는 것은 아닙니다. 다독 프로그램에서 추천할 책의 수준을 알기 위한 테스트이기 때문입니다.

언어가 듣기-말하기-읽기-쓰기 순으로 발달하지만 그렇다고 단계별로 나누어 배우거나 습득하는 것은 아닙니다. 언어의 영역은 상호 보완적으로 발달합니다. 많이 들어야 말할 수 있고, 많이 읽어야 쓸 수 있습니다. 엄마표 영어도 각 영역이 고르게 성장할 수 있도록 계획해야 합니다. 지금까지 주로 읽기에 시간을 투자했다면 영상 보기로 듣기를 꾸준히 하기, 책의 일부분 청낭독 하기(오디오 듣고 따라 읽기), 좋아하는 애니메이션이나 영화 대본으로 역할을 나누어 가족과 함께 말하기 연습하기, 수준에 맞는 다양한 쓰기 등 영역별 활동을 골고루 해보세요. 아이가 좋아하고 수준에 맞는 적절한 활동을 골라 계획을 세우고 꾸준히 실천해 읽기와 벌어진 다른 영역의 수준을 끌어올려주어야 합니다.

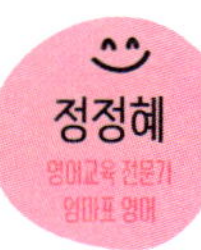

리딩 레벨을 이야기할 때 AR 지수를 이용해서 말을 하죠. 그런데 이 리딩 레벨은 어떻게 정하는 걸까요? 일정 수준의 글을 읽고 그 내용을 잘 파악했는지 내용 이해 질문을 던지고, 답을 잘 찾아내면 그 수준에 이르렀다고 판단합니다. 그런데 시험에 특화된 한국 아이들은 자기 실력보다 시험을 잘 본다는 사실! 그리고 미국 아이들처럼 1년이 지나면 리딩 레벨도 1년만큼 오른다고 생각하고, 기간에 맞게 점점 책의 수준을 높여갑니다. 여기에 바로 함정이 있습니다. 영어로 대화하고, 영어로 전 과목을 배우고, 주변에 들리는 모든 소리가 영어인 아이들과 아무리 열심히 해도 영어 노출의 절대량이 부족한 우리 아이들 사이의 간격은 점점 벌어진다는 거지요. 초등 1학년까지는 아이의 리

공부력, 초등 영어 솔루션 77

딩 지수가 의미가 있겠지만, 그 이후의 리딩 지수는 과대 포장이 되어 있는 경우가 많습니다.

엄마가 전적으로 아이에게 영어를 가르치는 경우라면, 정독 수업을 통해서 가져갈 수 있는 여러 가지 스킬들이 부족한 경우가 많습니다. 그리고 픽션을 주로 읽기 때문에 논픽션을 통해 익혀야 하는 주제 중심 어휘(Domain specific words)에 부족함이 많습니다. 이때 리딩 교재나 온라인 독서 프로그램을 이용해서 정독의 요소를 가미하고, 논픽션 리딩 교재를 고르는 것이 도움이 됩니다. 논픽션 리딩 교재로는 브릭스의 논픽션 리딩과 빌드앤그로우의 링크 시리즈를 추천합니다.

아이가 리딩 레벨이라도 높으니 얼마나 다행입니까. 가끔 엄마표 영어를 하다가 레벨 테스트를 결과를 보고 어머니들이 후회하는 때도 있습니다. "진작 학원을 보낼 걸 괜히 집에서 시간 낭비를 한 것 같아요."라고 합니다. 아이를 영어 흥미가 높은 아이로 만들고 학습 역량과 정서를 잘 키워왔음에도 생각보다 낮은 레벨에 좌절하는 모습을 보입니다. 엄마표 영어를 하면서 아이가 주도하여 재미있는 책을 선택하여 읽고 활동해왔음에도 막상 테스트 결과에서는 아쉬움을 보이기도 합니다.

대부분 엄마표 영어에서 가장 취약점을 보이는 영역이 영어 쓰기가 아닐까 생각합니다. 꾸준하게 어휘 테스트 과정을 거친 아이들보다 스펠링 오류나 Writing 영역에서 낮은 레벨이 나오는 것이죠. 읽기나 듣기 영역은 인풋이 괜찮은 경우가 많지만, 특히 쓰기 영역에서 어려움을 많이 겪습니다. 실제로 상담에서 엄마표를 하다가 문법적인 부분이나 Writing에서 더 이상 엄마표로 진행하기가 힘들었다는 내용이 많았습니다. 이제부터 시작하면 됩니다. 충분한 영어 인풋이 있는 아이들은 금세 자기 자리를 찾아갑니다. 영어의 쓰기가 막막한 경우는 영어 일기부터 시작해보세요. 일상적인 어휘들을 쓰기에 일기만큼 좋은 것은 없습니다. 일상에서 쓸 법한 표현이나 문장 쓰기 경험이 있어야 어려운 글도 쓸 수 있습니다.

우선, 아이의 이런 훌륭한 성취와 과정 속에서의 성실함을 충분히 인정해주는 것은 중요해요.

그럼, 아이의 말하기와 쓰기 실력을 향상시키기 위해 어떻게 하면 될까요? 말하고 쓰지 않으면 안 되는 환경을 계속 만들어주면 됩니다. 사실 영어로 말하고 쓸 필요가 거의 없는 환경인 대한민국에 우리 아이들이 살기 때문에 영어를 사용할 수 있는 기회 부족이 말하기 실력 부진의 큰 원인이라고 생각해요. 그리고 쓰기의 영역에서는 모국어 글쓰기 실력이 부족한 것이 영어 글쓰기 부진에도 영향을 준다고 생각하고요.

그래서 무엇보다 아이들에게 충분한 사용 기회와 반복적인 글쓰기 훈련이 병행될 필요가 있어요.

초등 고학년 이상이면 그동안 아이가 해온 노력이 교과목 영어에서도 빛을 볼 수 있도록 어휘와 문제 풀이에도 익숙해지도록 도와주세요.

공부력, 초등 영어 솔루션 77

책속
영어책
목록

| 1 | **Spotlight on One Phonics** |  |

지은이 Anne Miranda
출판사 사회평론

| 2 | **Fast Phonics** |  |

지은이 Jason Wilburn, Jenna Myer, Lisa Horvath
출판사 Compass Publishing

| 3 | **Spectrum Phonics Grade 2** |  |

지은이 Carson Dellosa
출판사 Spectrum

| 4 | **Smart Phonics** (총5권) |      |

지은이 Casey Kim. Jayne Lee
출판사 e-future

| 5 | **Jungle Phonics** (총4권) |     |

지은이 E.J.Lewis
출판사 웅진컴퍼스

| 6 | **Phonics Monster** (총4권) |    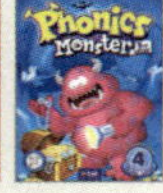 |

지은이 A*List, Daniel Olsson
출판사 A*List

| 7 | **하루 10분 파닉스 100일의 기적** |  |

지은이 세라샘, 도치해피맘
출판사 넥서스

| 8 | **Top Phonics** (총6권) |  |

지은이 Anne Taylor
출판사 씨드러닝

| 9 | **Elephant & Piggie 시리즈** |  |

지은이 Mo Willems
출판사 Walker Books

| 10 | **Mr. Tiger Goes Wild** |  |

지은이 Peter Brown
출판사 Two Hoots

21 **First Little Readers**

지은이 Deborah Schecter
출판사 Scholastic Teaching Resources

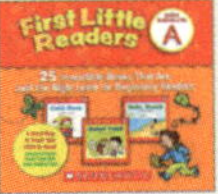

22 **1200 key English Words (총3권)**

지은이 Paul Nation
출판사 Seed Learning

23 **4000 Essential English Words**

지은이 Paul Nation
출판사 Compass Publishing

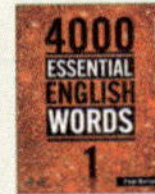

24 **Wordly Wise**

지은이 Kenneth Hodkinson
출판사 Educators Pub Service

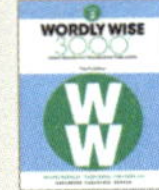

25 **Vocabulary Workshop**

지은이 Jerome Shostak
출판사 Sadlier

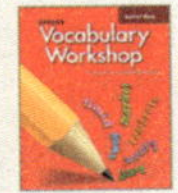

26 **The Secret Garden**

지은이 Frances Hodgson Brunett, Tasha Tudor
출판사 HarperTrophy

27 **Nate the Great**

지은이 Marc Simont, Marjorie Weinman Sharmat
출판사 Yearling

28 **A Narwhal and Jelly Book : Narwhal**

지은이 Ben Clanton
출판사 Tundra Books

29 **Mercy Watson**

지은이 Kate Dicamillo, Chrs Van Dusen
출판사 Candlewicck Press

30 **Princess in Black**

지은이 Shannon Hale, Dean Hale
출판사 Candlewick Press

41 **The Terrible Two**

지은이 Mac Barnett, Jory John, Kevin Cornell
출판사 Harry N. Abrams

42 **Ivy & Bean**

지은이 Annie Barrows, Sophie Blackall
출판사 Chronicle Books

43 **Hatchet**

지은이 Gary Paulsen
출판사 Aladdin

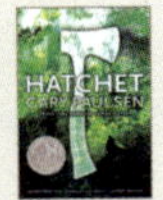

44 **Charlotte's Web**

지은이 E.B. White, Garth Williams
출판사 HarperTrophy

45 **The Giver**

지은이 Lois Lowry
출판사 Houghton Mifflin Harcourt

46 **Frederick**

지은이 Leo Lionni
출판사 Dragonfly Books

47 **Amelia Bedelia**

지은이 Peggy Parish
출판사 Greenwillow Books

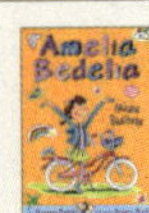

48 **National Geographic Kids Readers**

지은이 Gail Tuchman외
출판사 National Geographic Children's Books

49 **Fly Guy Presents**

지은이 Tedd Arnold
출판사 Scholastic

50 **Little People, Big Dreams**

지은이 Maria Isabel Sanchez Vegara
출판사 Frances Lincoln Childrens Books

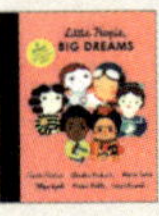

61 Peppa Pig

지은이 Ladybird
출판사 Ladybird Books

62 Harold and the Purple Crayon

지은이 Crokett Johnson
출판사 HarperFestival

63 Madeline

지은이 Ludwig Bemelmans
출판사 Puffin

64 Fancy Nancy

지은이 Jane O'Connor, Robin Preiss Glasser
출판사 HarperFestival

65 Pete the Cat

지은이 James Dean, Kimberly Dean
출판사 HarperCollins

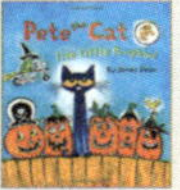

66 Llama Llama

지은이 Anna Dewdney
출판사 Viking

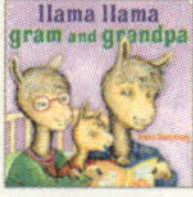

67 One 포인트 Grammar Starter

지은이 e-Creative Contents
출판사 AList

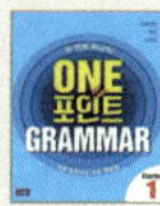

68 Grammar Inside

지은이 NE능률 영어교육연구소
출판사 NE능률

69 천일문 중등 Grammar

지은이 김기훈, 쎄듀 영어교육연구센터
출판사 쎄듀

70 Grammar Vista

지은이 김해자, 손의웅, 최현진
출판사 다락원

공부력, 초등 영어 솔루션 77

공부력, 초등 영어 솔루션 77

초판 1쇄 발행 2025년 12월 22일

지은이 김현지·박명아·박신영·정정혜
펴낸이 전은주 | **편집** 도은선 | **디자인** 구민재page9
펴낸곳 (주)제이포럼 | **출판등록** 출판등록 2021년 6월 30일 (제2021-000006호)
주소 03832 경기도 과천시 별양로 164 711동 2303호(부림동)
전자우편 jforum1@gmail.com | **전화번호** 02-6949-0025 | **인스타그램** @jforum_official

ISBN 979-11-94834-03-8 13590

ⓒ 김현지·박명아·박신영·정정혜 2025